根据《高等职业教育专科信息技术课程标准》编写

信息技术与素养

XINXI JISHU YU SUYANG

主　编　唐瑞明　陈　珊　喻　琨
副主编　李　论　彭　婧　李小庆

新形态教材

中国教育出版传媒集团
高等教育出版社·北京

内容提要

本书依据《高等职业教育专科信息技术课程标准（2021年版）》编写而成，采用任务驱动、理实一体的教学模式，全面、系统地介绍信息技术的基础知识及 Microsoft Office 2016 的基本操作，旨在锻炼学生的信息技术应用能力，培养学生的信息素养。

全书共分为六个模块，每个模块包含若干项目，具体内容包括：信息检索、信息素养与社会责任、文档处理、演示文稿制作、电子表格处理以及新一代信息技术概论。每个模块最后还安排了拓展练习，以帮助学生巩固和实践所学知识。

本书既可作为高等职业教育信息技术（基础模块）课程的教材或参考书，也可作为计算机培训班的教材或各行各业相关人员自学信息技术的参考书。

图书在版编目（CIP）数据

信息技术与素养 / 唐瑞明,陈珊,喻琨主编.
北京：高等教育出版社，2024.8(2025.7重印). -- ISBN 978-7-04-062865-4

Ⅰ. TP3
中国国家版本馆 CIP 数据核字第 2024T8W186 号

| 策划编辑 | 万宝春 | 责任编辑 | 程福平　田一彤 | 封面设计 | 张文豪 | 责任印制 | 高忠富 |

出版发行	高等教育出版社	网　　址	http://www.hep.edu.cn
社　　址	北京市西城区德外大街4号		http://www.hep.com.cn
邮政编码	100120	网上订购	http://www.hepmall.com.cn
印　　刷	上海叶大印务发展有限公司		http://www.hepmall.com
开　　本	787mm×1092mm　1/16		http://www.hepmall.cn
印　　张	18.25		
字　　数	387千字	版　次	2024年8月第1版
购书热线	010-58581118	印　次	2025年7月第3次印刷
咨询电话	400-810-0598	定　价	43.00元

本书如有缺页、倒页、脱页等质量问题，请到所购图书销售部门联系调换
版权所有　侵权必究
物 料 号　62865-00

配套学习资源及教学服务指南

二维码链接资源

　　本书配套操作视频、拓展阅读等学习资源,在书中以二维码链接形式呈现。使用手机扫描书中的二维码即可查看,随时随地获取学习内容,享受学习新体验。

打开书中附有二维码的页面　　　　扫描二维码　　　　查看相应资源

教师教学资源索取

　　本书配有与课程相关的教学资源,例如,教学课件等。选用教材的教师,可扫描以下二维码,关注微信公众号"高职智能制造教学研究",点击"教学服务"中的"资源下载",或在电脑端访问地址(101.35.126.6),注册认证后下载相关资源。

★如您有任何问题,可加入工科类教学研究中心QQ群:240616551。

本书二维码资源列表

页码	类型	内容
019	拓展阅读	全文检索
019	拓展阅读	主题检索
019	拓展阅读	篇名检索
019	拓展阅读	关键词检索
042	拓展阅读	综述报告案例
074	练习资源	培训通知
075	操作视频	删除重复句子
076	操作视频	替换操作
077	操作视频	字体设置
081	操作视频	设置段落格式
083	操作视频	设置边框
087	练习资源	关于做好夏季绩效考核方案检查工作的通知
091	操作视频	插入表格
096	操作视频	美化表格1
099	操作视频	美化表格2
105	操作视频	制作主文档
109	操作视频	绘制线路图
109	拓展阅读	绘图画布的作用
113	操作视频	建立数据源文件
118	操作视频	邮件合并
122	拓展阅读	如何将10页的成绩单合并成2页？
128	操作视频	设置首字下沉
131	操作视频	设置分栏、项目符号、页面背景
141	操作视频	插入分节符
143	拓展阅读	分隔符的介绍
145	操作视频	应用样式
148	操作视频	插入页眉与页码
150	操作视频	创建目录
151	操作视频	制作封面
158	操作视频	新建演示文稿
161	操作视频	新建幻灯片
164	操作视频	输入文本
168	操作视频	应用 SmartArt
170	操作视频	编辑形状
171	项目成果	护士礼仪培训
171	练习资源	护士礼仪培训
173	练习资源	传统医学
173	操作视频	添加动画
175	操作视频	添加组合动画并编辑
178	操作视频	路径与触发动画
179	操作视频	切换动画
181	练习资源	古筝曲—云水
191	拓展阅读	Markdown 简介
193	练习资源	AI 整理的大纲文件
196	项目成果	科普宣传
198	练习资源	首页图
199	练习资源	尾页图
204	练习资源	知识点思维导图
211	练习资源	护理部考核成绩表1
213	操作视频	保护工作簿和工作表
214	操作视频	设置工作表格式
215	操作视频	打印工作表和页面设置
218	练习资源	培训统计表
223	操作视频	地址引用
225	操作视频	常见函数
231	操作视频	函数嵌套
233	操作视频	酷表
234	操作视频	Formulabot 合并
236	操作视频	Kimi
240	练习资源	护理部考核成绩表2
242	操作视频	自动筛选
245	操作视频	透视表
247	操作视频	图表可视化
252	练习资源	护理部考核成绩数据
266	拓展阅读	智慧医疗

前言

随着科技的飞速发展,信息技术正以前所未有的速度改变着我们的生活、工作和学习方式。特别是在当今信息化社会中,掌握信息技术已经成为每一个人,尤其是大学生的必备技能。本书以培养适应社会经济发展、产业转型升级的应用型人才为目标,深入贯彻人才强国战略,围绕"中国制造""互联网+"等战略发展要求,以通俗易懂的语言和日常生活中的案例,讲解信息技术的基础知识和应用方法,确保教育链、人才链与产业链的有效对接。

信息技术作为职业院校的一门公共必修课程,占有极其重要的位置。从目前大多数院校对这门课程的安排和应用情况来看,学生普遍认为这门课程比较枯燥。本书综合考虑了当前信息技术基础教育的实际情况和计算机技术的发展状况,按照《高等职业教育专科信息技术课程标准(2021年版)》的要求,采用模块化任务驱动的方式,带领学生学习,从而激发学生的学习兴趣。

本书基于当下的主流信息技术,介绍了以下六个部分的内容。

信息检索(模块一)。该模块详细介绍信息检索的概念、分类、发展历程,搜索引擎的类型与使用方法,常用学术数据库的信息检索方法等内容,还介绍了综述报告的概念、要素、写作技巧和撰写要求等。

信息素养与社会责任(模块二)。该模块详细介绍信息素养的基本概念和要素、信息技术的发展历程、正确的职业理念、信息安全与自主可控、信息伦理、与信息伦理相关的法律法规、职业行为自律等内容。

文档处理(模块三)。该模块通过制作培训通知、制作培训安排表、批量制作培训通知单、制作培训简报、汇总学员培训总结等任务,详细介绍在 Word 2016 中创建文档、编辑文本、设置字符与段落格式、插入与编辑各种对象、设置页面、编辑长文档等内容。

演示文稿制作(模块四)。该模块通过创建演示文稿、编辑多媒体效果、宣传演示文稿制作等任务,详细介绍在 PowerPoint 2016 中创建演示文稿、编辑幻灯片、应用幻灯片主题、使用幻灯片母版、插入各种多媒体对象、设置幻灯片动画、放映幻灯片、打印与打包演示文稿等内容。

电子表格处理(模块五)。该模块通过创建和管理员工培训成绩表、员工培训成绩计算、员工培训数据分析与可视化等任务，详细介绍在 Excel 2016 中创建工作簿、输入与编辑数据、使用公式和函数、管理表格数据、应用图表、应用数据透视表和数据透视图、保护数据、打印工作表等内容。

新一代信息技术概论(模块六)。该模块详细介绍新一代信息技术产生的原因和发展历程，常见新一代信息技术的典型应用，新一代信息技术与制造业、生物医药产业、汽车产业的融合等内容。

本书在知识讲解、体例设计及配套资源方面具有以下特色。

1. **对标课程标准，学以致用**。本书按照《高等职业教育专科信息技术课程标准(2021年版)》的要求，采用理论与实践一体化的教学模式，旨在提升学生用信息技术解决问题的综合能力，使学生成为德智体美劳全面发展的高素质技术技能人才。

2. **任务驱动，目标明确**。本书实践内容主要按照"任务描述-技术分析-示例演示-任务实现-能力拓展"的结构展开，安排了多个项目，让学生可以在情景式教学中，明确自己的学习目标，更好地将知识融入实际操作和应用当中。

3. **讲解深入浅出，实用性强**。本书在注重系统性和科学性的基础上，突出了实用性和可操作性，对重点概念和操作技能进行了详细讲解，语言流畅，深入浅出，符合计算机基础教学的特点，能满足社会对人才培养的要求。本书通过小栏目"提示""知识拓展"等提供更多解决问题的方法和更加全面的知识，引导学生尝试更好、更快地完成当前工作任务及类似工作任务；同时，适时将思想政治教育融入学习内容，帮助学生树立正确的价值观。

4. **配套素材文件和效果文件**。本书所有操作内容均已录制成视频，学生可扫描书中的二维码观看视频，从而轻松掌握相关知识。同时，本书还提供相关操作的素材文件和效果文件，帮助学生学习。

本书由长沙卫生职业学院唐瑞明、陈珊、喻琨担任主编，李论、彭婧、李小庆担任副主编。其中，唐瑞明编写模块五以及模块三的前两个项目，陈珊编写模块三的后三个项目，李论编写模块一，李小庆编写模块二，彭婧编写模块四，喻琨编写模块六。

由于编者水平有限，书中难免存在不足之处，欢迎广大读者批评指正。

编 者

模块一　信息检索

项目1.1　使用搜索引擎 ……………………………………………………… 003
一、搜索引擎介绍 ………………………………………………………… 004
二、搜索引擎的基本检索 ………………………………………………… 008
三、搜索引擎的高级检索 ………………………………………………… 009
四、高级检索和个性功能 ………………………………………………… 013
拓展练习 …………………………………………………………………… 016

项目1.2　使用学术数据库 …………………………………………………… 018
一、学术数据库的基本检索和高级检索 ………………………………… 019
二、中国知网知识服务平台 ……………………………………………… 021
三、万方数据知识服务平台 ……………………………………………… 029
四、维普网知识服务平台 ………………………………………………… 032
拓展练习 …………………………………………………………………… 036

项目1.3　撰写综述报告 ……………………………………………………… 038
一、综述报告概念 ………………………………………………………… 039
二、综述报告的要素 ……………………………………………………… 039
三、综述报告的写作技巧 ………………………………………………… 040
四、综述报告撰写要求 …………………………………………………… 041
拓展练习 …………………………………………………………………… 042

模块二 信息素养与社会责任

项目 2.1 信息素养与计算思维 ········ 045
- 一、信息素养 ········ 046
- 二、信息技术 ········ 048
- 三、计算思维 ········ 049
- 拓展练习 ········ 052

项目 2.2 信息伦理和社会责任 ········ 053
- 一、信息安全概述 ········ 054
- 二、我国信息相关法律法规 ········ 055
- 三、常见的信息安全威胁 ········ 057
- 四、信息安全技术 ········ 059
- 五、计算机病毒的防护 ········ 060
- 六、个人信息安全防护 ········ 063
- 拓展练习 ········ 068

模块三 文档处理

项目 3.1 制作培训通知 ········ 071
- 一、新建文档 ········ 072
- 二、文本输入 ········ 074
- 三、保存文档 ········ 075
- 四、修改文档 ········ 075
- 五、设置字符格式 ········ 077
- 六、设置中文版式 ········ 080
- 七、设置段落格式 ········ 081
- 八、设置边框 ········ 083
- 九、页面设置 ········ 085
- 十、打印文档 ········ 086
- 拓展练习 ········ 087

项目3.2　制作培训安排表 … 089
- 一、设计表格 … 090
- 二、搭建表格框架 … 090
- 三、调整行高 … 092
- 四、设置外框线 … 092
- 五、合并和拆分单元格 … 093
- 六、增加行 … 094
- 七、美化表格 … 096
- 八、培训方式输入 … 097
- 九、嵌套表格 … 099
- 十、添加表头和底部落款 … 100
- 拓展练习 … 102

项目3.3　批量制作培训通知单 … 104
- 一、创建主文档 … 105
- 二、建立数据源文件 … 112
- 三、邮件合并 … 118
- 拓展练习 … 121

项目3.4　制作培训简报 … 123
- 一、新建文档并保存 … 124
- 二、输入文本 … 124
- 三、设置正文格式 … 125
- 四、插入艺术字 … 125
- 五、插入文本框 … 127
- 六、设置首字下沉 … 128
- 七、插入图片 … 129
- 八、设置分栏 … 131
- 九、添加项目符号 … 132
- 十、添加页面背景 … 132
- 十一、添加水印 … 134
- 拓展练习 … 136

项目 3.5　汇总学员培训总结 ········ 139
一、合并文档 ········ 140
二、清除格式 ········ 141
三、页面设置 ········ 141
四、插入分隔符 ········ 141
五、定制样式 ········ 143
六、插入页码 ········ 148
七、插入页眉 ········ 149
八、生成目录 ········ 150
九、插入封面 ········ 151
拓展练习 ········ 153

模块四　演示文稿制作

项目 4.1　创建演示文稿 ········ 157
一、新建演示文稿 ········ 158
二、新建幻灯片 ········ 161
三、输入文本 ········ 164
四、插入图片 ········ 166
五、移动和复制幻灯片 ········ 167
六、应用 SmartArt ········ 168
七、编辑形状 ········ 169
拓展练习 ········ 171

项目 4.2　编辑多媒体效果 ········ 172
一、添加幻灯片内置动画 ········ 173
二、编辑幻灯片对象动画 ········ 176
三、添加自定义路径动画 ········ 178
四、设置触发动画 ········ 179
五、设置切换 ········ 179
六、添加背景音乐 ········ 181
七、设置幻灯片放映类型 ········ 182
八、放映输出 ········ 185
拓展练习 ········ 187

项目 4.3　宣传演示文稿制作 ·· 188
　一、AI 辅助设计演示文稿 ··· 189
　二、创建演示文稿大纲 ·· 190
　三、根据大纲生成演示文稿 ··· 194
　四、AI 生成演示文稿 ··· 196
　五、设计演示文稿的封面页和尾页 ·· 197
　拓展练习 ·· 204

模块五　电子表格处理

项目 5.1　创建和管理员工培训成绩表 ··· 207
　一、新建 Excel 文档 ·· 208
　二、工作簿相关操作 ·· 211
　三、格式化工作表 ·· 214
　四、工作表打印和页面设置 ··· 215
　五、数据录入技巧 ·· 217
　拓展练习 ·· 218

项目 5.2　员工培训成绩计算 ··· 220
　一、公式和函数 ·· 221
　二、使用 SUM 函数计算总分 ·· 225
　三、使用 AVERAGE 函数计算平均分 ·· 225
　四、使用 MAX 和 MIN 函数查看分数的极值 ······························· 226
　五、使用 RANK 函数统计分数高低 ··· 227
　六、使用 COUNTIF 函数统计未通过的人数 ································ 228
　七、使用 IF 函数判断是否通过 ··· 229
　八、函数嵌套 ··· 230
　九、人工智能工具辅助 Excel 中公式函数的生成 ·························· 232
　十、按照部门进行排序 ·· 236
　十一、分类汇总 ··· 238
　拓展练习 ·· 240

项目 5.3　员工培训数据分析与可视化 ··· 241
　一、数据筛选 ··· 242

二、数据透视表的创建与使用 ……………………………………………………… 245
三、图表可视化 …………………………………………………………………… 247
拓展练习 …………………………………………………………………………… 252

模块六　新一代信息技术概论

项目 6.1　新一代信息技术 …………………………………………………… 255
一、认识主要的新一代信息技术 …………………………………………………… 256
二、新一代信息技术产生的主要原因 ……………………………………………… 259
三、新一代信息技术的发展 ………………………………………………………… 259
拓展练习 …………………………………………………………………………… 260

项目 6.2　新一代信息技术的特点与典型应用 ……………………………… 261
一、大数据 …………………………………………………………………………… 262
二、物联网 …………………………………………………………………………… 264
三、人工智能 ………………………………………………………………………… 265
四、工业互联网 ……………………………………………………………………… 267
五、高性能集成电路 ………………………………………………………………… 268
六、云计算 …………………………………………………………………………… 270
七、区块链 …………………………………………………………………………… 272
八、5G 通信技术 …………………………………………………………………… 273
拓展练习 …………………………………………………………………………… 275

参考文献 ……………………………………………………………………………… 276

模块一

信息检索

项目 1.1　使用搜索引擎

情境简介

每年 7 月 28 日是世界肝炎日,其设立的目的是提高人们对肝炎的认识,从而推动肝炎的预防和治疗。事实上,由于肝炎患者中规范诊断与治疗的比例相对较低,许多感染乙肝、丙肝病毒的人群在不知不觉中发展为肝硬化甚至肝癌,给人民的健康带来了极大的威胁。

对于广大民众而言,提高对肝炎危害的认识,并采取积极的防控措施,无疑是最为经济且有效的健康策略。为了更好地了解肝炎及其防治方法,可以利用常见的搜索引擎,如百度、搜狗等,搜索相关关键词,了解肝炎防治的相关知识,以便更加科学地认识肝炎,从而采取正确的预防和应对措施。下面,请运用常见的搜索引擎了解肝炎防治相关的知识。

学习目的

(1) 了解搜索引擎的概念及常见的搜索引擎;
(2) 掌握基本检索的技巧;
(3) 掌握高级检索的技巧;
(4) 学会辨别信息的真伪并筛选出具有可靠性和价值的信息,培养批判性思维和信息素养,以更好地应对信息时代的挑战。

一、搜索引擎介绍

搜索引擎是一种能够根据关键词自动检索互联网信息并返回查询结果的应用系统。它通过在互联网上爬取网页信息并建立索引，使用一定的算法和规则，将搜索结果按照一定的排列方式展示给用户。搜索引擎可以帮助用户快速、准确地找到所需信息，如学术论文、专利文献、研究报告等。

(一) 搜索引擎的主要功能

搜索引擎的主要功能包括以下几项：

1. 自动在互联网上抓取网页信息，并存储在数据库中；
2. 通过一定的算法和规则，对网页进行分类和排序；
3. 允许用户使用关键词进行查询，并返回符合条件的网页列表；
4. 提供用户交互界面，使用户能够方便地进行查询和筛选；
5. 支持多种查询方式，如关键字查询、高级查询、布尔查询等。

(二) 搜索引擎的核心技术

搜索引擎的核心技术主要包括以下几项：

1. 网页抓取技术，搜索引擎需要自动地在互联网上抓取网页信息，并将其存储在数据库中；
2. 搜索算法，搜索引擎需要根据用户输入的关键词进行查询，并返回符合条件的网页列表；
3. 索引技术，搜索引擎需要对抓取的网页进行索引，以便快速查找相关内容；
4. 排序算法，搜索引擎需要对查询结果按关联度高低进行排序，以便给出相关性最高的网页。

(三) 常见的搜索引擎

国内常见的搜索引擎包括百度、必应、搜狗、360 搜索等，下面介绍几个常见的搜索引擎。

1. 百度

百度是中国最大的搜索引擎，由百度公司开发和运营。作为中国最受欢迎的搜索引擎之一，百度提供了广泛的搜索功能和服务，能够搜索网页、图片、视频、新闻、地图等。同时，百度还提供了丰富的搜索工具和特色功能,如智能推荐、个性化搜索等,为用户提供更加便捷、智能的搜索体验。如图 1-1 所示为百度系列产品。

图 1-1　百度系列产品

百度的主要特点和功能包括以下五项:

① 中文搜索:提供广泛的中文网页索引和中文搜索支持,方便用户以中文关键词进行检索和查询。

② 广告和资讯:百度搜索结果页面不仅包含了相关的搜索结果,还会显示相关的广告和资讯,帮助用户获得更多相关信息。

③ 算法优化:百度的优化算法,提供更准确、更有意义的搜索结果,以满足用户的需求。

④ 智能推荐:百度根据用户的搜索历史和行为,可以智能推荐相关的内容,帮助用户快速找到感兴趣的信息。

⑤ 用户反馈机制:百度鼓励用户对搜索结果进行反馈,以帮助不断改进搜索算法并提供更好的搜索体验。

2. 必应

必应(Bing)是由微软推出的一款全球性搜索引擎。它提供了网页搜索、图片搜索、视频搜索、新闻搜索、地图搜索等多种搜索功能,以及相关性排序、高级筛选、搜索历史等功能,帮助用户更准确地获取所需信息,其主页如图 1-2 所示。

必应具有以下特点:

① 全球覆盖:不仅支持中文搜索,也支持多种语言的搜索,能够满足用户在全球范围内的搜索需求。

模块一 信息检索

图1-2 必应主页

② 信息丰富:整合了各种类型的信息资源,包括网页、图片、视频、新闻等,用户可以通过不同的搜索功能获得相应的信息。

③ 相关性排序:使用自己的排序算法来确定搜索结果的相关性,并将相关性最高的内容排在前面,帮助用户快速地找到所需信息。

④ 高级筛选:提供了一些高级筛选功能,如根据时间、类型、来源等进行筛选,用户可以根据需要进行更精确的过滤和筛选。

⑤ 搜索历史:会记录用户的搜索历史,用户可以方便地查看自己之前的搜索记录,并重新访问相关的内容。

总的来说,必应在全球范围内享有较高的知名度和使用率,它提供了全面的搜索功能和丰富的信息资源,能够帮助用户快速、准确地获取所需信息。

3. 搜狗

搜狗是国内知名的互联网搜索引擎,是中国市场上的主要搜索引擎之一,搜狗提供了包括网页搜索、图片搜索、视频搜索、新闻搜索、音乐搜索、问答搜索等多个领域的搜索功能,其主页如图1-3所示。

图1-3 搜狗主页

以下是搜狗的一些主要特点和功能:

① 中文搜索:专注于中文搜索,提供了广泛的中文内容索引和中文搜索功能,能够很好地满足国内用户的信息需求。

② 搜索广告：搜索结果页面中会显示相关的搜索广告，帮助企业进行产品推广，以便用户获取更多相关信息。

③ 智能推荐：根据用户的搜索历史和行为，能够智能推荐相关的内容，提供个性化的搜索体验。

④ 快速和准确：具备快速和准确的搜索能力，能够迅速呈现用户所需的搜索结果，提供高效的搜索服务。

⑤ 用户反馈机制：鼓励用户对搜索结果进行反馈，以不断优化搜索算法，提供更好的搜索体验。

总的来说，搜狗是国内用户常用的搜索引擎之一，它提供了全面的搜索功能和服务，能够帮助用户快速、准确地获取所需的信息。

4. 360 搜索

360 搜索是国内知名的互联网搜索引擎之一，360 搜索提供了网页搜索、图片搜索、视频搜索、新闻搜索、问答搜索等多个功能，其主页如图 1-4 所示。

图 1-4 360 搜索主页

以下是 360 搜索的一些主要特点和功能：

① 中文搜索：专注于中文搜索，提供了广泛的中文网页索引和中文搜索功能，方便用户以中文关键词进行检索和查询。

② 隐私保护：注重用户隐私保护，搜索记录和个人信息只能在用户授权的前提下使用，以便保护用户的个人隐私安全。

③ 算法优化：通过不断优化算法，提供更准确、有用的搜索结果，以满足用户的需求。

④ 智能推荐：根据用户的搜索历史和行为，可以智能推荐相关的内容，帮助用户快速找到感兴趣的信息。

⑤ 快速和准确：具备快速和准确的搜索能力，能够迅速呈现用户所需的搜索结果，提供高效的搜索体验。

二、搜索引擎的基本检索

基本搜索是搜索引擎的核心功能之一,它根据用户输入的关键词从互联网上获取与这些关键词相关的网页、图片、视频等信息。这个过程看似简单,但实际上涉及了复杂的算法和技术。如百度的基本搜索功能就依赖其先进的人工智能技术和强大的大数据分析能力。

在使用基本检索功能时,用户可输入关键词,通过搜索引擎从互联网上获取客观的信息资源列表,再进一步获取与这些关键词相关的网页、图片、视频等信息。如在百度中检索"肝炎防治"方面的信息,可直接在百度主页中输入关键词"肝炎 防治",单击搜索按钮后可得到搜索结果,如图 1-5 所示。

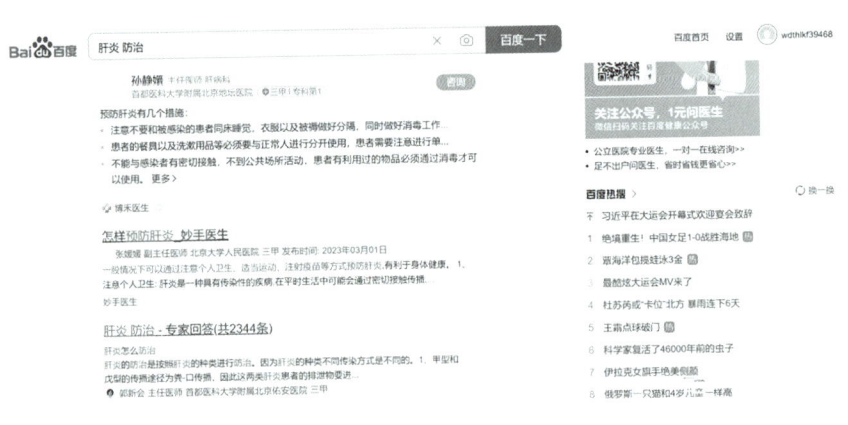

图 1-5　百度基本检索界面

在实际应用中,可用以下 3 种方式检索得到更精确的搜索结果。

1. 当用户需要基于多个关键词搜索需求时,不同关键词之间用空格隔开,可以获得更精确的搜索结果,如图 1-6 所示。

图 1-6　空格搜索

2. 如对搜索结果不满意,可以继续添加关键词,在搜索结果里进一步搜索,如图 1-7 所示。

项目 1.1 使用搜索引擎

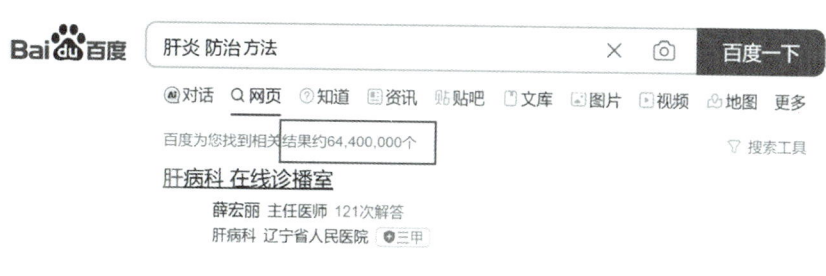

图 1-7 添加关键词

3. 搜索引擎页面底部的相关搜索功能会推荐相关的关键词,以便用户进行更有效的搜索,如图 1-8 所示。

相关搜索

肝炎的预防措施是什么　　　预防肝炎小知识

五种肝炎的预防措施　　　　世界乙肝宣传日 新

肝炎有几种　　　　　　　　正常人如何预防肝炎

世界肝炎日聚焦病毒性肝炎 新　肝病防治知识

肝炎种类　　　　　　　　　重度肝炎

1　2　3　4　5　6　7　8　9　10　下一页 >

图 1-8 相关关键词推荐

三、搜索引擎的高级检索

搜索引擎的高级检索功能是利用搜索引擎提供的特定检索语法与功能选项来进行更精确、更有针对性的搜索。以下是常见搜索引擎的一些高级检索技巧。

(一)精确检索

使用双引号将关键词括起来后,搜索引擎会精确匹配这些词。例如:"肝炎防治"将优先检索并返回包含完整短语"肝炎防治"的结果,而不是分别包含"肝炎"和"防治"的结果,如图 1-9 所示。

图 1-9　精确检索

(二) 排除关键词检索

用英文半角圆括号将关键词括起来，并在前加上减号"－"可以排除包含该关键词的搜索结果。例如："(肝炎)－(防治)"将优先检索并返回关于肝炎而不是肝炎防治的结果，如图 1-10 所示。

图 1-10　排除关键词检索

(三) 站点限定检索

使用"site："可以检索出特定网站中的网页信息。例如：肝炎防治 site：zhihu.com 将只返回知乎网站上与肝炎防治有关的结果，如图 1-11 所示。

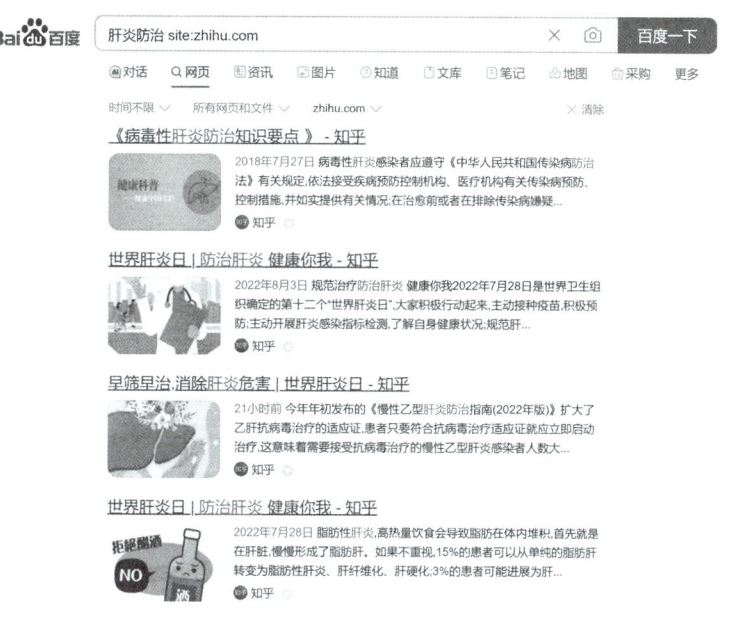

图 1-11　站点限定检索

(四) 文件类型检索

使用"filetype："可以检索出指定的文件类型。例如：肝炎防治 filetype：pdf 将只返回肝炎防治相关的 PDF 文档，如图 1-12 所示。

图 1-12　文件类型检索

(五) 时间限定检索

使用"daterange:"可以检索出指定时间范围内的信息。例如：肝炎防治 daterange:2023-01-01—2023-12-31 将只返回 2023 年内与肝炎防治相关的结果，如图 1-13 所示。

图 1-13　时间限定检索

(六) 网页标题检索

使用"intitle:"可以筛选出网页标题中包含特定关键词的结果。例如：intitle:肝炎防治将只返回网页标题包含肝炎防治的结果，如图 1-14 所示。

图 1-14　网页标题检索

以上仅是高级检索的一些示例,不同的搜索引擎拥有不同的高级检索选项和语法。

四、高级检索和个性功能

(一) 高级检索功能

百度提供了高级检索功能,可以方便地进行各类检索,如在百度中检索近一年内有关肝炎防治的 PDF 文件,检索步骤如下。

1. 在百度主页右侧单击"设置"按钮,在弹出的下拉菜单中选择"高级搜索"选项,如图 1-15 所示。

图 1-15　高级检索功能

2. 在高级检索界面中,选择包含完整关键词"肝炎防治",时间选择"一年内",文档格式选择"PDF(.pdf)",如图 1-16 所示。

图 1-16　百度高级检索界面

3. 单击"高级搜索"按钮,得到的检索结果如图 1-17 所示。

图 1-17　高级检索结果

(二) 文心一言

1. 文心一言简介

文心一言是一款由百度公司研发的知识增强大语言模型,可以提供更智能、高效、准确的语言交互服务。文心一言能够理解和生成自然语言,帮助人们解决各种问题、获取知识、进行创意创作等。

2. 文心一言的主要特点

(1) 强大的语言处理能力

文心一言展现出了强大的语言处理能力。它能够精准地理解输入的各种复杂表达,无论是日常的口语化表述,还是专业领域的特定术语和语句结构。它可以迅速解析语言背后的含义和意图,并且能够根据这些含义和意图理解生成高度契合、逻辑清晰且自然流畅的回应。这种强大的语言处理能力使得文心一言能够与用户进行近乎自然的对话交流。

(2) 知识覆盖广泛

文心一言覆盖的知识范围极其广泛,涵盖了众多领域的信息。从科学技术到人文历史,从生活常识到专业知识,几乎无所不包。

3. 操作流程

(1) 打开浏览器,在地址栏输入百度的官方网址,进入百度主页,单击"更多"→"查看全部百度产品",如图 1-18 所示。

项目1.1 使用搜索引擎

图1-18 百度文心一言

（2）在"新上线"栏目中，选择"文心一言"选项，进入文心一言的工作界面，如图1-19所示。

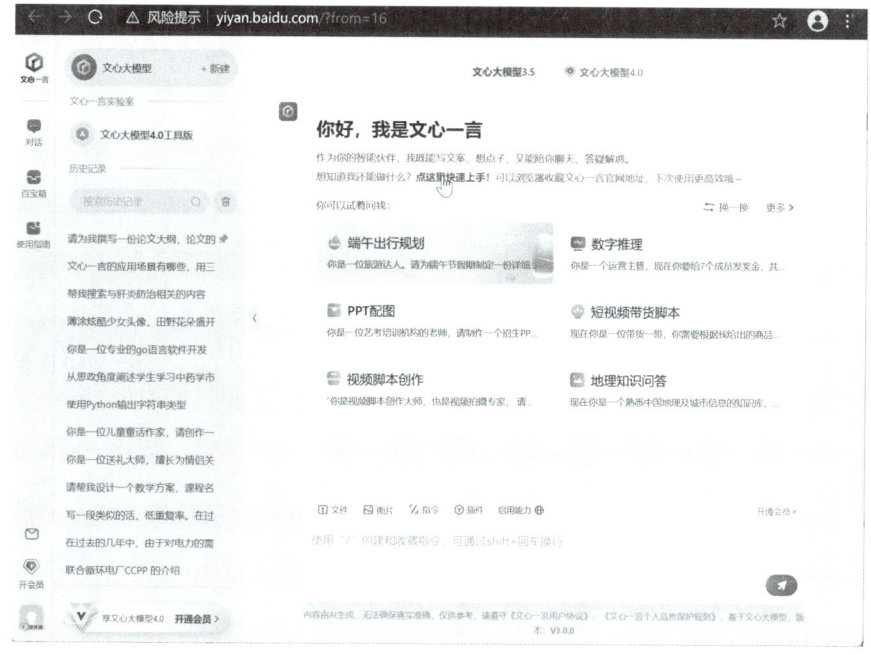

图1-19 文心一言的工作界面

（3）在输入框中输入自己要咨询的内容，如"帮我搜索与肝炎防治相关的内容"，文心一言将自动生成并返回结果，如图1-20所示。

4. 应用场景

文心一言作为先进的AI语言模型之一，其应用场景广泛，不仅在学习研究、商业营销中发挥着重要作用，也是日常生活与工作的得力辅助工具，其应用主要体现在以下三个方面。

（1）学习与研究中的辅助工具

文心一言在学习与研究领域展现出了较强的优势。凭借其优秀的文本处理能力和语义理解能力，文心一言成为了用户的得力助手。无论是查

模块一　信息检索

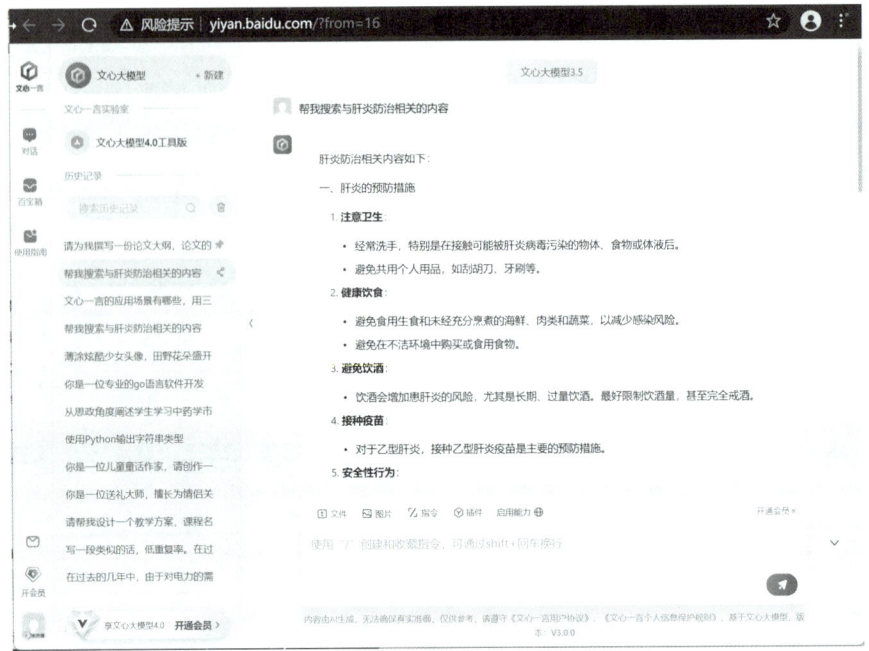

图1-20　文心一言自动生成并返回结果

找学术资料、理解复杂概念,还是撰写论文、整理笔记,文心一言都能提供精准的辅助和高效的建议。通过输入关键词或问题,文心一言能够快速给出相关信息和解释,极大地提高了学习和研究的效率。

(2) 商业营销中的品牌传达

在商业营销领域,文心一言同样发挥着重要作用。它能够帮助企业提炼品牌的核心价值,并用精练的语言传达给目标受众。在塑造品牌形象、提升品牌认知度方面,文心一言展现出了独特的魅力。

(3) 日常生活与工作中的便捷助手

文心一言的应用不仅局限于学习、研究和商业领域,在日常生活和工作中同样能够发挥其独特的价值。作为一个便捷的生活和工作助手,它能够快速回答各种问题、提供实用的建议和解决方案。无论是查询天气、制定日程,还是解决生活和工作中的小问题,文心一言都能够提供及时、准确的帮助,让人们的生活和工作更加便捷和高效。

 拓展练习

一、选择题

1. 百度高级检索中,(　　)用于排除无关消息。

A. － B. ＋ C. <> D. ( )

2. 把查询内容范围限定在网页标题中,可以使用( )。

A. intitle B. filetype C. inurl D. site

3. 将搜索范围限定在特定网站中,可以使用( )。

A. intitle B. inurl C. filetype D. site

4. 将搜索范围限定在URL链接中,可以使用( )。

A. inurl B. filetype C. intitle D. site

5. 限定特定格式的文档检索,可以使用( )。

A. inurl B. site C. intitle D. filetype

二、操作题

1. 如何使用百度高级搜索功能排除某些关键词,例如搜索"肝炎",但排除"丙肝"和"甲肝"?

2. 如何搜索指定日期范围内的内容,例如搜索2023年1月1日至2023年7月31日之间的关于"疱疹性咽峡炎"的信息内容?

3. 如何使用百度的高级搜索功能筛选结果,例如筛选出标题中包含"疱疹性咽峡炎"的信息内容?

4. 如何使用百度高级搜索功能进行精确匹配搜索,例如精确匹配搜索关键词"妊娠期高血压"?

5. 如何搜索指定网站内的内容,例如搜索"中国医药信息查询平台"网站中关于"疱疹性咽峡炎"的信息?

项目1.2 使用学术数据库

 情境简介

在当今全球医疗科技的广泛互联背景下,肝炎防治作为全球公共卫生的重要议题,其研究进展和政策变化备受关注。某国际公共卫生研究机构启动了一项针对近十年肝炎防治文献的检索工作,旨在通过组织资深专家团队对相关文献进行全面搜集、筛选和整理,构建一个系统知识体系。

此次检索工作涉及多种数据库以确保文献的全面覆盖,通过资源专家对文献的筛选和评估,获取高学术价值和实用性的资料。通过深入分析这些文献,该研究机构期望掌握肝炎防治的研究热点、技术进展和政策变化,并总结出切实有效的防治策略,为未来肝炎防治工作提供有价值的参考。

 学习目的

(1)了解学术检索工具,即专门用于检索学术文献、期刊、会议论文等学术资源的工具;

(2)熟悉并掌握关键词选择、简单搜索语法等基本技能;

(3)理解并掌握高级检索功能,如限定搜索范围、布尔运算符、字段精确匹配等;

(4)深入了解并熟练运用中国知网、万方数据、维普网这3种常用的中文学术搜索资源平台,熟悉其各自的特点、搜索界面、检索功能以及导出结果筛选等操作。

学术数据库可协助学者和研究人员快速查找和获取丰富的学术资源。

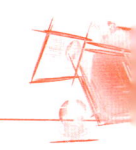

项目 1.2 使用学术数据库

这些资源涵盖学术论文、国际会议记录、权威期刊文章以及学者的研究成果等,对于推动学术研究和知识创新具有重要意义。本节将详细介绍中国知网、万方数据库和维普数据库这 3 种常用的学术数据库,帮助大家更好地掌握通过学术数据库检索学术资料的方法和技巧。

一、学术数据库的基本检索和高级检索

1. 基本检索

基本检索是学术数据库提供的一种直接且简便的检索方式。用户直接输入检索词进行单条件检索,无须进行复杂的逻辑匹配或组合。虽然基本检索的操作简单快捷,但它仅基于单一的检索条件进行搜索,因此得到的检索结果数量通常较多,涵盖范围广泛,相比高级检索而言,其精确性可能稍逊一筹。基本检索包括全文检索、主题检索、篇名检索、关键词检索等多种检索方式,以满足用户不同的需求。

① 全文检索

全文检索是指用户输入一个关键词后,系统自动检索该关键词在所有文献中的匹配项,并将匹配结果按照相关性排序后呈现出来。全文检索是最常用的检索方式之一,可以快速找到包含该关键词的所有文献。

拓展阅读
全文检索

② 主题检索

主题检索是指用户输入一个或多个主题词后,系统自动检索该主题词在所有文献中的匹配项,并将匹配结果按照相关性排序后呈现出来。主题检索适用于用户对某个特定主题有明确需求的情况。

拓展阅读
主题检索

③ 篇名检索

篇名检索是指用户输入一个或多个篇名后,系统自动检索该篇名在所有文献中的匹配项,并将匹配结果按照相关性排序后呈现出来。篇名检索适用于用户对某个特定篇名有明确需求的情况。

拓展阅读
篇名检索

④ 关键词检索

关键词检索是指用户输入一个或多个关键词后,系统自动检索该关键词在所有文献中的匹配项,并将匹配结果按照相关性排序后呈现出来。关键词检索适用于用户对某个特定关键词有明确需求的情况。

拓展阅读
关键词检索

2. 高级检索

高级检索是一种更为细致和全面的信息检索方式,它赋予了用户更大的灵活性和精确性。在这种检索模式下,用户不再仅仅依赖于简单的关键词输入,而是可以在专门的检索框中输入更为详细的检索条件。这些条件

可以涵盖多个方面,如篇名、作者、关键词、摘要以及发表机构等,从而确保所获取的检索结果与用户的需求高度匹配。高级检索不仅提供了丰富的检索选项,还允许用户对检索结果进行更为精细的筛选和排序。这意味着,用户可以根据自己的具体需求,对结果进行多维度的过滤,如按照发表时间、被引次数、文献类型等进行排序,或者根据特定的研究领域、主题等进行筛选,从而大大提升了检索的效率和准确性,帮助用户快速定位到最符合需求的信息资源。

在中国知网的高级检索功能中,为了更精确地定位和筛选学术文献,用户常常会运用一系列逻辑操作符来构建检索条件。具体而言,其中,"与"(AND)"或"(OR)和"非"(NOT)是三个最为基础和常用的逻辑概念。

① "与"(AND):两个或多个检索词必须同时满足时,才能匹配检索结果。例如,在检索框中输入"人工智能 AND 机器学习"进行检索时,只有同时包含"人工智能"和"机器学习"的文献才会被匹配出来,其关系如图 1-21 所示。

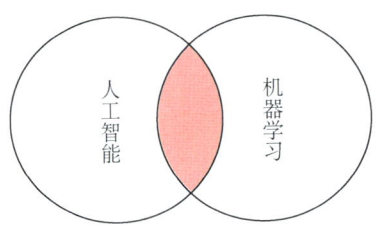
图 1-21 逻辑与关系图

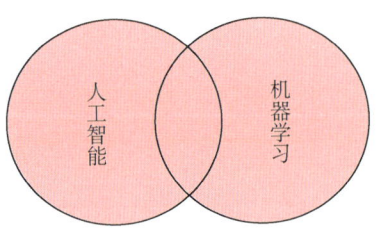
图 1-22 逻辑或关系图

② "或"(OR):两个或多个检索词中任意一个满足时,即可匹配检索结果。例如,在检索框中输入"人工智能 OR 机器学习"进行检索时,只要包含"人工智能"或"机器学习"的文献都会被匹配出来,其逻辑如图 1-22 所示。

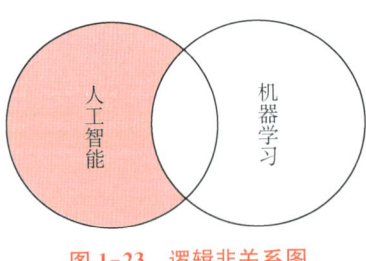
图 1-23 逻辑非关系图

③ "非"(NOT):排除某个检索词,使其不匹配检索结果。例如,在检索框中输入"人工智能 NOT 机器学习"进行检索时,只有包含"人工智能"且不包含"机器学习"的文献才会被匹配出来,如图 1-23 所示。

在使用高级检索时,可以根据具体需求灵活运用这些概念,构建符合要求的检索条件,从而更快速、更准确地找到所需的学术文献。

二、中国知网知识服务平台

（一）中国知网介绍

中国知网（China National Knowledge Infrastructure，简称 CNKI）是国内知名的学术文献与知识服务平台。该平台以其强大的知识共享功能、海量的信息储备、清晰的信息来源以及可靠的文献出处而广受学术界和科研人员的青睐。在国内，它已成为学术研究、科技创新以及教育教学中不可或缺的重要资源库。中国知网不仅收录丰富的中文文献资源，还收录了大量的外文文献，涵盖了各个学科领域，可满足不同用户群体的多样化需求。其严格的文献审核与收录标准，确保了平台上每一篇文献的质量和可靠性，为用户提供了一个高效、便捷的学术研究与知识获取环境。访问中国知网有以下两种方式。

方法一：对于校园网用户，可打开校图书馆主页，在快速服务中选择中国知网即可。

方法二：通过浏览器访问，输入中国知网网址或通过百度搜索中国知网并进入，即可在线阅读期刊、学位论文、会议论文和年鉴等学术资源。

（二）单库检索

单库检索是指在一个数据库中搜索特定的信息或文献。在单库检索页面，可以选择不同的数据库进行检索，常用的数据库包括学术期刊、学位论文、会议、报纸等。单库检索的优点是精度高，可以快速找到需要的信息或文献。

1. 单库基本检索

下面以检索肝炎防治相关的期刊文献为例，介绍如何在知网单库中进行基本检索。

① 在浏览器地址栏中输入知网网址，打开知网主页，如图 1-24 所示，在首页中选择需要检索的数据库，如学术期刊，进入学术期刊库检索页面。

② 在学术期刊库上方检索框中，输入关键词。关键词可以是学术概念、研究主题、关键词等，本例采用主题检索，在检索框中输入"肝炎 防治"，如图 1-25 所示。

③ 单击"检索"按钮，知网将返回与该关键词相关的期刊文献结果，如

模块一　信息检索

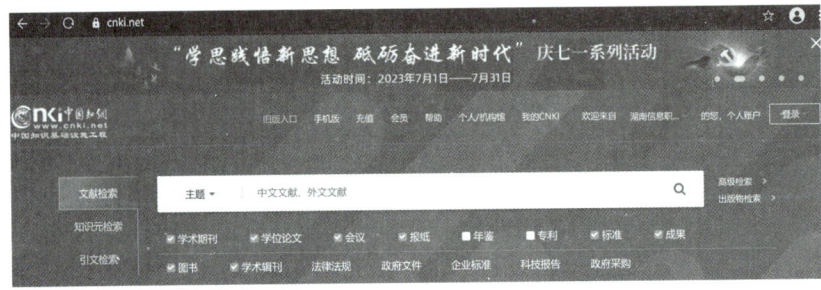

图1-24　知网主页

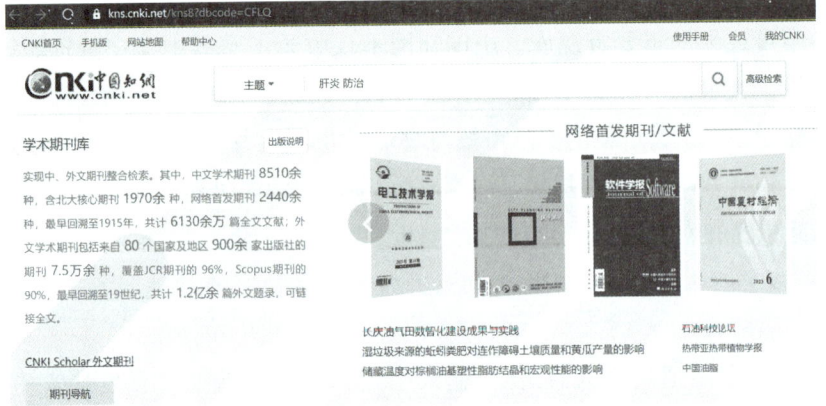

图1-25　知网学术期刊库界面

本例中共找到5 540条结果，并按每页20条记录的形式罗列在页面右侧，如图1-26所示。

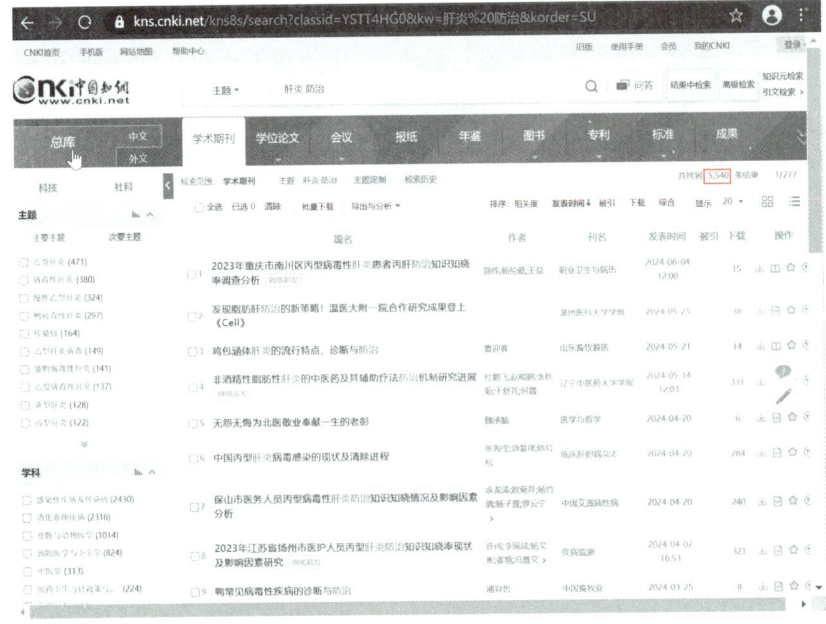

图1-26　知网学术期刊库查询结果界面

项目1.2 使用学术数据库

④ 在返回的文献列表中，可以选择不同的筛选条件，如主题、发表年度、来源类别、作者、机构等，进一步缩小搜索范围，如图1-27所示。

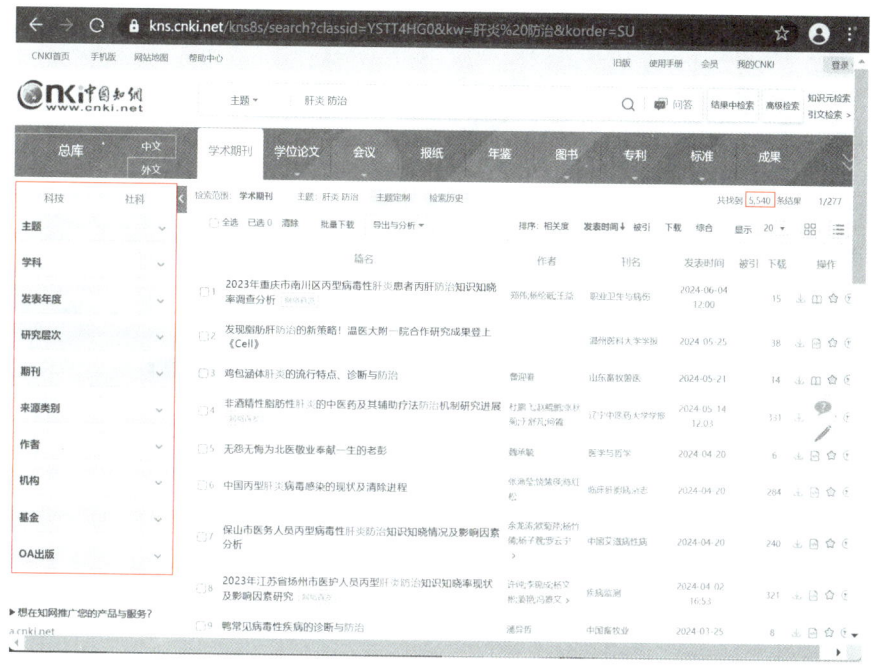

图1-27 知网查询结果筛选界面

⑤ 可以在返回的文献列表中选择不同的排序方式，如相关度、发表时间、被引次数和下载等，对文献进行排序。

⑥ 在文献列表界面中，单击"导出与分析"按钮，可对结果进行导出和可视化分析，得到其总体发文趋势、主题分布、学科分布、研究层次分布及来源类别分布等统计图表，更加直观地展示出查询结果的整体情况，如图1-28所示。

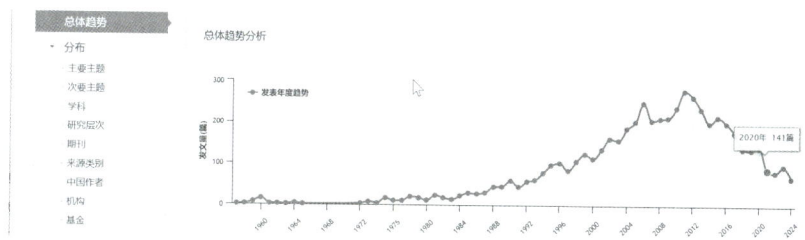

图1-28 查询结果的可视化分析界面

2. 单库高级检索

下面以检索2014—2024年期间发表的"肝炎的防治"的相关期刊文献为例，介绍如何在知网单库中进行高级检索。

① 通过分析题干,发现题干信息包括以下3个部分,数据库类型为学术期刊,检索控制条件包含了时间限制条件,时间段为2014—2024年;内容检索条件中包含2个关键词:肝炎、防治,两者之间的逻辑关系为"与",即"AND"。

② 在学术期刊库上方的检索框右侧,单击"高级检索"按钮,如图1-29所示,进入学术期刊库的高级检索界面,如图1-30所示。

图1-29　知网学术期刊库中的"高级检索"按钮

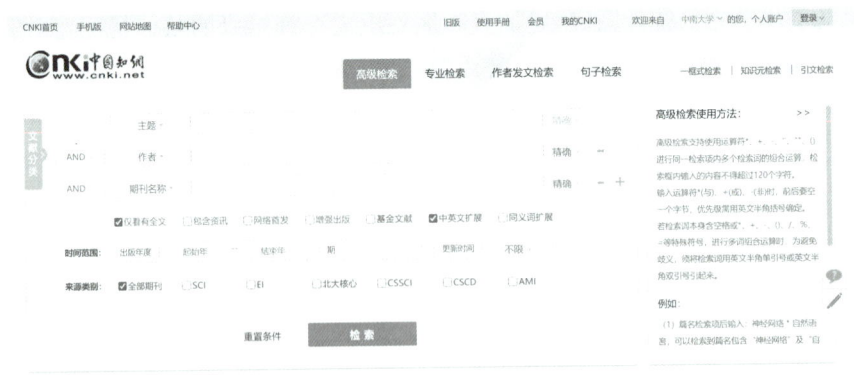

图1-30　知网学术期刊库高级检索界面

③ 在"高级检索"界面中,可选择内容检索的主要途径,如关键词、主题等。本例选择"主题"途径,在文本框中输入"肝炎",再点击"+",增加一行逻辑检索项,在框中再输入"防治",两者逻辑关系为"AND"。在"匹

方式"下拉菜单中选择"精确匹配",以获得更精确的检索结果。

④ 在检索控制条件中的时间范围输入框中选择或直接输入"2014—2024",单击"检索"按钮即可,如图 1-31 所示。

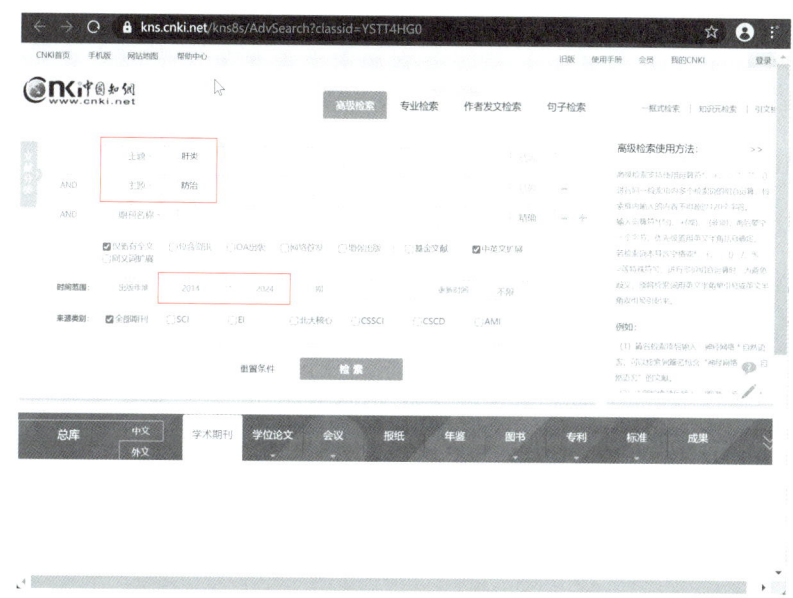

图 1-31　知网单库高级检索条件设置

⑤ 点击"检索"按钮后,系统将返回与该条件匹配的文献列表,截至 2024 年 6 月 9 日,共查询到 1 253 篇期刊文献,在文献列表中,可以设置不同的筛选条件,如主题、学科、发表年度等,进一步缩小搜索范围,如图 1-32 所示。

图 1-32　知网单库高级检索结果筛选

⑥ 点击"导出"按钮,可以将文献列表导出为文本、PDF 文档等。

(三) 跨库检索

跨库检索是指在一个检索系统中检索多个数据库中的文献。使用跨库检索功能,用户可以在一个平台上检索多个数据库中的文献,无须在不同的平台上进行分别检索。

跨库检索的好处在于可以提供更全面的文献信息,帮助用户更好地了解学术领域的最新进展和研究成果。此外,跨库检索还可以提高检索的效率和准确性,因为多个数据库中的数据可以整合到一个统一的检索框架下,从而避免了重复检索和数据冗余等问题。

1. 跨库基本检索

下面以检索肝炎防治相关的文献为例,介绍如何在知网中跨库进行基本检索。

① 在知网网站首页上方的搜索框中输入关键词,关键词可以是学术术语、研究主题等,本实例采用主题检索,检索框中输入"肝炎 防治",如图1-33 所示。

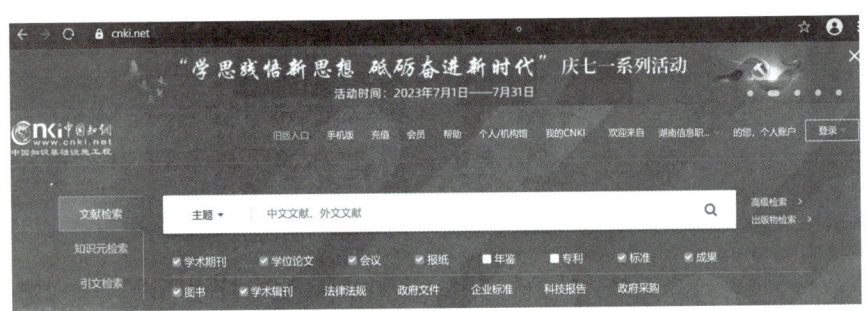

图 1-33　知网跨库基本检索界面

② 单击"检索"按钮,知网将返回与该关键词相关的文献列表,本例中截至 2024 年 6 月 9 日共找到 7 504 条结果,其中学术期刊库中有 5 540 条,学位论文库中有 1 164 条,会议库中有 414 条,报纸库中有 98 条,图书库中有 2 条,标准库中有 2 条,成果库中有 108 条,按每页 20 条的形式罗列在页面右侧,如图 1-34 所示。

③ 在返回的文献列表中,可以设置不同的筛选条件,也可以根据相关度、发表时间等进行排序,最后还可导出和分析设置等。

2. 跨库高级检索

下面以检索 2014 年 6 月 1 日—2024 年 5 月 31 日期间发表的与"肝炎的防治"相关的文献,介绍跨库高级检索。

项目 1.2　使用学术数据库

图 1-34　知网跨库基本检索结果

① 通过分析题干，发现题干信息包括以下 3 个部分，数据库类型为总库，检索控制条件包含了时间限制条件，时间段为 2014 年 6 月 1 日—2024 年 5 月 31 日；内容检索条件中包含 2 个关键词：肝炎、防治，两者之间的逻辑关系为"与"，即"AND"。

② 在浏览器地址栏中输入知网网址，打开知网主页，单击"高级检索"按钮，如图 1-35 所示。

图 1-35　知网主页

③ 在"高级检索"界面中，可选择内容检索的主要途径，如关键词、主题等。本例选择"主题"途径，在文本框中输入"肝炎"，再点击"＋"，增加一行逻辑检索项，在文本框中再输入"防治"，两者逻辑关系为"AND"。在"匹配方式"下拉菜单中选择"精确匹配"，以获得更精确的检索结果。

④ 在总库检索时需将发表时间设定为具体的年月日，因此在检索控制条件中的发表时间输入框中选择或直接输入"2014 年 6 月 1 日—2024 年

5月31日",单击"检索"按钮即可,如图1-36所示。

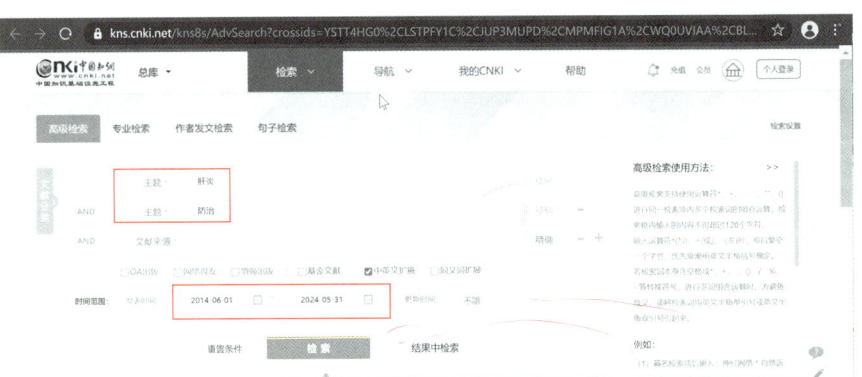

图1-36 知网跨库高级检索界面

⑤ 单击"检索"按钮后,知网将返回与该条件相匹配的文献列表。本例中共找到1 423条结果,其中学术期刊1 189条,学位论文94条,会议论文53条,报纸18条,图书2条,按每页20条的形式罗列在页面右侧,如图1-37所示。

图1-37 知网跨库高级检索结果

⑥ 在文献列表中,可以设置不同的筛选条件,如主题、学科、作者、机构等,进一步缩小搜索范围。

⑦ 点击"导出"按钮,可以将文献导出为文本、PDF等格式。

三、万方数据知识服务平台

(一) 万方数据知识服务平台介绍

万方数据知识服务平台简称万方数据,是以中国科学技术信息研究所全部信息服务资源为依托建立起来的知识服务平台。内容涉及自然科学和社会科学的各个专业,包括期刊论文、中外标准、专利、科技成果、法律法规等,图1-38为万方数据知识服务平台主页。万方数据具有以下特色功能。

图1-38 万方数据知识服务平台主页

① 检索:用户可以在主页的搜索框中输入关键词进行文献的检索,文献类型包括期刊论文、学位论文、会议论文、专利、中外标准等。

② 分类浏览:主页上提供了各个学科领域的分类导航,用户可以根据自己的兴趣选择相应的分类进行浏览。

③ 期刊导航:主页上可以浏览万方数据收录的期刊,查看期刊的最新论文、影响因子等信息。

④ 学位论文:主页上可以检索和浏览万方数据中的学位论文,包括硕士和博士学位论文。

⑤ 会议论文:主页上可以检索和浏览万方数据中的会议论文,包括会议论文集和会议录等。

⑥ 专利：主页上提供专利检索服务，用户可以查询和浏览万方数据中的专利文献信息。

⑦ 中外标准：主页上提供中外标准检索服务，用户可以查询和浏览万方数据中的标准文献信息。

⑧ 资源推荐：主页上会展示一些数据库推广的信息，如相关的研讨会、培训课程等，帮助用户更好地利用万方数据中的资源。

⑨ 个人中心：用户可以在主页上登录或注册个人账号，进入个人中心管理自己的收藏、订阅、下载记录等。

（二）万方数据知识服务平台检索

万方数据知识服务平台检索与知网检索相似，只是界面稍有不同，下面以检索近十年来与肝炎防治有关的文献为例，介绍万方数据的跨库高级检索。

① 在浏览器地址栏中输入万方数据的网址，打开万方数据主页，单击"高级检索"按钮，如图1-39所示。

图1-39　万方数据主页高级检索按钮

② 在"高级检索"页面中，可选择内容检索的主要途径，如关键词、主题等，本例选择"主题"途径，在文本框中输入"肝炎"，再点击"＋"，增加一行逻辑检索项，在文本框中再输入"防治"，两者逻辑关系为"AND"。在"匹配方式"下拉菜单中选择"精确匹配"，以获得更精确的检索结果。

③ 在总库检索时需将发表时间设定为"2014—2024"，如图1-40所示。

④ 单击"检索"按钮，万方数据将返回与该条件匹配的文献列表。本例中截至2024年6月9日共找到4 905条结果，其中期刊论文库中有3 778条，学位论文库中有870条，会议论文库中有257条，按每页20条的形式罗列在页面右侧，如图1-41所示。

⑤ 在检索结果界面中，可以设置不同的筛选条件，如资源类型、年份、语种、作者等，进一步缩小搜索范围，如图1-42所示。

项目 1.2　使用学术数据库

图 1-40　万方数据高级检索界面

图 1-41　万方数据高级检索结果界面

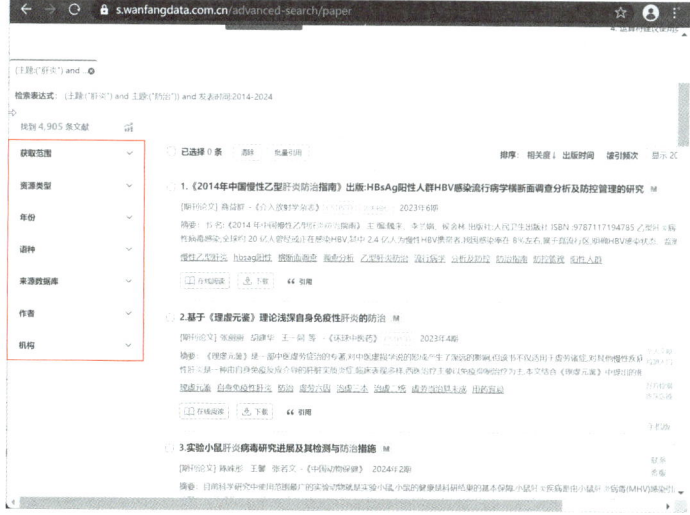

图 1-42　万方数据结果筛选界面

⑥ 点击"导出"按钮，可以将文献导出为文本、PDF 文档等形式。

四、维普网知识服务平台

(一) 维普网知识服务平台介绍

维普网知识服务平台是由原中国科学技术情报研究所重庆分所（现维普资讯有限公司）推出的中文学术期刊大数据服务平台。它依托《中文科技期刊数据库》数据支撑，自 1989 年推出，现已成为中文学术期刊最重要的传播与服务平台之一，其特色功能包括：中刊检索、文献查新、期刊导航、检索历史、引文检索、引用追踪、H 指数、影响因子、排除自引、索引分析、排名分析、学科评估、顶尖论文、搜索引擎服务等。如图 1-43 所示。

图 1-43　维普网知识服务平台主页

(二) 维普网检索方法

维普网知识服务平台自 1989 年起，累计收录中文学术期刊 15 000 余种，文献总量超 7 000 万篇，本例以近十年中与肝炎防治相关的北大核心期刊文献为例，介绍维普网检索方法。

1. 在浏览器地址栏中输入维普网址，打开维普网知识服务平台主页，在首页点击"高级检索"按钮，如图 1-44 所示。

项目 1.2　使用学术数据库

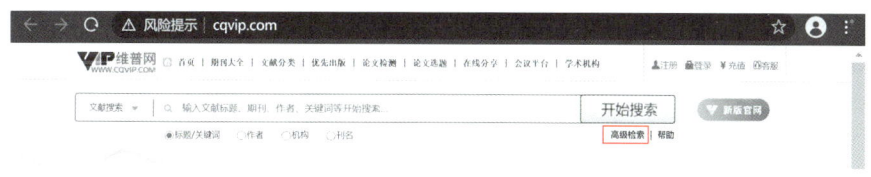

图 1-44　维普网高级检索

2. 在"高级检索"页面中,选择内容检索的主要途径为,可以是任意字段、关键词、题名等,本例子选择的检索途径为"任意字段",内容框中输入如"肝炎",再点击"+",增加一行逻辑检索项,在检索框再输入"防治",两者逻辑关系为"AND"。在"匹配方式"下拉菜单中选择"精确匹配",以获得更精确的检索结果。

3. 在总库检索时需将发表时间设定为"2014—2024",期刊范围选择"北大核心期刊",单击"检索"按钮即可,如图 1-45 所示。

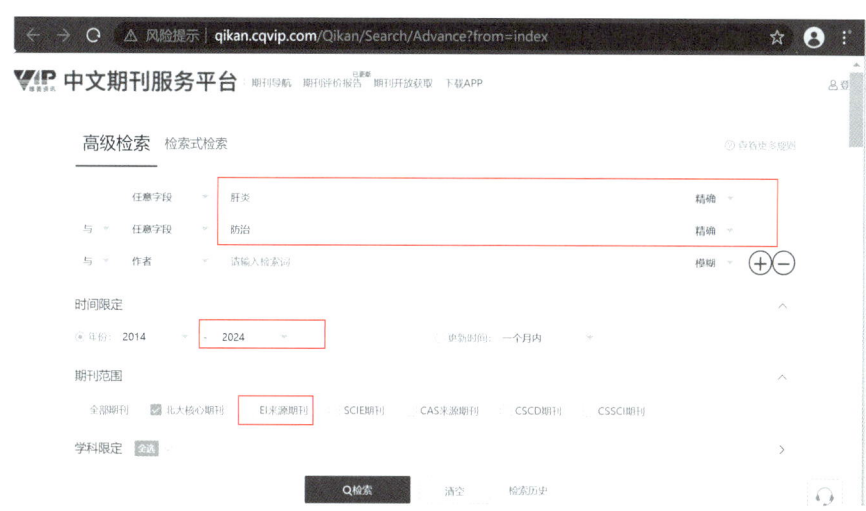

图 1-45　维普网高级检索设置

4. 点击"检索"按钮后,系统将返回与该条件匹配的文献列表。如本例中截至 2024 年 6 月 9 日共找到 648 篇北大核心期刊论文,并按每页 20 条记录罗列在页面右侧,如图 1-46 所示。

5. 在文献列表中,可以选择不同的筛选条件,如年份、学科、期刊、作者等,进一步缩小搜索范围,如图 1-47 所示。

6. 点击"导出"按钮,可以将文献导出为文本、PDF 等格式。

模块一　信息检索

图1-46　维普网高级检索

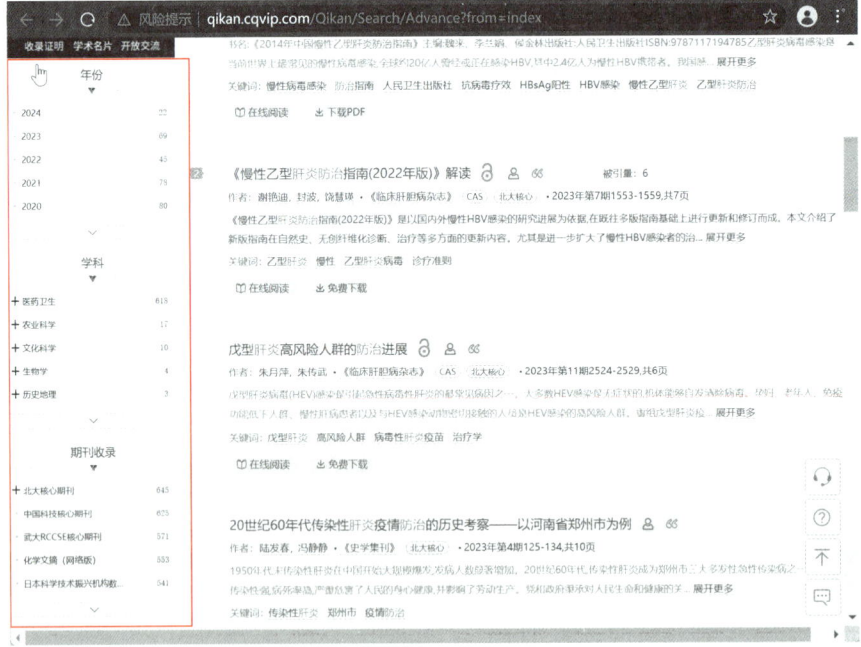

图1-47　维普网结果筛选界面

（三）维普网知识服务平台检索技巧

1. 缩小范围选字段，扩大范围用"任意"

基本检索因其简洁性和易用性，深受用户喜爱。在维普网上，基本检索框前精心设置了14种检索字段，用户可以通过选择特定的字段来精确化搜索，从而缩小检索范围，获取更为精准的结果。同时，如果选择"任意字段"进行检索，则能够放宽搜索条件，获取与搜索主题更为广泛的相关结果。简而言之，这一检索方式既提供了精准定位的选项，也保留了广泛搜索的灵活性。

2. 缩小范围用"AND/NOT"，扩大范围就加"OR"

在使用维普网的高级检索功能时，用户可以通过巧妙地运用"AND（＊）""OR（＋）"和"NOT（－）"等逻辑运算符来调整检索策略，以满足不同的研究需求。此外，还可以选择精确或模糊检索方式，以及设定特定的年限和学科范围，以进一步细化检索结果。这种详尽而灵活的检索设置，让论文检索过程更加精准、高效。

3. 高级检索防漏检，同义词扩展需勾选

在进行"高级检索"时，为了确保学术研究的全面性和准确性，对于某些学术专有名词或通俗名词，用户可以选择勾选"同义词扩展"功能。这一功能能够自动检索出与输入检索词相关的同义词，从而确保这些同义词所关联的文章也能被检索出来，有效避免了因仅使用单一检索词而导致的文章漏检现象。这样的设置极大地提升了检索的效率和准确性，为用户提供了更加全面、细致的学术资料。

4. 检索结果条数多，二次检索不放过

检索文章实际上是一个持续优化的过程，需要不断地调整检索策略以优化检索结果。当首次检索得到的文章条目过多且不够精确时，用户可以采用"二次检索"的方法，即在前一次检索的基础上，进一步选择或排除某些条件，从而更精确地定位到用户所需的文章。这种方法能够更加精准地筛选出符合需求的学术资料，提高检索的效率和准确性。

5. 结果文章多筛选，层层聚类查得"精"

当需要更进一步限定文章检索结果，但又不想调整检索式时，可以利用检索结果左侧的聚类筛选功能。这个功能提供了年份、学科、期刊收录、主题、期刊、作者和机构等七大类的筛选条件，用户可以根据自己的特定需求，逐步选择或排除这些条件，从而不断缩小检索范围，使结果更加精确。这种筛选方式既便捷又高效，有助于用户快速定位到所需的学术资料。

 拓展练习

一 选择题

1. 截至2024年8月,在知网中检索关键词为"妊娠糖尿病"的期刊论文,其中被引次数最多的文章作者及作者单位是(　　)。

    A. 刘彦君,兰州瑞京糖尿病医院

    B. 聂敏,中国医学科学院北京协和医院

    C. 聂敏,北京协和医院

    D. 刘彦君,北京市科学技术研究

2. 从知网的检索结果可知,截至2024年8月,北京协和医院发表的关于"肺栓塞"的论文中,被引次数排名第一的篇名及下载次数为(　　)。

    A. 慢性阻塞性肺疾病急性加重(AECOPD)诊治中国专家共识(草案);5 373

    B. 慢性阻塞性肺疾病急性加重(AECOPD)诊治中国专家共识(草案);4 046

    C. 中国重症超声专家共识;4 550

    D. 中国重症超声专家共识;6 170

3. 利用知网检索《嵌入用户信息素养的信息服务实践研究——基于类型理论与活动理论视角》,由检索结果可知,该论文的分类号是(　　)。

    A. G252　　　B. I247　　　C. F212　　　D. H311

4. 小李在知网上检索关于"宫外孕"的文献时,使用了"异位妊娠"作为检索词,他选择的检索途径为(　　)。

    A. 分类检索　　B. 作者检索　　C. 关键词检索　　D. 单位检索

5. 在布尔逻辑检索中,检索式:糖尿病 NOT(高血压 AND 高血脂)的含义是(　　)。

    A. 糖尿病不伴有高血脂但伴有高血压

    B. 糖尿病不伴有高血压但伴有高血脂

    C. 糖尿病伴同时伴有高血脂和高血压

    D. 糖尿病伴不伴有高血脂和高血压

6. 以下检索词和检索项匹配可能错误的是(　　)。

    A. 张学友——通讯作者

    B. 口腔医学杂志——文献来源

    C. 中南大学——文献来源或作者单位

D. 茶多酚——篇关摘

E. 危险因素——基金

二、操作题

1. 在知网中检索"2007—2015年中南大学关于高血压个体化用药的基因学研究"的期刊论文，一共有_____篇。

2. 下载在知网中检索到的"2007—2015年中南大学关于高血压个体化用药的基因学研究"的期刊论文并保存在D盘。

3. 在万方数据中检索近五年来《中华护理》杂志中有关"糖尿病护理"的文献。

4. 在维普网知识服务平台中查找2015年至今发表在北大核心期刊上关于"妊娠高血压"的文献。

项目 1.3　撰写综述报告

 情境简介

在过去的十年中,肝炎防治领域发生了深刻且重大的转变,从疫苗研发到抗病毒治疗,再到综合防控策略都发生了全方位变革。期间,全球范围内科研投入力度持续加大,跨国合作不断深入,这使得肝炎防治工作取得了极为显著的成效。2023 年,全球肝炎防治迎来了崭新的里程碑,世界卫生组织对外发布了全新的《全球肝炎报告》。该报告对过去十年间(即 2013 年 6 月 1 日至 2023 年 5 月 31 日),肝炎防治领域的关键研究以及实践成果作了详尽回顾。

为了能够全面归纳该时期肝炎防治的发展进程,洞察其未来走向,有必要进行深入的文献调研,努力探寻和剖析近十年间(2013 年 6 月 1 日至 2023 年 5 月 31 日)有关肝炎防治的各项研究和实践工作,明晰当前的现状及其发展的趋势。这对深入理解肝炎防治的演进历程以及为未来工作提供指导具有至关重要的意义。请以此为主题,写一篇 2 000 字以内的综述报告。

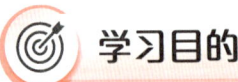 **学习目的**

(1) 了解综述报告的概念;
(2) 掌握综述报告写作的技巧和步骤;
(3) 了解综述报告的基本结构和要求;
(4) 提升写作能力以及分析问题和解决问题的能力。

一、综述报告概念

综述报告是针对某一个专题,对大量研究论文中的数据、资料和主要观点进行归纳整理、分析提炼而写成的论文。通过撰写综述报告,可迅速学会收集、查阅、整理、提炼文献,掌握相关研究的最新动态,对未来发展趋势能给出合理的判断。

二、综述报告的要素

(一)选择合适的主题和范围

在选择综述报告的主题和范围时,应考虑以下几个因素。

(1)擅长的专业领域:选择希望探索的主题,并在自己擅长的领域内展开研究。本例中需分析近十年间(2013年6月1日—2023年5月31日)有关肝炎防治方面的论文,因此本例的主题是查找"肝炎防治"的相关文献。

(2)知识和资源:了解自己在该领域的知识基础,并考虑可获得的文献和资料资源。获取文献和资料资源的方法有很多,可利用诸如项目1.1节介绍的百度、360搜索、知网等搜索引擎和数据库进行收集。

(3)时间和篇幅:确定研究的时间段以及论文涉及的范围。本项目要搜索近十年的研究,因此研究的时间段为2013年6月1日—2023年5月31日,字数在2 000以内。

(二)文献的收集和筛选方法

在进行文献收集和筛选时,可以遵循以下步骤。

(1)确定搜索途径:通过学术搜索引擎、图书馆数据库和在线期刊等,找到相关的研究文献和资料。本项目中主要使用到知网等学术搜索引擎和在线期刊。

(2)关键词搜索:根据选定的主题使用关键词进行搜索,以获得相关的文献。如本项目使用"肝炎防治"关键词来搜索。

(3)筛选文献:通过阅读摘要和提要,筛选出与研究主题相关的、有价值的文献。筛选与研究主题相关的文献时可以使用关键词进行精确搜索,并通过搜索核心期刊论文等方式来查找有价值的、质量较高的文献。

(4)扩大范围:查找引文和参考文献,以寻找其他相关文献,确保对该主题的全面了解。

(三) 组织报告的结构和布局

在组织综述报告的结构和布局时,应考虑以下几点。

(1) 引言部分:介绍该主题的背景和重要性,并阐明研究目的和方法。如本例中可介绍肝炎防治相关背景、研究意义和目的。

(2) 文献综述部分:按照逻辑顺序,对相关文献进行综述和分析。可以根据时间、主题、方法或理论等进行分类分析。在本例中,通过阐述肝炎筛查与诊断技术的发展、抗病毒治疗的进展、疫苗的研发与推广等方面来进行国内外研究综述和分析。

(3) 分析和讨论部分:对文献进行批判性评价和综合分析,指出各种观点和研究结果之间的关系和差异。在进行国内外肝炎防治研究综述和分析时,可对不同的研究方法和文献进行对比分析。

(4) 结论部分:总结研究的主要发现和观点,并提出未来研究的建议。本项目的结论部分可介绍近十年国内和国际上在肝炎防治方面开展的许多有意义的研究和实践,指出未来肝炎防治领域仍然面临一些挑战和问题,预测未来研究和实践的方向,以加快肝炎防治方面的研究。

综述报告的写作需要注重逻辑性和清晰度,确保各个部分之间的衔接和内容的连贯性。同时,还需注意避免过多引用,保持自己的研究观点和思考。

三、综述报告的写作技巧

综述报告是一种常见的学术写作形式,需要对现有文献进行综合和归纳。撰写一篇好的综述报告需要注意以下写作技巧。

1. 撰写清晰的主题句和段落

在综述报告中,每个段落应该有一个明确的主题句,它可以帮助读者理解段落的内容。主题句应该简明扼要地概括该段落的主要观点,并与整篇报告的主题相关联。段落中的内容应围绕主题句展开,并对主题句中的观点提供支持和证据。

2. 使用恰当的引用和注释

综述报告的目标是汇总和总结其他研究的成果,因此引用和注释的使用尤为重要。当引用他人的观点、实验结果或研究结论时,需要确保引用准确,并遵循适当的引用格式。注释的使用可以进一步解释引用的内容或

提供补充信息,使读者更好地理解相关内容。

3. 运用逻辑和连贯的论证方式

综述报告应该通过逻辑和连贯的方式来组织和呈现信息。使用逻辑结构来展示不同的观点和证据,确保读者能够清晰把握每个观点之间的关系。在综述报告的不同部分之间要有良好的过渡,以确保整体的连贯性。

4. 组织段落和章节的层次结构

为了使读者更好地理解和跟随综述报告的内容,需要使用适当的层次结构来组织段落和章节。可以使用标题来标识不同的主题和子主题,并在不同层次之间使用清晰的标志和缩进。这样的组织结构可以帮助读者更好地理解文章的逻辑框架和主要观点。

5. 采用适当的语言风格和语法

在撰写综述报告时,应该使用适当的学术语言风格和语法。减少口语化表达,尽量使用专业词汇。同时,应该注意语法和拼写错误,并进行仔细地编辑和校对,以确保报告的准确性和流畅性。

四、综述报告撰写要求

综述报告一般要求对特定主题或领域的相关文献进行综合整理和分析,呈现出一份全面、客观、详尽的综合报告。以下是综述报告的一些常见要求。

(1)主题明确:确保综述报告的主题清晰明确,并与所研究的领域或问题相关联。

(2)文献筛选和整理:对大量文献进行筛选、整理和分类,确保所选文献的可靠性、权威性和适用性。

(3)文献分析和综合:对所选文献进行理性分析和综合,提取关键信息,发现相关研究的差异和共性,形成论点或对主题的总结。

(4)结构合理:确保综述报告的结构合理、层次清晰,综述报告通常包括引言、理论框架、研究方法、研究结果、讨论和结论等部分。

(5)合理引用:在综述报告中使用合理的引文方式,确保所有引用的文献都得到准确表示,并避免抄袭问题。

(6)对比分析和讨论:对相关研究进行对比分析和深入讨论,区分不同观点、方法和研究结果之间的差异和相似之处。

(7)增值评价和展望:对所述的研究进行增值评价,提出未来研究的发展方向、改进方法或应用的建议。

（8）语言表达和逻辑性：综述报告中语言表达要准确、简洁、通顺，逻辑性强，条理清晰，确保读者能够理解和跟随综述的内容。

以上是综述报告的常见要求，具体要求可能因个别学科或研究领域的不同而有所变化，因此在撰写综述报告之前，最好详细了解特定领域或学科的要求。

侧边二维码中链接的是一份简要的综述报告案例，仅供大家参考。

拓展阅读

综述报告案例

 拓展练习

操作题

假如你是一名医生，研究领域是神经退行性疾病。需要撰写一篇关于最近六年内神经退行性疾病治疗最新进展的医学综述报告。

任务要求：

（1）在神经退行性疾病领域选择一种疾病，如阿尔茨海默病、帕金森病或肌萎缩性侧索硬化症等；

（2）总结该疾病的治疗方法及其研究进展，包括药物和非药物治疗；

（3）分析现有治疗方法的效果和副作用，并讨论未来可能的研究方向；

（4）针对你所选的疾病，提出你的个人观点和看法，包括对现有治疗方法的不足及对未来研究的发展趋势的认识等。

模块二

信息素养与社会责任

项目 2.1　信息素养与计算思维

情境简介

李雷,作为大学一年级新生班的班长,正在积极筹备深入社区普及健康知识的活动。在这个信息爆炸的时代,李雷需要从海量数据中筛选出有价值的信息。他需要利用信息素养来识别和获取高质量的健康教育资源,这不仅包括精确地搜索信息,还需要对信息源的可靠性进行严格评估,从而提炼出对社区居民真正有益的知识。在策划过程中,李雷需要运用计算思维来构建一个结构化、高效的活动计划。他必须综合考虑社区的具体情况、居民的实际需求以及可用资源的合理分配。通过运用算法和逻辑推理,设计出一个既符合社区特色又满足居民需求的活动路线和时间安排。这种计算思维可以帮助李雷在面对复杂多变的现实情况时快速找到最优的解决方案。

学习目的

(1) 掌握信息素养的概念和内涵;
(2) 了解信息技术的发展历程;
(3) 理解计算思维的概念和重要性;
(4) 学会利用计算思维解决问题。

模块二　信息素养与社会责任

一、信息素养

(一) 信息素养的概念

信息素养,又称信息素质或信息能力,是信息化社会对公民的基本能力要求。这一概念最初的定义为"利用大量的信息工具及主要信息源使问题得到解答的技术和技能"。发展至今,其最广泛性的解释是具有信息素养的人必须具有一种能够充分认识到何时需要信息,并有能力有效地发现、检索、评价和利用所需要的信息,解决当前存在的问题的能力。

我国非常重视学生信息素养的培养,已将其列入《中国学生发展核心素养》。教育部在《教育信息化2.0行动计划》中提出要全面提升学生信息素养,推动从技术应用向能力素质拓展,使学生具备良好的信息思维,适应信息社会发展的要求,应用信息技术解决学习、生活中问题的能力成为必备的基本素质。

(二) 信息素养的内涵

信息素养一般包括信息意识、信息能力、信息知识、信息道德四个方面。

1. 信息意识

信息意识通常指的是对信息资源的敏感程度,它是人们对社会产生的各种信息的理解、感受和评价能力。具体来说它要求人们对信息具有敏锐的感受力、持久的注意力和对信息价值的判断力、洞察力。

2. 信息能力

信息能力也就是信息技能,指的是利用各种方式发现、获取、评价及利用信息的能力。它具体指的是能够确定所需信息的来源,利用合适的工具和方式高效获取所需信息,且能辩证地评价、分析信息,准确有效地利用信息解决问题。

3. 信息知识

信息知识是具备信息素养的基础,指的是整个信息活动中一切与信息有关的理论、方法等知识的总和,主要包括对信息原理、信息社会认识以及信息技术等方面知识的了解与掌握。

4. 信息道德

信息道德是指人们在信息活动中应遵循的道德规范,它是信息产生、获取、传播、利用等各个环节中的道德意识、道德规范、道德行为关系的总

项目2.1　信息素养与计算思维

和。信息道德的培养可帮助人们建立正确的法治观念,从而规范自身的信息行为,不危害社会或侵犯他人的合法权益,如保护知识产权、尊重个人隐私、抵制不良信息等。

(三) 信息素养提升

信息素养是每个公民都应具备的素养,尤其是大学生。大学生在整个大学生涯的方方面面,如专业学习、科研创新、求职创业、业余生活等,无时无刻都在与信息进行交互,既是信息的使用者,也是信息的生产者,与信息的关系越加密切。互联网时代,除了开放多元的信息生存环境,还有人工智能、大数据、云计算等日新月异的信息技术,这些都对大学生或是社会公民的信息素养提出了不同程度的更高要求,要保持不断地提升与优化。

根据信息素养标准的要求,大学生信息素养的提升将主要体现在以下几个方面。

1. 提升信息素养意识

信息意识对信息素养知识学习、信息素养能力提升有着重要的引导作用。可通过营造丰富的信息素养培养环境,开展多样的信息素养活动,培养和提升大学生的信息意识。

2. 加强信息素养能力培养

信息素养是一种综合素质能力,首先根据信息素养标准,规范大学生信息素养教育;其次加强信息素养相关课程的学习,将信息素养的培养与专业课程的学习结合起来。通过信息素养教育,在进行专业学习、科学研究时,面对具体的实际问题或任务,能够准确地理解信息问题以及确定信息需求;能够通过图书馆、信息检索、信息技术、社会调查等多种方式高效地获取所需要的信息;能够批判性地判断信息及其来源的准确性和有效性,对信息进行评价和筛选,及时地调整信息获取方式和策略;能够有效地分析与综合利用信息,结合自身知识体系,得出新的结论或新观点。

3. 规范信息素养道德行为

信息道德是一种规范准则,对人们在信息活动的信息行为进行约束。当前大学生在面对大量的网络信息时,应具备网络信息道德意识,对信息道德和信息法规内容的认识和了解,能有效抵制不良信息和违法行为。在信息素养培养中要加强信息道德教育,规范信息素养道德行为。

(1) 具备良好的信息道德意识

开展多种多样的有关信息道德教育的讲座,培养大学生的信息道德意识。利用图书馆的丰富资源,正确运用信息资源和信息技术,提高辨别信息真伪优劣的能力。

（2）养成良好的信息道德品质

养成良好的信息道德品质，懂得尊重信息作者的知识产权，遵守基本的信息安全法规，理解和维护信息社会的各项道德规范，具有强烈的社会责任感。

信息获取：信息的获取要遵守法律法规并得到授权允许，不能非法取得他人信息。

信息生产：每个公民都是信息的生产者，在信息生产的过程中，要自觉遵守法律和社会行为规范，不创作有害社会和他人的信息。

信息运用：信息运用是指信息的复制、加工和存储。信息运用需尊重信息创作者的意愿，并获得授权后进行，不危害社会或侵犯他人权益。

信息传播：信息传播是信息道德规范的重要内容。在信息时代人们可以通过各种渠道和方式进行信息交流和传播，但要倡导文明用语，不使用恶意用语和不良词汇，不传播歧视和仇恨语言；要通过正当途径或渠道传播信息，不传播不健康、不符合事实的信息。

二、信息技术

（一）信息技术发展历程

信息技术是由计算机技术、通信技术、信息处理技术和控制技术等多种技术构成的一项综合的高新技术，它的发展历程可以追溯到 20 世纪 50 年代，每个阶段都标志着技术进步和社会变革的关键里程碑。

早期阶段（20 世纪 50 年代前）：在这个时期，计算机还是巨大的机械装置，主要用于解决科学和数学问题。随着电子技术的发展，计算机开始变得小巧和强大，并应用于业务处理和信息管理。

20 世纪 50 年代至 60 年代：第一台商用计算机问世，最早的操作系统和数据库出现。

20 世纪 70 年代：个人计算机（PC）出现，推动了计算机的普及和应用程序的开发。

20 世纪 80 年代：网络技术的兴起，如局域网（LAN）和互联网的出现，使得信息的交流和共享变得更加便捷。

20 世纪 90 年代：互联网和万维网（World Wide Web）的普及，使得人们可以通过浏览器访问和共享信息。

21 世纪初：移动计算和移动互联网的发展，推动了智能手机和平板电脑的兴起，改变了人们获取信息和进行交流的方式。

21世纪10年代：云计算和大数据技术的发展，使得存储和处理海量数据变得更加便捷和经济效益。

21世纪20年代：人工智能（AI）、物联网、区块链等新兴技术的快速发展，为信息技术带来了更多的应用和创新。

信息技术的发展深刻影响社会各行各业的发展。从电子计算机的出现到互联网的普及，再到智能手机的问世和人工智能技术的应用，信息技术的发展历程是一个持续不断进步的过程。

（二）信息技术与企业发展

在信息技术的发展历程中，一些著名企业经历了兴衰变迁。以微软公司为例，它在20世纪90年代曾是世界最大的软件公司，然而随着移动互联网的崛起，市场逐渐被苹果和华为等企业占领。再以雅虎公司为例，它曾是全球最大的互联网公司之一，但由于未能及时适应移动互联网的发展趋势，导致市场份额逐渐下滑，最终被其他企业收购。

由此可见，信息技术的发展日新月异，企业需要不断创新和适应市场变化，才能在激烈的竞争中生存和发展。

三、计算思维

（一）计算思维的概念

随着科技的飞速发展，计算机科学领域的研究日益深入，计算思维这一概念逐渐走入人们的视野。计算思维是信息技术学科核心素养之一，它指的是人们在问题求解、系统设计的过程中，运用计算机科学领域的思想与实践方法所产生的一系列思维活动。具备计算思维的人，能采用计算机等智能化工具进行问题界定、特征抽象、模型建立、数据组织等，能综合利用各种信息资源、科学方法和信息技术工具解决问题，能将这种解决问题的思维方式迁移运用到职业岗位与生活情境的相关问题解决过程中。

计算思维是一种解决问题、设计系统和理解计算原理的思维方式，它不仅局限于计算机科学，还广泛应用于各个学科领域，具有重要的作用和意义。

（1）计算思维作为一种问题解决策略，具有很高的实用价值。它可以帮助人们用更高效、简洁的方法解决问题，将复杂的问题进行分解、抽象和建模，从而更好地理解问题并找到解决方案。计算思维的核心在于引导人们合理利用现有技术、资源和工具，实现生活与工作的智能化、高效化，极大地提升了生活便捷性和工作效率。

（2）计算思维具有很强的跨学科应用能力。在数学、物理、生物、社会科学等领域，计算思维都发挥着重要作用。通过计算思维，人们可以将不同学科的知识进行整合，发掘潜在的联系，推动跨学科研究的发展。这对于培养具有创新能力的人才具有重要意义。

（3）计算思维对于个体发展和社会进步具有深远的影响。在个体层面，掌握计算思维有助于提高逻辑思维、抽象思维和创造力。在社会层面，计算思维的普及和应用可以推动产业升级、提高国家竞争力。我国高度重视计算思维的教育普及，将其纳入国家战略发展规划，以培养更多具备计算思维的人才，助力国家创新发展。

（二）计算思维的核心要素

计算思维是一种解决问题的思维方式，它强调逻辑性、抽象化和系统化。其核心要素主要包括以下几个方面。

（1）分解问题：将复杂问题分解为更小的、可管理的部分，以便逐一解决。

（2）模式识别：在数据或问题中识别出规律、模式和关联，以便于理解和处理。

（3）抽象与建模：忽略问题的非关键细节，抽象出问题的核心，并建立模型来表示问题。

（4）算法思维：设计和使用一系列明确、有序的步骤（算法）来解决问题。

（5）自动化与优化：利用计算机和其他工具自动化解决方案，并对解决方案进行优化以提高效率和效果。

（6）评估与迭代：对解决方案进行评估，并根据反馈进行迭代改进。

（7）逻辑推理：运用逻辑推理来分析问题，确保解决方案的正确性和合理性。

（8）系统性思考：从整体的角度理解和解决问题，考虑问题的各个部分如何相互作用。

（三）计算思维的应用

计算思维在各个领域的应用越来越广泛，它不仅对于计算机科学家和工程师至关重要，而且对于现代社会中的每个人都非常有用，因为它能够帮助用户更有效地解决各种复杂问题。计算思维是当今社会每个人都应具备的基本素质，下面介绍计算思维在不同领域的应用。

1. 科学研究

在科学研究领域，计算思维主要是解决物理学、生物学等学科研究中的复杂计算问题，如分子动力学模拟软件在材料科学中的应用，生物信息学中的基因编辑、疾病预测等，以及构建气候变化的数学模型，预测全球变暖影响等。

2. 医疗健康

在医疗健康领域，计算思维可以用于辅助诊断、疾病预测、药物研发、远程医疗等方面。例如，通过大数据分析和机器学习算法，可以对患者的病历数据进行挖掘，从而提高疾病的早期检测和诊断准确率。另外，基于大数据和计算模拟药物筛选和效果预测，通过智慧医疗实现远程手术指导、患者监护等。

3. 金融经济

在金融经济领域，计算思维可以用于风险管理、量化交易等方面。例如，利用计算模型对金融市场进行模拟，以便更好地理解和预测市场走势，从而降低投资风险。

4. 智能家居

计算思维在智能家居领域的应用主要体现在设备互联、环境感知和智能控制等方面。例如，通过物联网技术和智能算法，可以实现家庭设备的远程控制和智能联动，提高生活的便捷性和舒适度。

5. 交通运输

在交通运输领域，计算思维可以用于路径规划、智能调度等方面。例如，利用算法优化公交车的运行路线和发车频率，从而提高公共交通的运行效率。

6. 机器人与自动化

计算思维在机器人与自动化领域的应用主要体现在行为设计、感知环境和任务执行等方面。例如，通过算法设计和逻辑推理，可以开发出具有特定功能的机器人，如清洁机器人、服务机器人等。

计算思维的应用主要体现在问题解决能力和创新能力的培养等方面。它能够帮助人们跨越专业界限，将计算机科学与所学专业相结合。例如，艺术专业的学生可以使用编程来创造互动式的艺术作品，历史专业的学生可以利用数据挖掘技术来分析历史数据。计算思维鼓励创新和创业精神，可以通过编程和软件开发来解决实际问题，甚至研发新的产品和提供新的服务，这种创新精神对于适应未来社会发展极其重要。

拓展练习

简答题

1. 当代大学生应具备哪些良好的信息素养?

2. 大学生小明发现,每到中午饭点,学校食堂总是人满为患,排队时间长,就餐体验不佳。试通过计算思维找到解决方案,以提高食堂的就餐效率。

项目 2.2　信息伦理和社会责任

情境简介

张薇是一名热心公益的大学生,她注意到校园内有部分学生缺乏网络安全和信息保护意识。为了提高同学们的网络素养,她计划组织一次网络安全宣传活动。在这个过程中,她需要搜集网络安全相关资料,策划活动内容,并制定有效的宣传策略。张薇意识到,为了成功地完成这项任务,她需要展现出高度的信息伦理意识、强烈的社会责任感以及运用计算思维来解决实际问题的能力。

通过本项目的学习,学习者将学习如何识别和应对网络环境中的伦理挑战,如何保护个人信息安全,并倡导网络文明行为。同时,还将掌握评估信息来源、制定合理活动计划和实施方案的技巧。

学习目的

(1) 了解信息安全的基本概念和重要性;
(2) 了解信息安全相关法律法规,规范日常网络行为;
(3) 熟悉信息安全的常见威胁和技术手段;
(4) 掌握计算机病毒的特点与预防;
(5) 提升个人信息安全防护能力。

一、信息安全概述

信息安全在现代社会具有非常重要的地位和意义,它是保障国家安全、社会稳定、经济发展和个人权益的重要因素。尤其是斯诺登"棱镜门"事件的出现,引起了各国对于信息安全的进一步重视。

(一)信息安全的定义

国际标准化组织(ISO)将信息安全定义为:为数据处理系统建立和采取的技术和管理的安全保护,保护计算机硬件、软件和数据不因偶然和恶意的原因而遭到破坏、更改和泄漏。信息安全的实质就是要保护信息系统或信息网络中的信息资源免受各种类型的威胁、干扰和破坏。

信息安全内容包括物理安全、运行安全、应用安全和信息安全等方面。物理安全是指保护计算机系统、网络基础设施和相关设施免受自然灾害、人为破坏和意外事故的影响。运行安全是指保障系统和网络服务的安全、稳定和可靠,防止系统故障、网络攻击和病毒感染等问题的发生。应用安全是指保障应用系统的安全和可靠性,防止非法访问、数据篡改和恶意攻击等问题的发生。信息安全是指保护信息的保密性、完整性和可用性,防止信息泄露、篡改和损坏。

信息安全的目标是保护信息和信息系统免受未经授权的访问、篡改和破坏,保护个人信息和企业商业机密的安全。实现信息安全需要采取一系列技术和措施,包括加密技术、防火墙、入侵检测系统、数据备份和恢复等。

(二)信息安全的基本要素

信息安全的基本要素有以下几个方面。

(1)完整性。完整性是指信息在存储或传输的过程中未经授权不得更改,要保证数据的一致性,防止数据被非法用户修改和破坏。

(2)可用性。可用性也称有效性,指信息资源可被授权实体按要求访问、正常使用或在非正常情况下能恢复使用的特性。

(3)保密性。保密性是指信息不被泄露给非授权者。

(4)可控性。可控性是指对信息的传播及内容具有控制能力。授权机构可以随时控制信息的机密性,能够对信息实施安全监控。

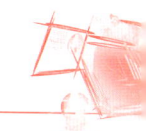

项目 2.2　信息伦理和社会责任

（5）不可否认性。不可否认性也称为不可抵赖性，即所有参与者都不可否认或抵赖曾经完成的操作。

二、我国信息相关法律法规

为了有效规范地管理信息，我国制定了一系列的信息安全法律法规。

（一）信息安全法律法规

这些法律法规旨在保护个人和组织的信息安全，规定了数据保护、网络安全、个人信息隐私等方面的法律要求。如《中华人民共和国网络安全法》和《中华人民共和国个人信息保护法》。

案例一

某公司非法侵入银行系统

2023年9月，某公司通过黑客攻击方式，非法侵入某银行系统，窃取了多名客户的银行卡信息，并进行盗刷。该公司因此被市公安机关立案侦查。经公安机关查明，该公司员工使用黑客攻击技术侵入银行系统，发现了多个账户的密码，并利用银行卡信息盗刷资金。公安机关遂依法立案侦查，后该公司被依法起诉，相关责任人最终获判有期徒刑两年。

（二）知识产权法律法规

这些法律法规涵盖了与知识产权相关的法律问题，包括著作权、专利权、商标权等。它们为创作者和发明者提供法律保护，并规范了知识产权的使用和侵权行为。如《中华人民共和国著作权法》《中华人民共和国专利法》和《中华人民共和国商标法》。

案例二

某高校大学生侵犯知识产权

某在校大学生小张在写毕业论文时，需要查阅一些相关的学术论文。他在网上搜索后，发现了一篇非常符合自己研究方向的论文，但是这篇论文要付费才能查看全文。小张不愿意付费，于是他决定将这篇论文的摘要复制到自己的论文中，并在自己的网站上发布了这篇论文的摘要，用作自己毕业论文的材料。然而，这个行为并没有得到原作者的授权。不久之后，小张就收到了来自中国学术期刊电子杂志社的告知函，指责他侵犯了知识产权，并要求他立即停止侵权行为，并承担相应的法律责任。

(三) 电子商务法律法规

随着互联网的发展，电子商务已经成为现代商业活动的重要组成部分。针对电子商务领域的法律问题，各国制定了一系列法律法规来规范市场秩序和保护消费者权益。如《中华人民共和国电子商务法》和《中华人民共和国消费者权益保护法》。

案例三

某汽车用品公司刷单炒信案

某汽车用品公司为提高旗下两家网店的商业信誉和人气排名，在某平台上发布需刷单商品链接，由平台买手领取刷单任务后，完成浏览商品、下单支付、确认收货、发布评价等系列操作，对于刷单商品，当事人均以发送空包裹代替。上述行为违反了《中华人民共和国电子商务法》第十七条以及《中华人民共和国反不正当竞争法》第八条第一款之规定，构成了利用虚构交易的方式进行虚假的商业宣传，欺骗、误导消费者的违法行为。

(四) 网络言论法律法规

这些法律法规旨在维护网络空间的良好秩序，规范网民在网络上的言论行为。如《中华人民共和国网络安全法》中的相关条款禁止诽谤、侮辱、泄露他人隐私等不当行为，并对违法言论进行相应的处罚。

案例四

大学生因发表不当言论导致开除学籍

中国某大学硕士研究生季某某在境外社交平台上发表了涉及南京大屠杀的错误言论，损害了国家利益和祖国荣誉，违反了国家和学校相关规定，严重伤害了民族感情。该大学给予季某某开除学籍的处分。

项目2.2 信息伦理和社会责任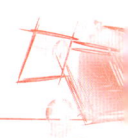

（五）数据隐私法律法规

随着大数据时代的到来，个人数据的收集、存储和使用变得越来越普遍。为了保护个人数据的隐私权益，制定了数据隐私相关的法律法规。如《中华人民共和国数据安全法》和《中华人民共和国个人信息保护法》中相关条款。

> **案例五**
>
> **大学生上"暗网"倒卖公民个人信息案**
>
> 2021年，浙江省海宁市人民法院审理了一起涉及在校大学生的侵犯公民个人信息的案件。被告王某在2020年暑假期间偶然接触到"暗网"，并开始在该网购买和出售公民个人信息，短短两个月内涉及17万余条信息，从中获利1 200元。法院最终判处王某有期徒刑三年，缓刑四年，并处罚金5 000元。

三、常见的信息安全威胁

造成信息安全隐患的原因，有自然客观的，也有人为或事故的，其中大量信息安全事件主要来自人为恶意犯罪活动。以下是一些常见的信息安全威胁。

（一）系统安全漏洞

系统自身在设计过程中就存在一定的安全漏洞，导致攻击者有机可乘。他们通过这个漏洞入侵系统，窃取或损坏相关数据，从而导致信息网络出现严重的安全威胁。

（二）计算机病毒

计算机病毒是蓄意设计的一种软件程序，旨在干扰计算机正常操作，记录、毁坏或删除数据，有的还会自行传播到其他计算机甚至整个互联网上。在网络环境下，病毒可以按指数增长方式进行传染，其传播速度是非网络环境下的几十倍。计算机病毒通常会造成网络大范围瘫痪、个人私密信息泄漏、任务速度减慢、应用无法使用等问题，如"熊猫烧香""勒索病毒"及这些病毒的变种病毒，使受到感染的主机信息被盗，计算机被远程操控。

总的来说，计算机病毒破坏性大、传播性强，对信息安全造成严重威胁。

(三) 黑客攻击

当前互联网快速发展，网络的攻击形式越来越广泛，黑客可能来源于其他国家或地区，他们通过网络进行破坏。黑客主要通过识别并利用计算机系统或网络中的弱点进行攻击，未经授权访问甚至窃取个人或组织数据。黑客攻击的手段可分为非破坏性攻击和破坏性攻击两类。非破坏性攻击一般是为了扰乱系统的运行，并不盗窃系统资料，通常采用拒绝服务攻击或信息炸弹；破坏性攻击是以侵入他人计算机系统、盗窃系统保密信息、破坏目标系统的数据为目的。常见的黑客攻击手段有后门程序、信息炸弹、拒绝服务、密码破解等。

(四) 钓鱼网站

钓鱼网站是指欺骗用户的虚假网站。"钓鱼网站"的页面与真实网站界面基本一致，欺骗消费者或者窃取访问者提交的账号和密码信息。钓鱼网站一般只有一个或几个页面，钓鱼网站是互联网中最常碰到的一种诈骗方式，利用欺骗性的电子邮件和伪造的 Web 站点来进行诈骗活动，它们通常伪装成银行及电子商务等网站，窃取银行卡号、密码等敏感信息。

身边的安全陷阱

短信诱骗：钓鱼网站"隔空盗刷"

不法分子通常通过"快递理赔、ETC卡禁用"等套路，诱骗消费者登录钓鱼网站进行诈骗。消费者在收到诱骗短信后，登录到钓鱼网站进行信息填写，系统后台就会收集消费者填写的姓名、身份证号、手机号等个人信息，不法分子掌握了这些信息后就可以使用这些信息去做一些损害消费者权益的违法事情。

一键删除：简单清除无法确保数据安全

手机、计算机等智能产品更新迭代速度越来越快，在淘汰旧手机、旧计算机时，该如何处理其中的个人信息？一键删除、快速格式化、恢复出厂设置等，都无法彻底清除个人数据，保证信息安全。那么，到底如何操作才能确保个人数据安全呢？在淘汰旧手机时，选择手机"恢复出厂设置操作"，要勾选其中所有存储项目，特别是不要忘记勾选"格式化SD卡和手机存储"选项，这样做，手机里的个人信息才会被安全删除。

直播间水军背后的信息买卖

直播间通过海量的水军操盘，诱导用户跟风下单，一台手机甚至同时可以操控2万台手机充当水军，而令人震惊的是，这些水军的背后都是真实用户。云控水军公司是违法的，其员工通过云控系统将大量居民身份证信息导入数据库，系统就会自动输入姓名、身份证号，而这些身份证号都是通过违法渠道购买得来的。

破解版软件：手机沦为窃听器和跟踪器

当前，各种破解版软件备受青睐，看视频、听音乐、读小说，不花钱即可享受和正版软件会员同样的服务，听起来很诱人，但"免费午餐"的背后，其实陷阱重重。软件只要运行，从硬件到软件，用户所有的关键识别信息都被窃取，甚至还可以监听用户通话状态，造成严重的信息安全风险。因此，不使用盗版软件是防范网络风险的基本原则。

四、信息安全技术

信息安全技术是保护信息和信息系统免遭偶发或有意的非授权泄露、修改、破坏或丧失处理信息能力的技术手段和措施。它包括多种技术和方法，以确保信息的机密性、完整性、可用性、可控性和不可否认性。这些技术可以应用于各种场景，如个人计算机、企业网络、云服务和移动设备等。

（一）信息加密技术

信息加密就是通过算法将数据转换为难以理解的形式，以阻止未经授权的访问。信息加密技术主要分为信息存储加密和信息传输加密。信息加密技术对原始信息（俗称明文）使用加密算法进行处理，变成不可直接阅读的数据（俗称"密文"），只有通过相应密钥才能解密为原始信息，以此达到保护数据不被非法窃取的目的。信息加密是信息安全最有效的技术之一。

（二）身份认证技术

身份认证技术是一种用于确认用户身份的技术。系统通过验证用户的身份来确认其合法性和权限，确保只有被授权用户才可以访问数据或执行相关操作。当前身份认证技术，除传统的静态密码认证技术以外，还有动态密码认证技术、IC 卡技术、数字证书、指纹识别认证技术等。这些身份认证技术广泛应用于银行、电子商务、社交媒体等场合。

（三）防火墙技术

防火墙用于监控和控制进出网络的数据流量的安全，是设置在被保护网络和外界之间的一道屏障。防火墙是一种非常有效的网络安全技术，可以监控进出网络的通信数据，根据预定义的安全规则，允许或拒绝特定的网络连接请求，仅让获准的信息进入，同时又抵制对内部构成威胁的数据进入。

（四）入侵检测技术

入侵检测是为保证计算机系统的安全而设计与配置的一种能够及时发现并报告系统中未授权或异常现象的技术，是一种用于检测计算机网络中违反安全策略行为的技术。进行入侵检测的软件与硬件的组合便是入侵检测系统（Intrusion Detection System，简称 IDS）。入侵检测是防火墙的合理补充，帮助系统对付网络攻击，扩展了系统管理员的安全管理能力（包括安全审计、监视、进攻识别和响应），提高了信息安全基础结构的完整性。

（五）数据备份和恢复

数据备份指的是将重要数据备份到不同设备、介质或位置，以确保数据安全的过程。它可以防止意外删除、硬件故障、自然灾害、黑客攻击等造成的数据丢失。数据恢复是将丢失或受损的数据恢复到可用状态的过程。为了防止数据丢失或损坏，需要定期备份重要数据，并建立可靠的数据恢复计划。

五、计算机病毒的防护

计算机病毒是一种常见的信息安全隐患，它能通过自我复制快速蔓延，带来严重破坏。为了做好计算机病毒的预防，应养成良好使用习惯，并具有较强的信息安全意识和防范能力。

(一) 计算机病毒的概念

在《中华人民共和国计算机信息系统安全保护条例》中明确指出,病毒是"编制者在计算机程序中插入的破坏计算机功能或者破坏数据,影响计算机使用并且能够自我复制的一组计算机指令或者程序代码"。

计算机病毒一般依附在文件上或寄生在存储介质里,不是独立存在。当计算机运行时,病毒通过独特的复制能力,将自身复制到其他文件或程序中,并快速传播,对计算机系统进行各种破坏。计算机病毒是人为造成的,对信息危害性很大。

(二) 计算机病毒的特点

1. 破坏性

计算机病毒不仅占用系统资源,还可以删除或者修改文件或数据,加密磁盘中的一些数据、格式化磁盘、降低运行效率或者中断系统运行,甚至使整个计算机网络瘫痪,造成灾难性的后果。

2. 传染性

传染性是计算机病毒的最基本特征,也是病毒和正常程序的本质区别。计算机病毒可以通过各种途径扩散,使计算机工作失常甚至瘫痪。病毒一旦侵入计算机系统就开始寻找可以传染的程序或介质,然后通过自我复制迅速传播。由于目前计算机网络日益发达,计算机病毒的传播更为迅速,破坏性更大。

3. 隐蔽性

计算机病毒通常具有很强的隐蔽性,不易被用户发现或软件拦截。通常病毒附在正常程序中或磁盘较隐蔽的地方,用户往往很难发现。

4. 潜伏性

潜伏性是指病毒侵入后,可以长时间潜伏在文件中,并不会马上发作,而是潜伏期间悄悄地进行传播和繁衍,等待条件激发。病毒的潜伏性越好,它在系统中存在的时间也就越长,病毒的传染范围就会越大,危害性也越大。

5. 可触发性

病毒因某个事件或者数值的出现,启动感染或破坏动作,使病毒进行感染或攻击的特性称为可触发性。计算机病毒可以按设计者事先设定的要求,如某个事件、日期、时间、文件类型或病毒内置的计数器等。一旦满足条件,病毒将被触发启动,否则继续潜伏。

(三)计算机病毒的类型

计算机病毒的可以根据其特征和行为划分为不同类型。以下是一些常见的计算机病毒类型:

1. 文件型病毒

文件病毒是最常见的病毒类型之一,它们通常会将自身复制到其他可执行文件中,并在执行文件时运行,感染其他文件。

2. 邮件型病毒

邮件病毒通过电子邮件附件、链接或消息中的恶意代码进行传播。当用户打开这些附件或点击链接时,病毒就会被下载并在用户的计算机上安装。

3. 蠕虫病毒

蠕虫病毒是一种常见的计算机病毒,它不需要计算机用户主动操作即可运行,并且主要利用计算机系统漏洞来进行传播。蠕虫病毒入侵并完全控制一台计算机之后,就会把这台机器作为宿主,进而扫描并感染其他计算机。然后蠕虫病毒会以这些新感染计算机为宿主继续扫描并感染其他计算机,一直延续下去。

4. 特洛伊木马病毒

特洛伊木马病毒(简称木马)通常伪装成正常程序或文件,植入系统,对计算机网络安全构成严重威胁。一旦用户执行了恶意代码,木马病毒就会在用户的计算机上悄悄地植入后门程序,以便黑客可以远程控制受害者的计算机。

5. 宏病毒

宏病毒是一种计算机病毒,它通过宏指令在用户的计算机上执行恶意代码。宏病毒通常使用 Microsoft Office 套件中的宏功能来传播和感染其他文件。当用户打开受感染的文件时,宏病毒会在后台悄悄运行并释放更多的病毒程序,从而进一步破坏系统和窃取敏感信息。

(四)计算机感染病毒主要症状

(1)系统经常出现死机现象或无法启动。

(2)系统经常提示内存不足。

(3)文件不能打开,文件名称、类型、属性等被修改。

(4)系统运行速度缓慢。

(5)硬盘访问速度缓慢。

(6)系统自动执行操作。

(7) 屏幕出现异常信息。

(8) 键盘或鼠标无端被锁死。

(9) 数据突然丢失。

(10) 系统每天增加大量来历不明的文件。

(五) 计算机病毒的预防

(1) 不随便使用外来存储设备如 U 盘、移动硬盘。如果必须使用时，应先检测，确定无病毒后再使用。

(2) 不使用盗版或来历不明的软件。

(3) 安装真正有效的杀毒软件，并经常进行升级。

(4) 经常用杀毒软件检查硬盘，及时发现病毒，消除病毒。

(5) 对重要数据要做好备份。

(6) 不要打开来历不明的链接或文件。

(7) 要随时注意计算机的各种异常现象，一旦发现，就立即用杀毒软件进行检查。

(8) 及时更新系统和软件。

六、个人信息安全防护

(一) 个人信息安全防护措施

1. 增强信息安全防范意识

首先，每个网络用户都应深刻认识到信息安全的重要性，并努力培养健全的信息意识。这包括学会区分有用、无用和有害信息，提升对不良信息的辨识能力和自我防护意识。其次，应主动学习和掌握现代信息技术，增强信息处理能力，包括信息的获取、处理、应用及信息免疫等方面。同时，养成良好的信息使用习惯，例如定期备份数据、不打开来历不明的邮件和不接收可疑信息。此外，应遵守信息相关法律法规，不制作或传播无益、有害或虚假信息，不侵犯他人知识产权，不使用非法软件，并积极抵制一切危害信息安全的行为。

2. 安装防病毒软件

用户一般安装防病毒软件来预防或清除计算机病毒，养成定时扫描、定期升级的良好习惯。

3. 安装个人防火墙

安装个人防火墙可以保护个人计算机不受网络攻击和侵犯，提高网络稳定性和速度,过滤不必要流量,防止病毒和恶意软件进入计算机。

4. 设置用户密码

设置用户密码是一种最简单实用的保护措施,但弱口令也是常见的安全威胁之一。因此设置密码时应设置复杂、不易被猜测或破解的密码。

5. 及时修复漏洞和更新

及时安装操作系统、应用程序和服务的更新和补丁对于保持系统的安全性至关重要。它可以修复已知的漏洞和弱点,减少被恶意软件利用的风险。

(二) 个人信息安全防护技能

1. 安装杀毒软件

杀毒软件,也称反病毒软件或防毒软件,是用于消除电脑病毒和恶意程序的一类软件。杀毒软件通常集成监控识别、病毒扫描和清除、自动升级、主动防御等功能,更加严密地保护个人电脑。

当前常见的杀毒软件有卡巴斯基、诺顿、瑞星、火绒、腾讯电脑管家等。杀毒软件在使用时要及时更新并升级病毒库。

2. 启用 Windows 防火墙

Windows 防火墙是在 Windows 操作系统自带的软件防火墙。防火墙是一项协助确保信息安全的设备,会依照特定的规则,允许或限制传输的数据通过。用户掌握 Windows 防火墙的配置与应用,可有效帮助计算机构建信息安全保护屏障。

(1) 防火墙的开启

单击"开始菜单"→"设置",在 Windows 设置搜索栏里输入"控制面板",如图 2-1 所示。

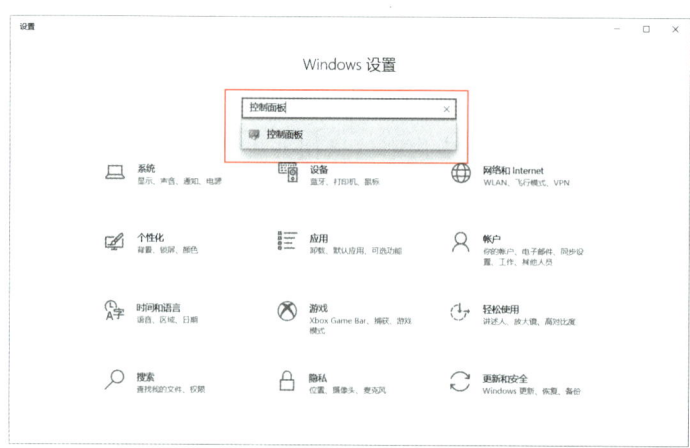

图 2-1 打开控制面板

在控制面板功能页面中单击"系统和安全",如图 2-2 所示。

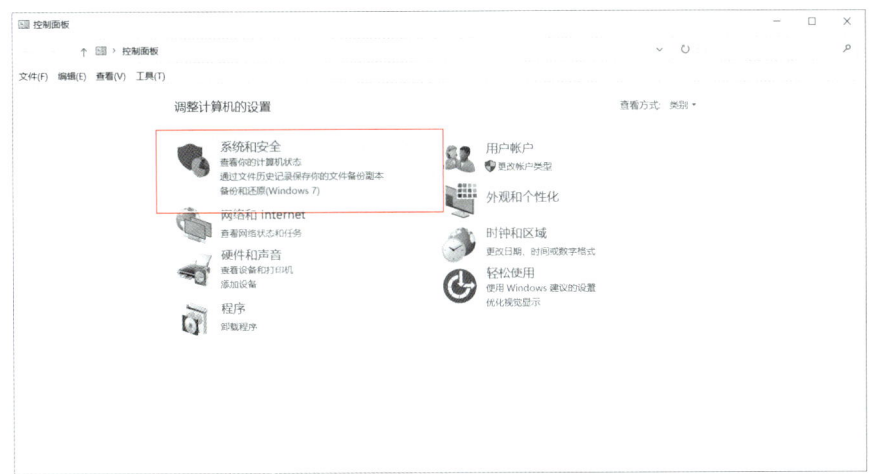

图 2-2 单击"系统和安全"

在系统和安全右侧功能页面中单击"Windows Defender 防火墙",如图 2-3 所示。

图 2-3 单击"Windows Defender 防火墙"

单击左侧"启用或关闭 Windows 防火墙",如图 2-4 所示。

在专用网络位置中选择"启用 Windows Defender 防火墙",如图 2-5 所示。

(2) 防火墙的配置与应用

防火墙可以通过"入站规则"和"出站规则"的设置,对内网和外网之间的网络连接进行管控。例如通过入站规则的设置限定远端主机的数据包是否有权限可访问本机的应用和端口;通过出站规则的设置限定本主机流出的数据包是否有权限可以访问远端主机的应用和端口。

图 2-4 启用或关闭 Windows 防火墙

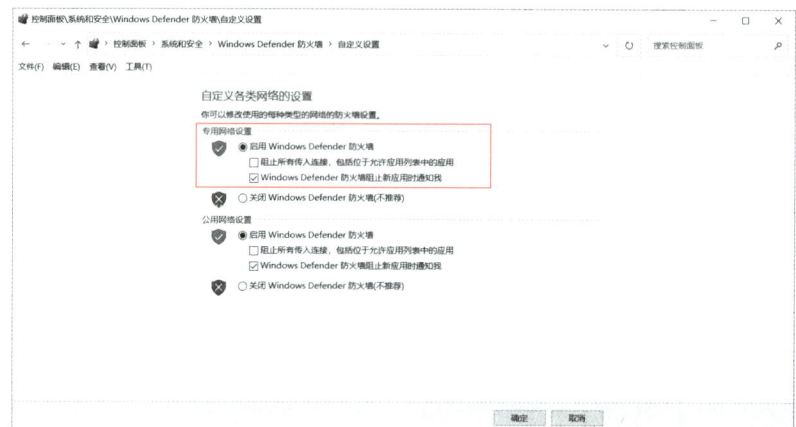

图 2-5 选择"启用 Windows Defender 防火墙"

在防火墙设置页面,在左侧选项里单击"高级设置",如图 2-6 所示。

图 2-6 单击"高级设置"

选择"入站规则",在右侧操作部分单击"新建规则",如图 2-7 所示。

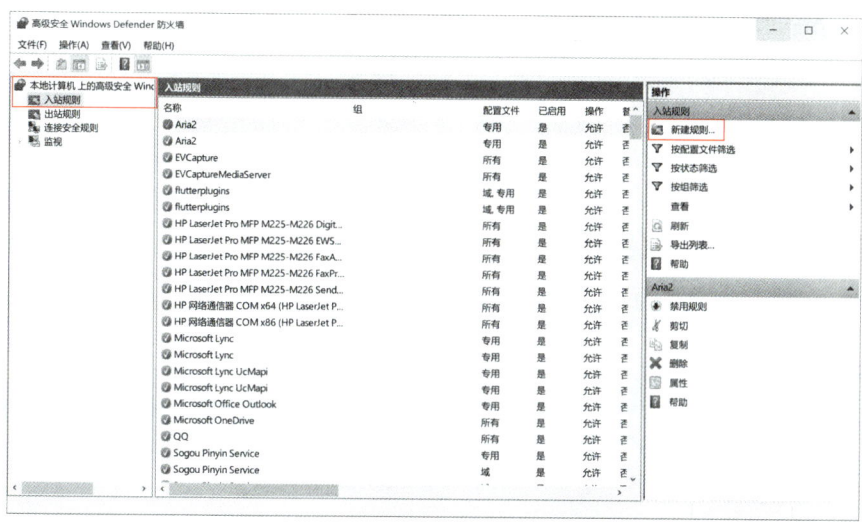

图 2-7 新建"入站规则"

在新建入站规则向导页面中,按步骤填写好规则参数即可,如图 2-8 所示。如需设置"出站规则",操作类似。

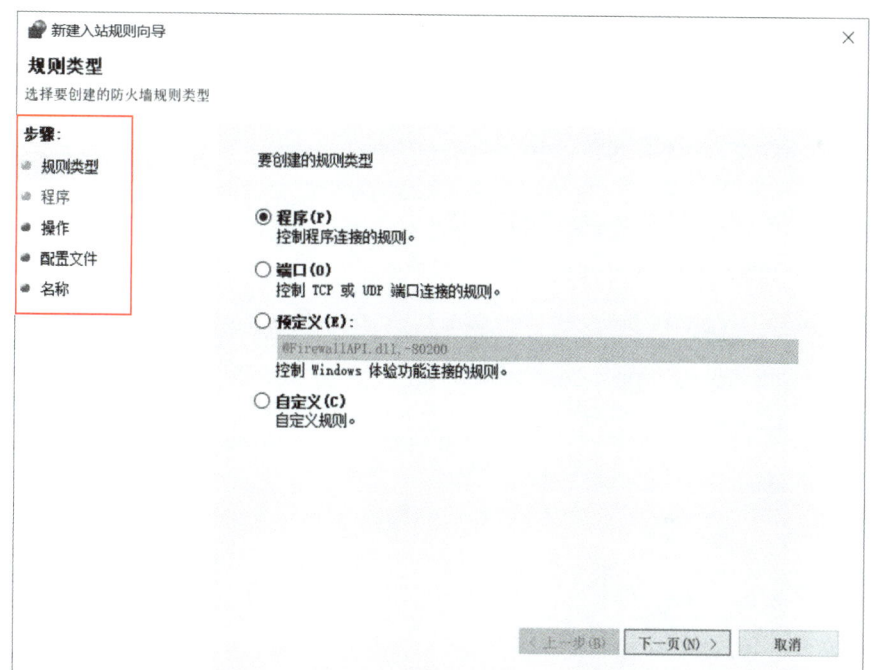

图 2-8 设置"入站规则"参数

拓展练习

简答题

在数字化时代,每个人都扮演着网络信息的生产者、传播者和消费者等多重角色。请结合你对信息伦理的理解,思考以下问题。

1. 结合我国信息法律法规,谈谈在信息传播过程中,如何尊重他人合法权益,避免侵犯他人隐私和知识产权。

2. 作为一名网络公民,你认为在信息时代,个人应该如何承担起社会责任,共同营造一个清朗、有序的网络空间?

模块三

文档处理

项目3.1　制作培训通知

情景简介

李梅是医院院办主任助理,需要撰写一份培训通知。通知将以红头文件的形式下发,其中包括具体的培训时间、地点、参加人员和培训主题等信息。要求正确应用通知的格式,以确保内容清晰明了。

学习目的

(1) 掌握新建和保存文档的基本操作,确保文件的安全和便捷访问;

(2) 了解如何高效输入和编辑文本,包括删除重复内容和进行批量替换,提高编辑效率;

(3) 掌握字符和段落格式设置的技巧,如字体、字号、颜色、加粗、字符间距等字符格式以及段落对齐、行距、段间距等段落格式的设置;

(4) 学会为段落添加边框和底纹,使文档更加规范和美观;

(5) 掌握文档的打印设置,确保文件输出符合预期。

一、新建文档

（一）启动 Word 2016

启动 Word 2016 有多种方法。常用的有以下几种方法。

方法一：双击桌面的 Word 图标 。

方法二：通过任务栏快捷键。屏幕底部找到 Word 图标，单击打开程序。

方法三：单击"开始"按钮，在开始菜单中找到"Word 2016"，单击图标，打开程序，如图 3-1 所示。

图 3-1　通过开始菜单启动 Word 2016

（二）认识 Word 2016 界面

启动 Word 2016，选择"空白文档"选项后软件会自动新建一个空白文档，进入软件操作界面，如图 3-2 所示。

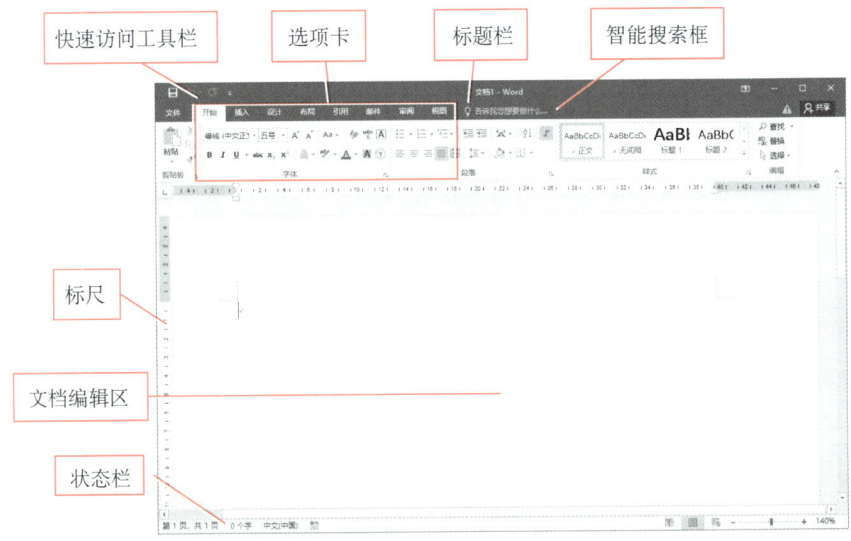

图 3-2　Word 2016 的操作界面

1. 标题栏

标题栏位于 Word 2016 界面的顶部，通常显示着当前文档的名称、软件名称和窗口控制按钮。

在标题栏的中间，通常会显示当前文档的文件名。若文档尚未保存，则可能显示为"文档 1""新建文档"等默认名称。

在标题栏的右侧，是窗口控制按钮，包括最大化、最小化和关闭按钮。

通过这些按钮，可以方便地调整 Word 窗口的大小和位置，也可关闭当前文档。

2. 快速访问工具栏

快速访问工具栏位于 Word 2016 界面的左上角，其中包含了一组常用的命令按钮，方便用户快速执行相应操作。这些按钮通常包括保存、撤销、恢复、打开、新建等，可以极大地提高用户的操作效率。

默认情况下，快速访问工具栏只包含有限几个按钮，但用户可以根据自己的需求进行自定义。通过单击工具栏右侧的"自定义快速访问工具栏"按钮，打开下拉菜单，从中选择更多命令添加到工具栏中，也可调整现有按钮的顺序和显示方式。

3. 选项卡

选项卡位于 Word 2016 界面的顶部，是一排横向的标签，用于组织和分类各种命令和功能。Word 2016 默认显示 9 个功能选项卡。每个选项卡都对应着一组相关的操作或工具，例如"开始"选项卡包含字体、段落、样式等基本的文本编辑功能按钮，"插入"选项卡则提供插入图片、表格、超链接等元素的工具。

通过单击不同的选项卡，用户可以快速切换到不同的功能组，以便更高效地执行相应的操作。每个选项卡下都包含一组相关的命令按钮或下拉菜单，用户可以根据需要单击相应按钮或菜单项来执行具体的操作。

4. 智能搜索框

智能搜索框位于 Word 2016 界面的右上角，它允许用户快速查找和访问 Word 中的各项功能和命令，无须在繁琐的菜单和选项卡中逐一查找，是一个非常实用的功能。

例如，要为文档添加一个页眉或页脚，但不确定具体的操作步骤时，只需在智能搜索框中输入"页眉"或"页脚"，Word 便会展示相关的命令和设置选项。根据搜索结果可快速找到并设置页眉或页脚，从而完成文档的美化工作。

5. 标尺

标尺是 Word 2016 界面中的一个重要工具，它位于文档编辑区域的上方和左侧，用于辅助用户进行精确排版和调整布局。

如在编写培训通知时，标尺可以帮助用户快速设置段落缩进、调整边距、对齐文本等。通过拖动标尺上的滑块或标记，可以直观地调整文本的排版效果，使文档更加整齐、美观。

6. 文档编辑区

文档编辑区是 Word 2016 界面中占据面积最大的区域,用于输入、编辑和显示文档的内容。在这里,用户可以输入文本、插入图片、绘制形状、添加表格等,构建出完整的文档。

7. 状态栏

状态栏位于 Word 2016 界面的底部,提供了一系列有关当前文档状态和操作反馈的信息。这些信息对了解文档的编辑情况、进行页面设置和调整视图模式等非常有帮助。

在状态栏中,可以看到当前文档的页数、字数统计、拼写和语法检查状态等基本信息。这些信息有助于用户掌握文档的规模和编辑进度,及时调整文本内容或格式。

此外,状态栏还包含了一些快捷按钮,如视图切换按钮、缩放按钮等,方便用户快速调整文档的显示方式或进行其他常用操作。

二、文本输入

在 Word 2016 中文本输入是一项基础而直观的操作。首先,启动 Word 2016 应用程序,屏幕上将显示一个空白文档,此处即为文本输入区域。将鼠标光标定位至该区域,屏幕左上角将出现一个闪烁的竖线,标志着文本插入点。随后可开始文本输入,按下键盘上的每个键,相应的字符便会出现在屏幕上。在输入英文过程中,应在单词或句子之间按下空格键,以保持文本的整洁和可读性。若需换行,请按下 Enter 键,文本便会移至下一行的起始位置。

在输入文本过程中,若需要在不同输入法之间切换,可通过按下键盘上 Ctrl+Shift 组合键来实现。通过按下 Shift 键或 Ctrl+Space 组合键可进行中英文输入法切换。

输入中英文标点符号时,应确保选择了正确的语言输入法。在中文输入法下,可直接输入中文标点符号,而在英文输入法下,输入的则是英文标点符号。若需输入全角或半角符号,通常可以通过按下特定键来实现,例如在许多输入法中,按下 Shift+Space 组合键可实现全角和半角之间的切换。

通过按 Ctrl+Shift 组合键,选择中文输入法,输入侧边二维码资源中的内容。在输入过程中,请不要进行格式设置或插入空行,让输入内容自动换行到段落末尾。每按一次 Enter 键,都会产生一个默认的换行符。

练习资源

培训通知

项目 3.1 制作培训通知

三、保存文档

在 Word 2016 中,保存文档是一项基本而重要的操作,以确保工作的连续性和数据的安全性。输入文本之后,把文档保存到计算机本地,文件命名为"培训通知.docx"。Word 2016 保存文档相关知识点如下。

保存新文档:首次保存新文档时,需使用"另存为"功能。这可以通过单击工具栏上的"文件"按钮,然后选择"另存为"来完成。在弹出的窗口中,选择文档想要保存的文件夹位置,输入文档名称,选择文档类型(通常是".docx"格式),然后单击"保存"。

自动保存:Word 2016 提供了自动保存功能,可以在指定的时间间隔内自动保存文档。这样,即使在文档意外关闭或软件崩溃的情况下,也不会丢失太多编辑内容。单击"文件"按钮,选择"选项",在"保存"选项卡中设置自动保存的时间间隔,即可启用自动保存功能。

快速保存:对于已经保存过的文档,可以直接使用"保存"功能来保存最新的更改。通过单击工具栏上的"保存"按钮或使用 Ctrl+S 组合键均可实现快速保存。

另存为副本:如果需要在不覆盖原始文档的情况下保存一个副本,可以选择"另存为"并选择一个新的文件名或文件夹。这样,原始文档和副本都会被保留。

保存选项:在"另存为"窗口中,可以选择不同的保存选项,如保存文档的版本、保存的格式(如 PDF 或纯文本),也可设置文档的权限和密码保护等。

保存位置:在保存或另存为文档时,可以自定义保存位置。可以通过在"另存为"窗口的左侧导航栏中选择不同的文件夹来实现。

文档恢复:如果 Word 在未保存更改的情况下关闭,下次打开 Word 时,软件可能会显示"文档恢复"任务窗格,允许用户恢复未保存的工作。

四、修改文档

(一)删除重复语句

发现输入文字中"培训地点:医院第三会议室。"这一段重复了。为了删除这个重复的段落,可以使用鼠标在这个段落的任意位置快速三次单击,以选中整个段落,然后按下 DELETE 键来删除重复的内容。几种常用的文字选中操作如表 3-1 所示。

操作视频

删除重复句子

表 3-1　　　　　　　　　　　几种常用的文字选中操作

方法	描述
拖曳	长按鼠标左键并拖动光标以选中相应文本
双击词组	双击一个词组来选择整个词组
三击段落	快速三次单击鼠标可选中光标所在段落
长按 Ctrl 键并拖曳	长按 Ctrl 键并使用鼠标拖曳的方法可选中多个不相邻的文本块
使用键盘快捷键	使用 Ctrl 键加方向键或 Shift 键加方向键选中相应文本
使用"开始"选项卡中的"选择"下拉按钮	在 Word 工具栏上使用选择相关的命令按钮选择相应文本

操作视频

替换操作

（二）批量替换

可以利用 Word 中替换功能实现词语的替换，如将通知正文中的"周三"改成"10月9日"。按 Ctrl＋H 组合键，弹出"查找与替换"对话框，如图 3-3 所示，在"查找内容"文本框中输入"周三"，在"替换为"文本框中输入"10月9日"，单击"全部替换"即可完成全部替换。

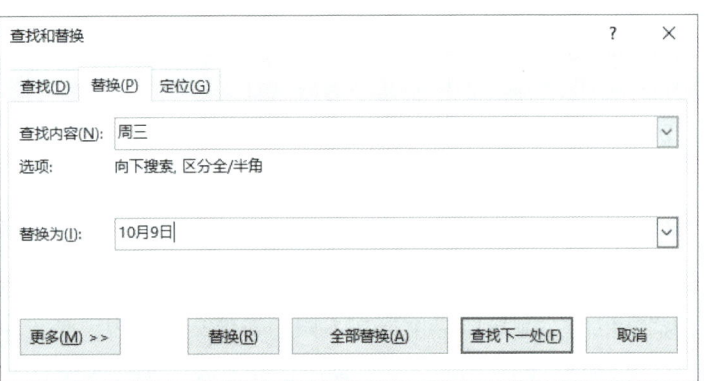

图 3-3　查找与替换对话框

💡 提示：

在使用 Word 中的"替换"功能时，可以借助一些特殊符号来提高搜索和替换的准确性。以下是在 Word 替换中常用的特殊符号。

1. 通配符：Word 允许在替换功能中使用通配符，这些特殊字符可以代表其他字符或字符组合。例如，星号"＊"可以代表任意字符序列，问号"？"代表任意单个字符。

2. 段落标记：在替换对话框中，可以使用"^p"表示一个段落标记，通常用于查找或替换段落之间的空白段落。

3. 手动换行符：使用"^l"（小写L）表示手动换行符，手动换行符可以在不创建新段落的情况下换行。

4. 分节符：使用"^m"表示分节符，这可以用于查找或替换文档中的特定分节。

5. 域：使用"^d"表示文档中的域。域是Word中用于插入和管理变化内容的一种特殊指令。

6. 图形：使用"^g"表示文档中的图形对象，用于在替换时定位并操作这些对象。

7. 制表位：使用"^t"表示制表位，用于在文档中精确地定位和替换制表符。

8. 长划线：使用"^+"表示一条长划线，用于查找或替换文档中的特定格式。

9. 分栏符：使用"^n"表示分栏符，用于在替换时定位文档中的分栏。

10. 分页符：使用"^m"表示分页符，用于查找或替换文档中的分页位置。

11. 省略号：使用"^i"表示省略号，用于查找或替换文档中的省略号字符。

12. 空白区域：在查找和替换对话框中，可以选择"特殊格式"来插入如"空白区域"这样的特殊符号，用于查找或替换文档中的空白段落或空白区域。

这些特殊符号的使用，可以在进行复杂的文档编辑时提供更大的灵活性和准确性。在Word的替换对话框中，可以通过单击"更多"按钮，然后选择"特殊格式"来插入这些特殊符号。

五、设置字符格式

在Word 2016中，设置字符格式是指对文本字符的外观进行修改，包括字体、大小、颜色、效果等。以下是一些常用的字符格式及其设置方式。

字体：Word 2016提供了多种字体供用户选择，如宋体、黑体、微软雅黑等。若要更改字体，应先选定需要修改的文本，然后在"字体"组中的字体下拉菜单中选择或输入所需的字体。

字号：字号决定了文本的大小。在Word中，字号以"磅"或中文字号表示。若要更改字号，应先选定文本，然后在"字体"功能组中的"字号"下

操作视频

字体设置

拉菜单中选择或输入所需的字号。

加粗、斜体和下划线：这些是基本的文本效果。选定文本后，可以通过"字体"功能组中的相应按钮来设置这些效果，也可使用快捷键 Ctrl＋B(加粗)、Ctrl＋I(斜体)和 Ctrl＋U(下划线)来设置相应的效果。

文本颜色：Word 允许用户为文本设置不同的颜色。选定文本后，可在"字体"颜色下拉菜单中选择所需的颜色。

上标和下标：上标和下标常用于数学公式、化学式等。选定文本后，单击"字体"组中的"上标"(或"下标")按钮或者使用快捷键 Ctrl＋＝(上标)[或 Ctrl＋Shift＋＝(下标)]即可设置相应效果。

删除线：删除线是指穿过文本中心的一条线，常用于表示错误或内容不再适用。选定文本后，单击"字体"功能组中的"删除线"按钮或者使用快捷键 Ctrl＋Shift＋5 即可设置相应效果。

字符间距：字符间距是指字符之间的距离。要调整字符间距，应先选定文本，然后在"字体"对话框(通过"字体"功能组右下角的对话框启动器打开)的"高级"选项卡中进行设置。

文本效果：Word 提供了多种文本效果，如阴影、映像、发光等。选定文本后，可在"字体"组中的"文本效果"下拉菜单中选择所需的效果。

字体对话框：对于更高级的字体设置，可以打开"字体"对话框进行设置。选定文本后，单击"字体"组右下角的对话框启动器，然后在弹出的"字体"对话框中进行详细设置。

样式：Word 中的样式是一组预先定义的格式设置，可以快速应用于相应文本。要应用样式，可先选定文本，然后在"开始"选项卡的"样式"功能组中选择所需的样式即可。

以上是字符格式相关知识，现在以《关于举办医护人员培训通知》为例，介绍字符格式的具体操作。

1. 设置第一行文字为：隶书、加粗、红色、32 磅、字符间距加宽至 3 磅

选中第一行文字，单击"开始"选项卡功能区中的"字体"对话框启动器，如图 3-4 所示，打开"字体"对话框，在"字体"对话框中，单击"字体"选项卡，在"中文字体"下拉列表中选择"隶书"，在"字形"列表中选择"加粗"，"字号"列表中选择"32"，"字体颜色"下拉列表中选择"标准颜色"中的"红色"，如图 3-5 所示。切换到"高级"选项卡，在"间距"下拉列表中选择"加宽"，利用微调按钮将"磅值"设置为"3 磅"，如图 3-6 所示，单击"确定"按钮完成设置。

项目 3.1 制作培训通知

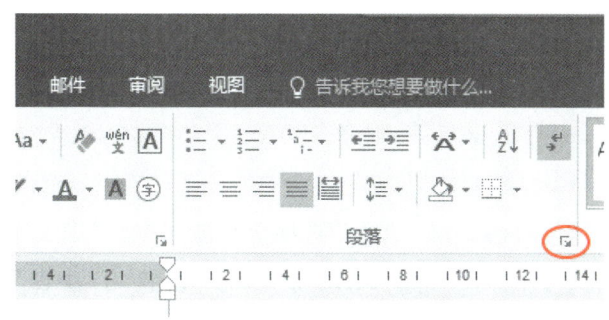

图 3-4 打开"字体"对话框

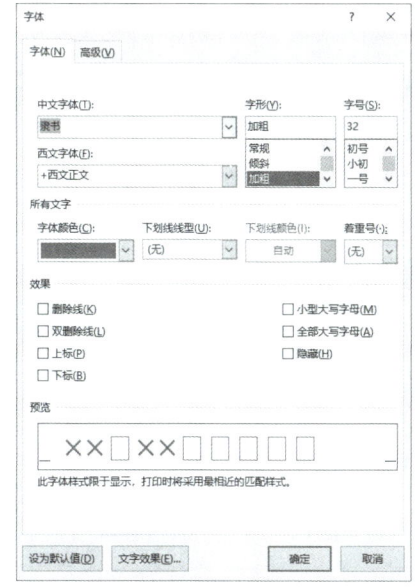

图 3-5 "字体"选项卡

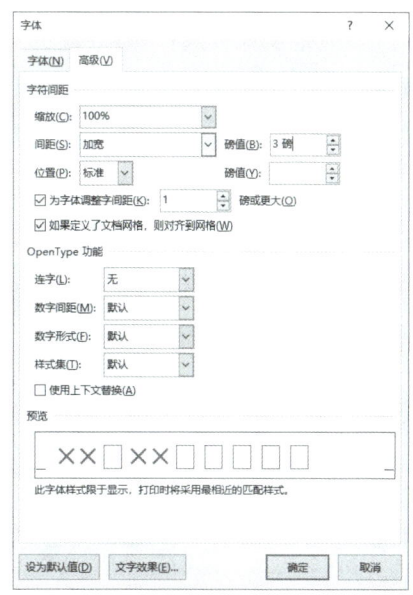

图 3-6 "高级"选项卡

2. 将文档中第二行文字设置为：黑体、11 磅、加粗

选中第二行文字，在"开始"选项卡功能区中，单击"字体"下拉列表，选择"黑体"，如图 3-7 所示。

在"开始"选项卡功能区中，单击"字号"下拉列表，选择"11"，如图 3-7 所示。

在"开始"选项卡功能区中，单击"加粗"按钮。

图 3-7 "字体"下拉列表

3. 用以上方法,将第三行文字"关于举办医院护理人员培训通知"设置为:宋体、小二、加粗

4. 将文档剩余中文字符设置为:宋体、小四;英文字符设置为:Arial、小四

打开"字体"对话框,在"字体"选项卡功能区中将"中文字体"设置为"宋体","西文字体"设置为"Arial","字号"设置为"小四",如图 3-8 所示。

5. 将文档中的"参会人员""培训地点""培训时间"设置加粗

首先拖曳鼠标选择"参会人员",再按住键盘 Ctrl 键,然后拖曳鼠标继续选择"培训地点""培训时间",单击"开始"选项卡功能区中的"加粗"按钮。

6. 给文档中的"培训地点:医院第三会议室"中的"医院第三会议室"7 个汉字加上着重号

选中 7 个文字,打开"字体"对话框,在"着重号"的下拉列表中选择第一种类型".",如图 3-9 所示。

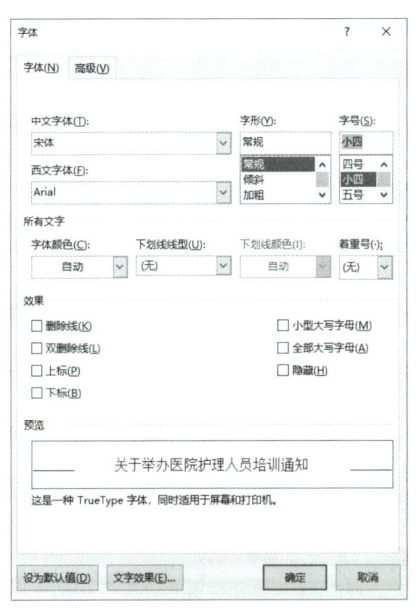

图 3-8　设置中英文字体

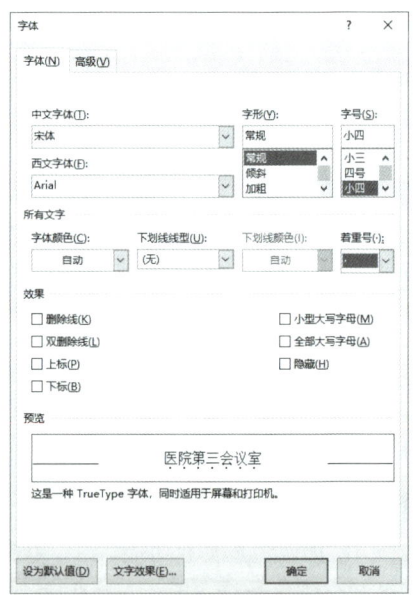

图 3-9　设置着重号

> 提示:只能合并不超过 6 个字符。

六、设置中文版式

将文档第一行文字"××省××市"6 个字进行合并。选择这 6 个文

项目 3.1 制作培训通知

字,单击中文版式按钮,在弹出的下拉列表中单击"合并字符"命令,打开"合并字符"对话框,如图 3-10 所示。在"合并字符"对话框中将字号设置为 24 磅,如图 3-11 所示

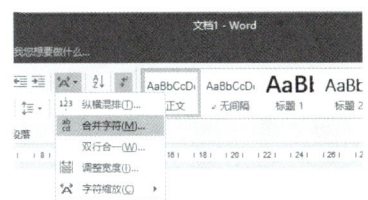

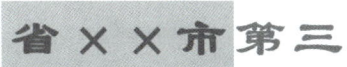

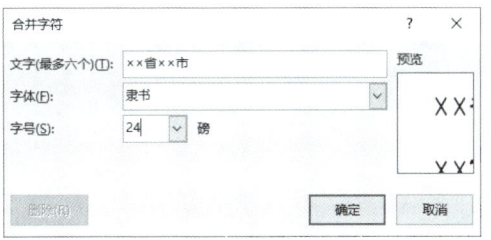

图 3-10 打开"合并字符"对话框　　　图 3-11 将字号设置为 24 磅

七、设置段落格式

1. 将文档中的前 3 个段落的对齐方式设置为"居中"。选定前 3 个自然段,单击"开始"选项卡"段落"功能组中的居中按钮 即可。

2. 将文档中第 1 段落的段落间距设置为:段前 1 行,段后 2 行。

光标定位到第 1 段落的任意位置,单击"开始"选项卡"段落"功能组中的"段落"对话框启动器,如图 3-12 所示。在弹出的"段落"对话框中,单击"缩进和间距"选项卡,在"间距"组中的"段前"文本框中输入"1 行","段后"文本框中输入"2 行",如图 3-13 所示。

提示:"段前""段后"文本框中输入数字即可,"行"字不用输入。

操作视频

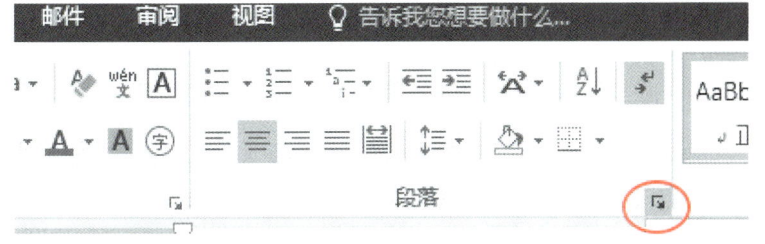

设置段落格式

图 3-12 段落对话框启动器

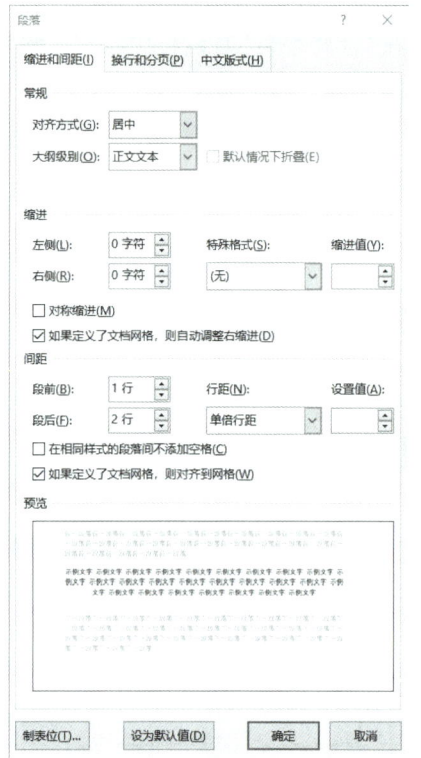
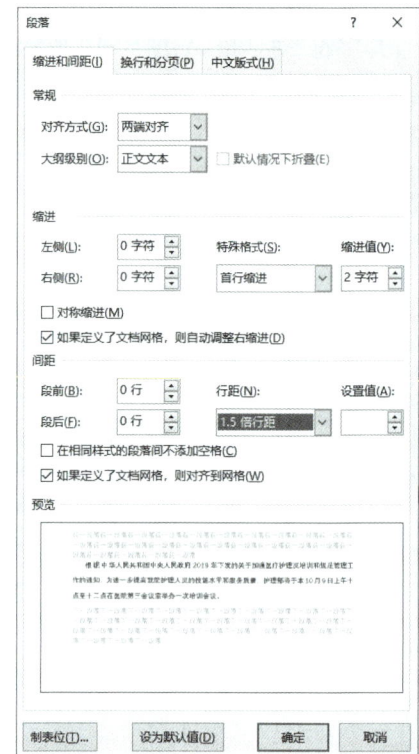

图 3-13　设置段落间距　　　图 3-14　设置缩进和行距

3. 用以上方法,将文档中的第 3 段的段落间距设置为:段前 1 行,段后 1 行。

4. 将文档第 4—第 8 段的缩进设置为首行缩进 2 字符,行距设置为 1.5 倍行距。

选中文字"根据中华人民共和国中央人民政府……培训时间:10 月 9 日上午 10 点至 12 点。"再打开"段落"对话框,将缩进设置为 2 字符,行距设置为 1.5 倍行距,如图 3-14 所示。

5. 将文档的第 9、第 10 段的段落对齐方式设置成右对齐,第 9 段的段前间距设置为 2 行,第 10 段的段后间距设置为 2.5 行。

拖曳鼠标选中 9—10 自然段,单击"开始"选项卡"段落"功能组中的右对齐按钮。

光标定位在第 9 段任意处,单击"开始"选项卡"段落"功能组中的"段落"对话框启动器,打开"段落"对话框,在"间距"组中的"段前"文本框中输入"2 行"。

光标定位在第 10 段任意处,单击"开始"选项卡"段落"功能组中的"段落"对话框启动器,打开"段落"对话框,在"间距"组中的"段后"文本框中输入"2.5 行"。单击对话框中的"确定"按钮即可。

6. 将文档最后 3 行的行距设置为 1.5 倍行距。

现介绍另外一种设置行距的方法。拖曳鼠标选中最后 3 行文字后,单击"开始"选项卡"段落"功能组中的"行距" 按钮,在下拉列表中选择"1.5"即可完成设置。

7. 用以上方法,将文档最后一行的对齐方式设置为右对齐。

八、设置边框

1. 文档第 2 段下面添加"红色""3 磅"的下框线,下框线样式为第 9 种。

光标定位到第 2 段任意位置,单击"开始"选项卡"段落"功能组中"边框"按钮,在下拉列表中选择"边框和底纹"命令,如图 3-15 所示。

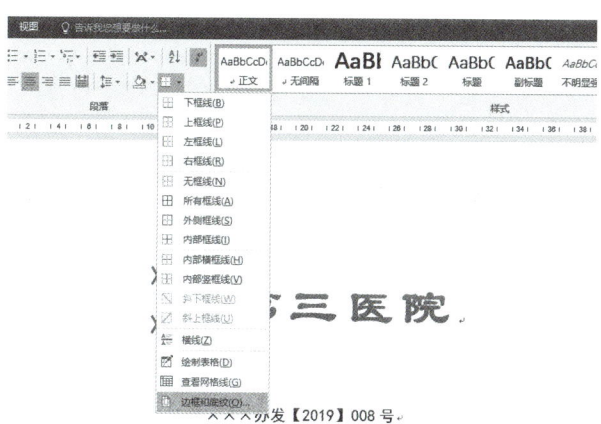

图 3-15　选择边框和底纹

在弹出的"边框和底纹"对话框中,单击"边框"选项卡"设置"组中的"自定义",在"样式"组中选择第 9 种样式,颜色选择标准色的"红色",宽度选择"3 磅",随后选择应用于"段落",然后在预览中单击下方线条(即下框线),如图 3-16 所示。单击确定,完成第 2 段下框线设置。

2. 设置倒数第 2 段上下框线为"红色""1.5 磅",下框线样式为第 1 种。

拖曳鼠标选中倒数第 2 段文字,打开"边框和底纹"对话框,单击边框"设置"组中的"自定义",在"样式"组中选择第 1 种样式,颜色选择标准色的"红色",宽度选择"1 磅",默认就是应用于段落,在预览中单击上框线和下框线,如图 3-17 所示。单击确定,设置完成。

提示:这里不是把鼠标定位到倒数第 2 段。

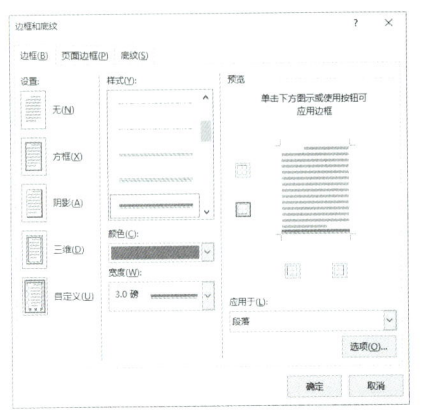
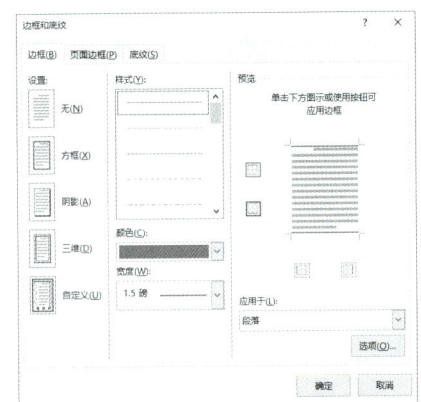

图 3-16　设置下框线　　　图 3-17　设置上下框线性

光标定位到"××第三医院二〇〇九年九月三十日签发"中的"二"的前面,敲击键盘上的 Tab 键,简单地将两组文字分开,若没有达到预期效果,可多次按 Tab 键,并借助空格键和 Backspace 键,将"二〇〇九年九月三十日签发"调整到合适位置。

知识拓展

在 Word 2016 中,Tab 键作为制表符(Tab stop)的功能,主要用于实现文本的对齐和布局排列,以下是 Tab 键的一些主要作用。

1. 创建制表位

使用 Tab 键可以在文档中创建制表位,将文本移动到下一个预设的对齐点,类似于在表格中移动到下一列。

2. 对齐文本

Tab 键可以用于对齐文本,特别是当需要将文本与特定的标签或标记对齐时。

3. 创建列表

在创建列表或目录时,Tab 键可以用于对齐列表项,使子项与主项对齐。

4. 调整文本列

在多列文本布局中,Tab 键可以用于调整文本列的宽度和位置。

5. 设置制表符样式

Word 2016 允许用户自定义制表符的样式,包括对齐方式、制表位位置、领头字符等。

6. 使用键盘快捷键

按住 Alt 键并敲击 Tab 键可以在打开的应用程序窗口之间切换。

7. 与标尺结合使用

可以通过标尺设置制表位的位置,然后使用 Tab 键跳转到这些位置。

8. 快速填充制表位

使用 Tab 键可以快速填充制表位,而不需要手动敲击空格键。

9. 制表符的类型

Word 中有多种类型的制表符,包括左对齐、右对齐、居中对齐和竖线对齐等。

10. 制表符的删除和修改

可以删除或修改制表位,以适应文档格式的需求。

在 Word 2016 中使用 Tab 键时,可以通过以下步骤设置或修改制表符:

(1) 将光标放置在需要插入制表符的位置;

(2) 使用键盘上的 Tab 键创建一个新的制表位;

(3) 如果需要设置特定的制表符样式或位置,可以单击"开始"选项卡功能区"段落"分组里的"制表符"按钮,打开制表符对话框进行设置。

制表符是 Word 中一个非常有用的工具,经常用于对文本进行精确布局。

九、页面设置

将文档设置为 A4 纸张,纸张方向为纵向,页边距为左右 3 cm、上下 2.5 cm,左侧装订,装订线宽度为 0.8 cm。

单击"布局"选项卡功能区中的"页面设置"对话框启动器,如图 3-18 所示。打开"页面设置"对话框,如图 3-19 所示。

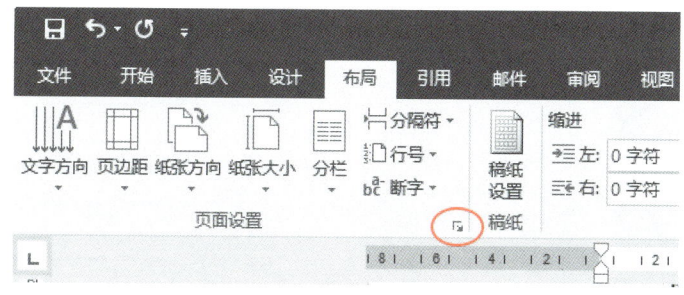

图 3-18　页面设置启动器

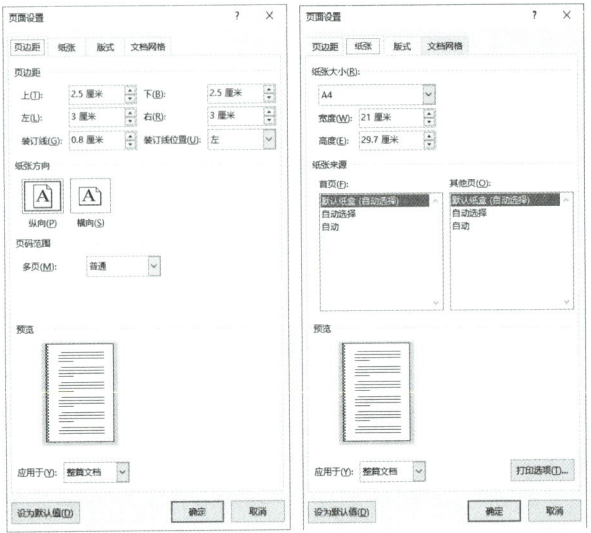

图 3-19　页面设置

在"页面设置"对话框中,先单击"页边距"选项卡,在上、下边距框中输入"2.5 厘米",左右边距文本框中输入"3 厘米",装订位置选"左",装订线宽度文本框中输入"0.8 厘米",方向默认情况是"纵向",单击"确定"完成设置。

十、打印文档

完成文档的排版后,可打印文档。有两种方式可以进入文档打印预览界面。一种方式是单击页面顶部的"文件"按钮,然后在下拉列表中选择"打印"命令。另一种方式是使用 Ctrl+P 组合键。

打印预览界面如图 3-20 所示,可以进行一些打印设置。如选择打印机,

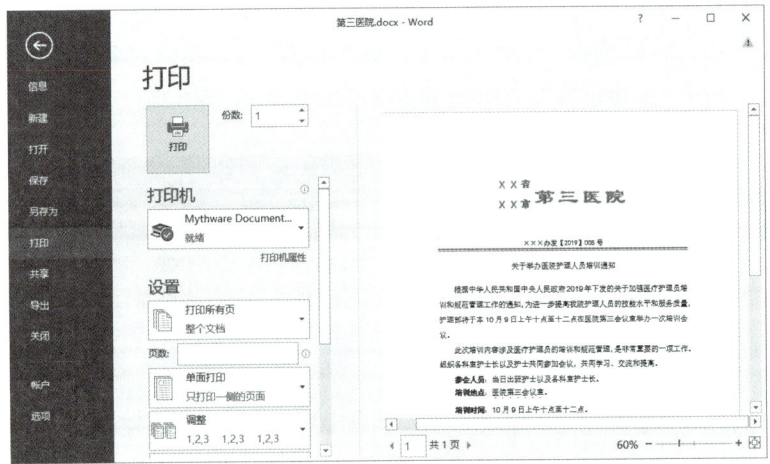

图 3-20　打印预览

项目 3.1 制作培训通知

设置文档的打印范围以及打印的份数等。如果只想打印文档中的第 1 页、第 8 页以及第 11—第 13 页,可以在"页数"文本框中输入"1,8,11-13"。这样就可以打印指定的页面。

 拓展练习

练习资源

关于做好夏季绩效考核方案检查工作的通知

操作题

利用侧边二维码资源完成下列操作。

(1) 页面设置

A4 纸张(210×297 mm^2),上下页边距设置为 25 mm,左右页边距设置为 30 mm。

(2) 字体格式

文件标题:"××市卫生健康委员会"居中对齐,字号设置为小三(16 磅),加粗。

文件编号:"文件编号:××健委〔2023〕××号"右对齐,字号设置为五号(10.5 磅)。

收件单位:"各级卫生健康部门、各直属单位:"字号设置为五号(10.5 磅)。

通知标题:"关于做好夏季绩效考核方案检查工作的通知"居中对齐,字号设置为小三(16 磅),加粗。

正文内容和落款:宋体,五号(10.5 磅)。

(3) 段落设置

收件单位、正文和落款:首行缩进 2 个字符,行距设置为 1.5 倍行距,段前段后间距均设置为 0 磅。

(4) 编号

对通知正文中的"一、二、三、四、五"进行编号。选择"开始"选项卡,单击"多级列表"图标,选择适当的编号格式。

(5) 下框线设置

在"××市卫生健康委员会"和"2023 年 7 月 13 日"这两行文字下方添加下框线。选中这两行文字,然后在 Word 2016 的"开始"选项卡中,单击"边框"图标并选择"下框线"。

(6) 使用制表符完成文本对齐

选中最后两行(××市卫生健康委员会和 2023 年 7 月 13 日),然后将光标置于右侧页边距处,单击 Word 2016 的"开始"选项卡,"制表位"下拉菜单中选择"右对齐制表位"。将光标放在两行文字的开头,按下 Tab 键,使文本右对齐。

请根据以上布置的要求完成文档格式的设置，最后效果如图 3-21 所示。

关于做好夏季绩效考核方案检查工作的通知

××市卫生健康委员会

文件编号：××健委〔2023〕XX 号

各级卫生健康部门、各直属单位：

为全面落实绩效考核制度，切实加强夏季绩效考核工作，提高卫生健康系统工作效能，确保各项工作顺利推进，现就做好夏季绩效考核方案检查工作通知如下：

一、加强组织领导

各单位要高度重视绩效考核工作，成立专门的绩效考核工作小组，明确工作职责，确保绩效考核工作有序开展。

二、完善绩效考核方案

各单位要根据实际工作需求，完善绩效考核方案，明确考核目标、考核内容、考核标准、考核方法和考核程序，确保绩效考核工作科学、公正、合理。

三、开展自查自纠

各单位要认真开展夏季绩效考核方案的自查自纠工作，对照绩效考核方案，查找不足，及时纠正，提高绩效考核工作质量。

四、加强督导检查

市卫生健康委将组织专项督导检查组，对各单位夏季绩效考核工作进行检查，督促各单位认真开展绩效考核工作，确保绩效考核工作落实到位。

五、及时总结反馈

各单位要及时总结夏季绩效考核工作情况，加强信息沟通和反馈，形成闭环管理，推动绩效考核工作不断改进和提高。

请各单位务必认真贯彻执行本通知要求，确保夏季绩效考核工作圆满完成。

特此通知。

××市卫生健康委员会

2023 年 7 月 13 日

图 3-21　完成效果图

项目 3.2　制作培训安排表

情境简介

王莉是医院人力资源部主管,需制定新员工培训计划。她利用 Word 2016 创建一份包含员工基本信息和课程安排的新员工培训表,以便清晰地展示学习路径和培训进度,并且要求培训结束后有教员和科室负责人签字确认。

学习目的

（1）掌握新员工培训表的结构和要点；
（2）学会在 Word 2016 中插入和设置表格；
（3）学习表中表的使用和文字定位；
（4）掌握边框样式、行高设置技巧。

一、设计表格

新进员工来自不同部门不同岗位,需要员工提供基本信息。同时,为了增强培训效果,培训老师和科室负责人需要在新员工培训表上签字。表格设计要求数据清晰合理、便于阅读、美观大方、功能性强。初步确定表格分为三块,如图 3-22 所示。

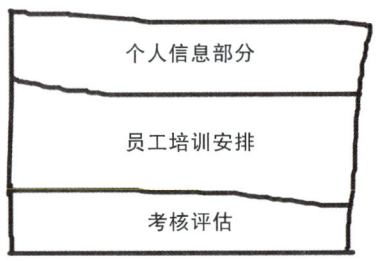

图 3-22 设计表格

第一部分为个人信息部分,包括员工姓名、入职部门、担任职务和入职日期等信息。明确这四个内容的格式,让数据清晰。

第二部分为员工培训安排,需要体现培训的具体内容,所以设计培训课题内容、培训日期、培训方式、培训讲师以及考核成绩 5 个字段。新员工的培训方式有自学、讲授、演练、实操 4 种,培训方式可以组合(复选),不一定采用单一的培训方式。这部分内容,可以用底纹突出显示。

第三部分内容为考核评估,经过培训讲师(班主任或负责人)、科室主任以及人事科的反馈意见,最终确定考核结果。

二、搭建表格框架

通过前面的分析可知,表格分三部分。第一部分内容"个人信息部分"有员工姓名、入职部门、担任职务和入职日期,表格暂时确定为 4 列,行数暂定为 15 行。

> **提示:**
> 在 Word 2016 中插入表格有以下几种方法。
> **1. 快速插入基本表格**
> (1) 单击"插入"选项卡"表格"功能组中的"表格"按钮;
> (2) 将鼠标悬停在网格上方,直到突出显示所需的行数和列数;
> (3) 单击鼠标左键即可插入表格。
> **2. 插入自定义表格**
> (1) 单击"插入"选项卡"表格"功能组中的"表格"按钮;
> (2) 选择"插入表格"命令;

项目 3.2 制作培训安排表

(3) 在弹出的对话框中输入所需的行数和列数；
(4) 单击"确定"按钮即可插入表格。

3. 从文本转换成表格

如果已有由制表符或其他分隔符分隔的文本，可以快速将其转换为表格，具体步骤如下：

(1) 选中需要转换的文本；
(2) 单击"插入"选项卡"表格"功能组中的"表格"按钮；
(3) 选择"文本转换成表格"命令；
(4) 在弹出的对话框中设置分隔符类型，然后单击"确定"。

4. 绘制表格

(1) 单击"插入"选项卡"表格"功能区中的"表格"按钮；
(2) 选择"绘制表格"命令；
(3) 在文档中拖动鼠标绘制所需的表格大小和形状。

使用插入自定义表格方式插入一张 15 行 4 列的表格。单击"插入"选项卡"表格"功能组中的"表格"按钮，弹出下拉列表，如图 3-23 所示，在下拉列表中单击"插入表格"命令，在弹出的"插入表格"对话框的输入框中输入列数"4"和行数"15"，如图 3-24 所示。单击"确定"后即可得到一张 15 行 4 列的表格。在空白文档建立表格，默认情况下表格字号是"五号"。

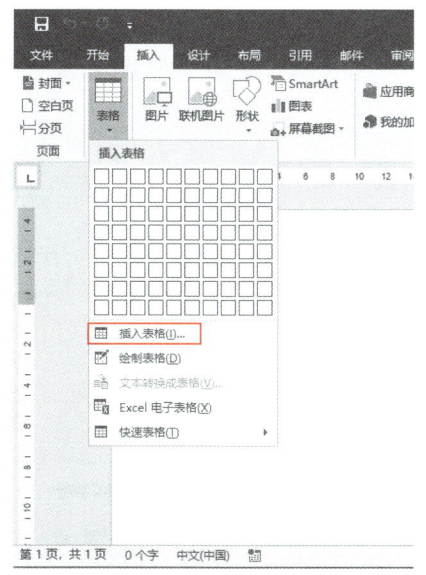

图 3-23 "插入表格"命令

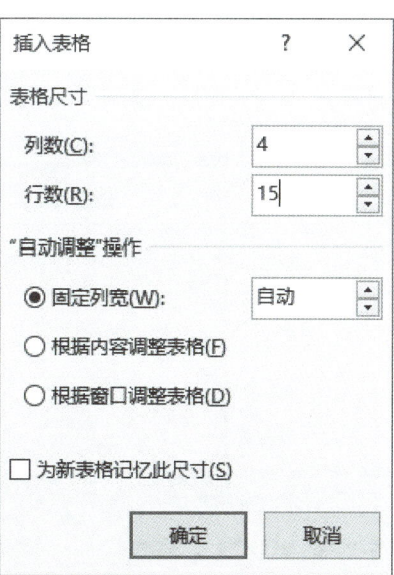

图 3-24 "插入表格"对话框

操作视频

插入表格

三、调整行高

首先,单击表格左上角的全选控制按钮,选定整个表格。然后,单击"表格工具"中的"布局"选项卡,在"单元格大小"分组中,单击"高度"微调按钮,按照图3-25所示参数调整行高,即将单元格高度设置为"0.8厘米"。

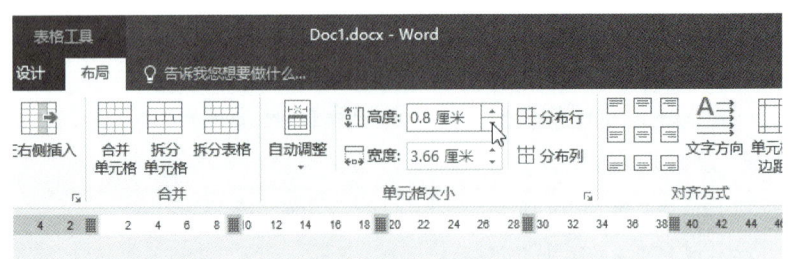

图3-25 调整行高

四、设置外框线

单击表格左上角的全选控制按钮,选定整个表格。在"表格工具-设计"选项卡"边框"功能组中,单击"边框和底纹"按钮,如图3-26所示。在弹出的"边框和底纹"对话框中,选择"设置"组下面的"自定义"选项。在"样式"组中选择第7种样式,即双窄线,使用鼠标单击对话框右侧中的上下左右外框线,然后单击"确定"按钮。

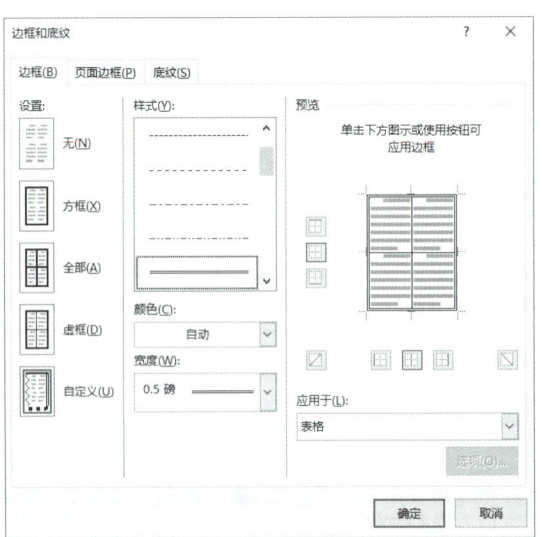

图3-26 设置外框线

五、合并和拆分单元格

表格框架已初具雏形，可在其中输入文字。在第一行单元格中填写个人信息，分别为"员工姓名""入职部门""担任职务"和"入职日期"。第二行需要员工填写个人信息。从第三行开始，是员工培训安排。为更好地将内容模块化区分，第三行需要进行合并单元格操作。

选中第三行的四个单元格，在"表格工具-布局"选项卡"合并"功能组中，单击"合并单元格"按钮，如图 3-27 所示。完成这一操作后，四个单元格将被合并为一个完整的单元，即单元格之间的竖线将被"拆掉"。在这个完整的单元里输入"员工培训安排"。

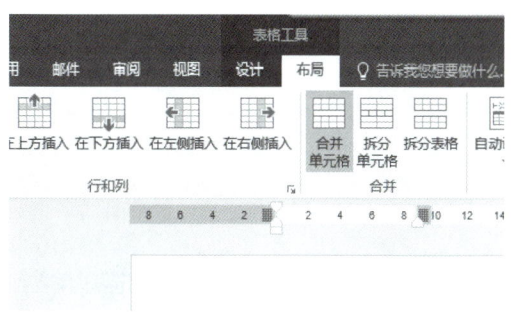

图 3-27　合并单元格

为有效地体现培训内容并提高培训效果，现将这部分内容设计为五个字段，分别是："培训课题内容""培训日期""培训方式""培训讲师"和"考核成绩"。目前，表格只有四列，因此需要增加一列才能输入全部内容。拖曳鼠标选中第四行"培训讲师"单元格到表格第 15 行，"表格工具-布局"选项卡"合并"功能组中，单击"拆分单元格"命令，如图 3-28 所示。实现"培训讲师"后面增加一列。在最后一列输入"考核成绩"，如图 3-29 所示。

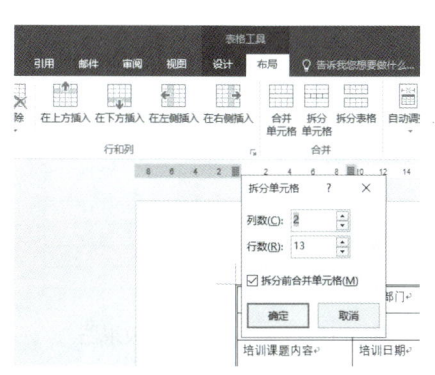 

图 3-28　拆分单元格　　　　图 3-29　合并和拆分单元格后的效果图

六、增加行

合并表格倒数第 4 行中的 4 个单元格,并在合并后的单元格中输入"员工参训考核评估",如图 3-30 所示。

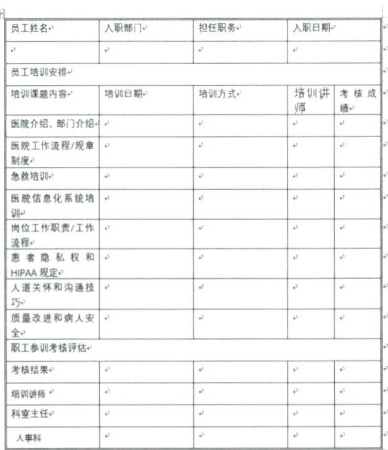

图 3-30 增加行之前的效果图

选择表格最后两行之后,在"表格工具-布局"选项卡"行和列"功能组中,单击"在下方插入"按钮,如图 3-31 所示。表格下方插入 2 行空白行。空白行第 1 个单元格中分别输入"科室主任""人事科",如图 3-32 所示。选中两行后执行增加操作,就会增加两行,如果选中一个单元格或者插入点放在单元格中,执行增加行和列操作后,默认情况下只会增加一行或者列。

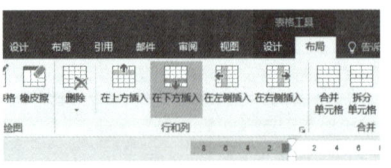

图 3-31 "在下方插入"按钮 图 3-32 增加两行后的效果图

提示：

在 Word 2016 中插入和删除表格的行和列是常见的操作。以下是详细的步骤：

1. 插入行和列

（1）插入行

① 选择行：在表格中，单击新行将出现的上一行或下一行。

② 打开布局选项卡：在 Word 的顶部菜单栏中，单击"表格工具-布局"选项卡。

③ 插入行：

- 在上方插入行，单击"行和列"功能组中的"在上方插入"按钮。
- 在下方插入行，单击"行和列"功能组中的"在下方插入"按钮。

（2）插入列

① 选择列：在表格中，单击新列将出现的左侧或右侧一列。

② 打开布局选项卡：在 Word 的顶部菜单栏中，单击"表格工具-布局"选项卡。

③ 插入列：

- 在左侧插入列，单击"行和列"组中的"在左侧插入"按钮。
- 在右侧插入列，单击"行和列"组中的"在右侧插入"按钮。

2. 删除行和列

（1）删除行

① 选择行：单击希望删除的行的左侧，选中该行。

② 右击：右击选中的行。

③ 删除行：在弹出的菜单中，选择"删除行"命令。

（2）删除列

① 选择列：单击希望删除的列的顶部网格线或边框，选中该列。

② 右键单击：右击选中的列。

③ 删除列：在弹出的菜单中，选择"删除列"命令。

3. 调整行高和列宽

（1）调整列宽

① 手动调整：将光标停留在要调整的列的右边界，直到光标变成重设大小的光标，然后拖动边界到所需宽度。

② 自动调整：选择表格，在"布局"选项卡上的"单元格大小"组中，选择"自动调整"，然后选择"自动调整内容"。

（2）调整行高

① 手动调整：将指针停留在要调整的行边界上，直到光标变成重设大小的指针，然后拖动边界到所需高度。

② 设置特定高度：选择要调整的行中的一个单元格，在"布局"选项卡上的"单元格大小"组中，单击"表格行高度"框，然后指定所需的高度。

七、美化表格

（一）设置表格单元格对齐方式

美化表格1

在 Word 2016 中，表格单元格的对齐方式有 9 种，可以帮助用户灵活地调整内容格式。这些对齐方式分别是：靠上两端对齐、靠上居中、靠上右对齐、中部两端对齐、中部居中、中部右对齐、靠下两端对齐、靠下居中和靠下右对齐。设置单元格对齐方式时，先选定要调整的单元格，然后在出现的"表格工具-布局"选项卡中的"对齐方式"功能组内会有 9 个对应的对齐按钮，单击相应的按钮即可完成对齐设置。这些选项允许用户根据需要调整内容的位置，使表格更美观和更具条理性。

表格单元格对齐方式设置为中部居中，选中整个表格之后，在"表格工具-布局""对齐方式"功能组中，单击"中部两端对齐"按钮，如图 3-33 所示。

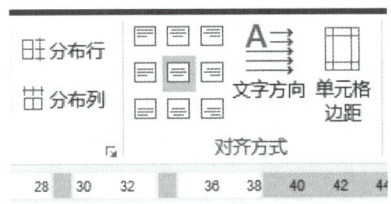

图 3-33 表格单元格对齐方式

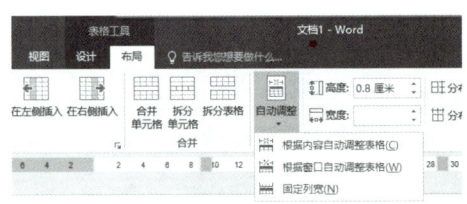

图 3-34 根据窗口自动调整表格

（二）调整页边距

调整表格页边距，可以获得更多的水平空间，使得表格中的内容可以充满整个页面宽度，按照项目 3.1 中设置页边距的操作，设置左右边距为 2.8 厘米。然后选定整个表格，在"表格工具-布局"选项卡"单元格大小"功能组中，单击"自动调整"下拉按钮，在弹出的下拉列表中选择"根据窗口自动调整表格"，让表格自动调整宽度，如图 3-34 所示。

(三) 调整表格列宽

在 Word 2016 中优化表格可读性和美观性，可以调整表格宽度，通过调整表格竖线位置快速达到目的。

选定表格中需要调整的列，将鼠标放置在列的边框线上，当鼠标指针变为一条带有双箭头的竖线时，长按鼠标左键并拖曳边框线至所需位置即可。这一步可以直接调整列宽，以适应内容的长度。拖曳鼠标选定第 1 列 9 个单元格，即选定从“培训课题内容”到“质量改进和病人安全”单元格，鼠标放在右侧竖线上，拖曳鼠标调整列宽，直至选定的单元格文字均显示在一行内，如图 3-35 所示。

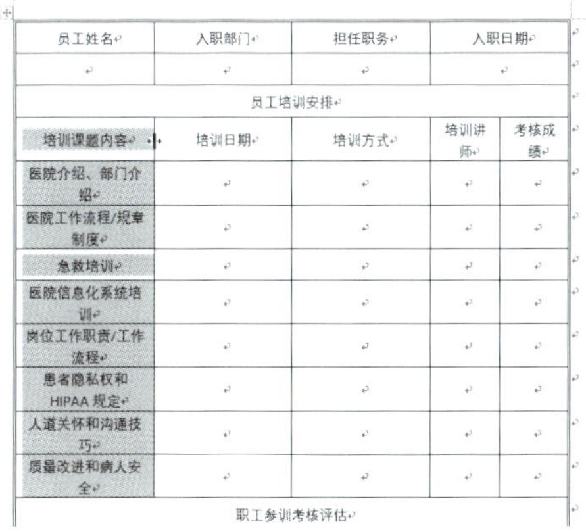

员工姓名	入职部门	担任职务	入职日期	
员工培训安排				
培训课题内容	培训日期	培训方式	培训讲师	考核成绩
医院介绍、部门介绍				
医院工作流程/规章制度				
急救培训				
医院信息化系统培训				
岗位工作职责/工作流程				
患者隐私权和HIPAA规定				
人道关怀和沟通技巧				
质量改进和病人安全				
职工参训考核评估				

图 3-35　选定单元格并调整列宽

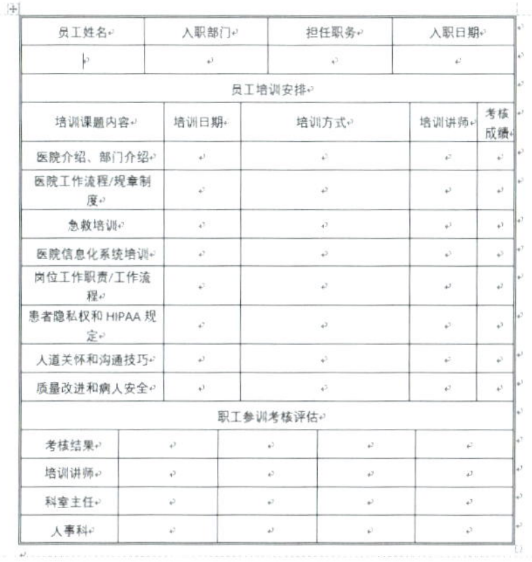

员工姓名	入职部门	担任职务	入职日期	
员工培训安排				
培训课题内容	培训日期	培训方式	培训讲师	考核成绩
医院介绍、部门介绍				
医院工作流程/规章制度				
急救培训				
医院信息化系统培训				
岗位工作职责/工作流程				
患者隐私权和 HIPAA 规定				
人道关怀和沟通技巧				
质量改进和病人安全				
职工参训考核评估				
考核结果				
培训讲师				
科室主任				
人事科				

图 3-36　调整竖线效果图

用同样方式调整整张表格的列宽。由于培训方式有四种，这列的列宽需要大些。调整后的效果如图 3-36 所示。

如果需要精确调整列宽，可以使用“表格工具-布局”选项卡。在“表格工具-布局”选项卡中，找到“单元格大小”分组，然后手动输入列宽的具体数值，使每一列的宽度更加均匀且符合要求。

八、培训方式输入

培训方式有四种：自学、讲授、演练、实操，可以自由选择组合，需要在四种培训方式前面加上特殊符号□或☑。

将光标定位到需要插入符号的位置，然后单击 Word 的“插入”选项卡，在功能区中单击“符号”按钮。在弹出的“符号”下拉列表最下面选择“其他符号”命令，如图 3-37 所示。在弹出的“符号”对话框中，选择“字体”

下拉列表中的"Wingdings 2"。在符号列表中,找到符号"☑"(一般在第二页),如图 3-38 所示。选中该符号后单击"插入"按钮即可。最后,单击"关闭"按钮,关闭"符号"对话框。

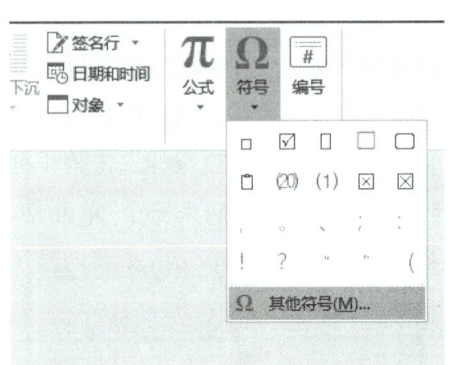

图 3-37 "其他符号"命令

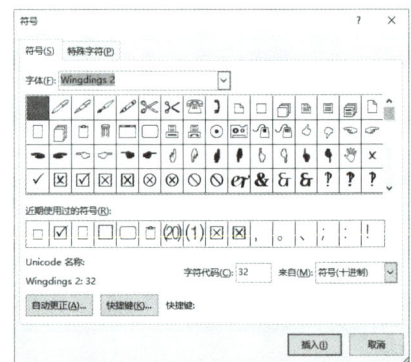

图 3-38 "符号"对话框

此时,文档中会出现带方块的勾选符号。若需要插入多个带方块的勾选符号,可以复制插入的符号并粘贴到其他位置。通过操作,在其他 8 个单元格输入"☐自学☑讲授☐演练☐实操"内容。

💡 提示:

1. 符号的类型

常规符号:包括货币符号(如 $、€)、数学运算符号(如+、-、=)和标点符号(如@、#)等。

特殊符号:包括版权符号(©)、注册商标符号(®)、商标符号(TM)等。

数学和技术符号:包括各种数学运算符号(如√、∑)、几何符号(如∠、⊥)等。

字体符号:某些字体如"Wingdings""Webdings"包含图形符号,如箭头、几何图形、装饰性符号等。

2. Unicode 标准

Unicode 是一种字符编码标准,旨在为每个字符和符号分配一个唯一的代码。Word 2016 支持 Unicode 标准,这意味着可以插入几乎任何语言和符号。可以通过输入 Unicode 代码(例如,长按 Alt 键并输入 Unicode 代码)来插入特定符号。

3. Unicode 代码示例

以下是一些常用符号及其对应的 Unicode 代码。

©(版权符号):Alt+0169

®(注册商标符号):Alt+0174

TM(商标符号):Alt+0153

£(英镑符号):Alt+0163

€(欧元符号):Alt+0128

¥(日元符号):Alt+0165

4. 符号的应用

文档装饰:使用特殊符号可以美化文档,例如在标题或段落中插入装饰性符号。

数学公式:在数学和科学文档中,使用特殊符号表示公式和运算符。

法律文档:在法律文档中,使用版权、商标等符号表示特定的法律概念。

技术文档:在技术文档中,使用特殊符号表示特定的技术术语和操作步骤。

操作视频

美化表格 2

提示:可以用"Alt+　"的方式输入符号"☑"。

九、嵌套表格

为了更精准地控制布局和获得更丰富的视觉效果,可以在单元格中嵌套一个新的表格,具体步骤如下。

在考核结果这一行,需要展示两个选项:"□通过,考核成绩:________"和"□不通过,原因:________"。

首先,将这一行的后四个单元格合并,并将行高调整为 3 厘米。接下来,在合并后的单元格中,新建一个两行两列的表格。将新表格的行高调整为 1 厘米。然后,将光标定位到外部单元格(即新建表格所在的单元格),在"表格工具-布局"选项卡中,单击"下部两端对齐"按钮,在嵌套表格的第一列中输入"□通过,考核成绩:"和"□不通过,原因:",如图 3-39 所示。

<table>
<tr><td colspan="5">职工参训考核评估</td></tr>
<tr><td>考核结果</td><td colspan="4"><table><tr><td>□通过,考核成绩:</td><td></td></tr><tr><td>□不通过,原因:</td><td></td></tr></table></td></tr>
<tr><td>培训讲师</td><td></td><td></td><td></td><td></td></tr>
<tr><td>科室主任</td><td></td><td></td><td></td><td></td></tr>
<tr><td>人事科</td><td></td><td></td><td></td><td></td></tr>
</table>

图 3-39　嵌套表格

设置小表格第二列只显示下框线。单击小表格左上角控制点,选定整个表格,单击"表格工具-设计"选项卡功能区中的"边框"按钮,在弹出的下拉列表中选择"无框线",如图 3-40 所示。整个表格的表格线就隐藏起来了。现在把表格第二列的下框线显示出来,光标停留在第二列第一个单元格,单击单击"表格工具-设计"选项卡功能区中的"边框"按钮,在弹出的下拉列表中选择"下框线",第一行第二列单元格就会显示出下框线,重复这样的操作,显示第二行第二列单元格的下框线。调整单元格列宽,达到如图 3-41 所示效果。

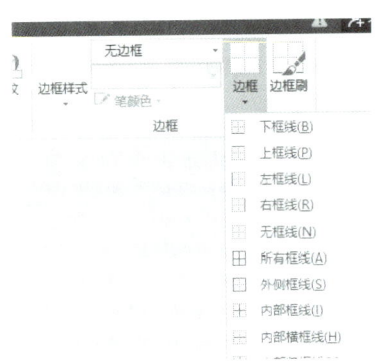

图 3-40 设置无框线

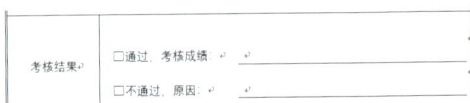

图 3-41 设置下框线并调整列宽后的效果

十、添加表头和底部落款

1. 在表格上方输入"新员工培训表"

由于表格前没有预留空行,需要在表格前插入空行并输入文字,有两种简单方法可在表格前插入空行。

(1) 单击表格左上角的小十字图标,选定整个表格。然后将表格下移,可以按住表格边缘并拖动,或者按住 Alt 键不放,向下拖动表格。

(2) 鼠标光标移至表格左上角"员工姓名"单元格文字最前方,按 Enter 键。表格整体往下移动,插入光标停留在表格前的空行。

使用其中一种方法,实现表格前插入空行,输入文字"新员工培训表"。将表头"新员工培训表"字体设置为"微软雅黑、二号、居中"。段落格式设置为"段后间距 1 行"。

2. 在表格下方加上员工签名和日期

(1) 使用制表符对齐文本

在表格下方插入以下文本:"员工确认签名/盖章:\t 日期:\t 年\t 月\t 日"。

在"日期"和"年月日"之前各插入一个制表符。启用"显示段落标记"功能时,可以看到一个箭头符号(→),表示制表符的位置,如图 3-42 所示。

> 提示:"\t"表示制表符,直接按 Tab 键即可。

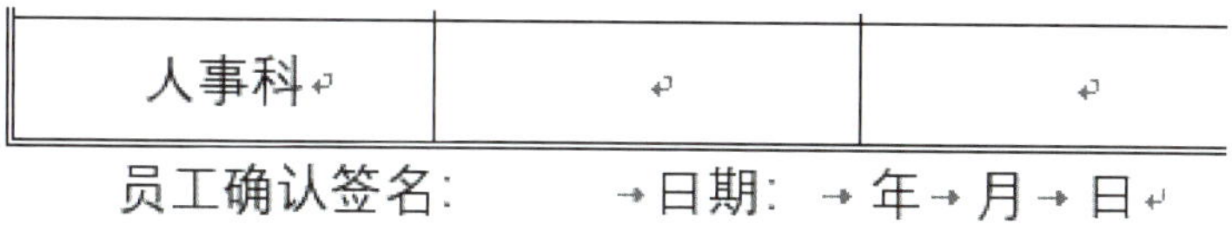

图 3-42 添加制表符键

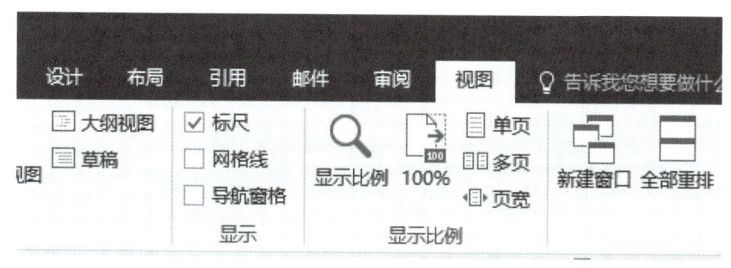

图 3-43 显示标尺

(2) 设置和调整制表符

将光标定位到"日期"之前。

单击"视图"选项卡,在"显示"组下勾选"标尺",如图 3-43 所示,此时页面上会出现水平和垂直标尺。

在"员工确认签名/盖章"后面的水平标尺上单击一次,插入一个左对齐制表符,使"日期"后面的文字与该制表符左对齐。

(3) 调整制表符位置

通过拖动标尺上的左对齐制表符,可以调整其后面的文字位置,以达到更好的对齐效果。使用两个制表符可以使文本对齐,如图 3-44 所示。

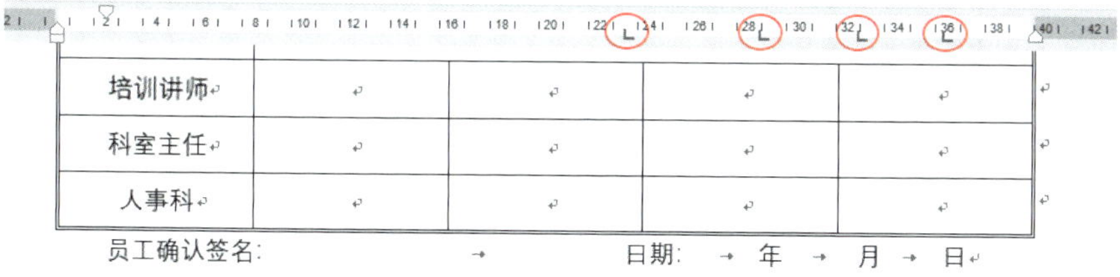

图 3-44 设置左对齐制表符效果图

(4) 设置段前间距

为了让表格下的文字和表格之间有一定的距离,设置段前间距为 1 行。

通过以上步骤,可以在表格下方使用制表符对齐文本,并调整文本间距以获得更好的排版效果。最终完成效果,如图 3-45 所示。

新员工培训表

员工姓名		入职部门		担任职务		入职日期	
员工培训安排							
培训课题内容		培训日期	培训方式			培训讲师	考核成绩
医院介绍、部门介绍			☐自学☑讲授☐演练☐实操				
医院工作流程/规章制度			☐自学☑讲授☐演练☐实操				
急救培训			☐自学☑讲授☐演练☐实操				
医院信息化系统培训			☐自学☑讲授☐演练☐实操				
岗位工作职责/工作流程			☐自学☑讲授☐演练☐实操				
患者隐私权和HIPAA规定			☐自学☑讲授☐演练☐实操				
人道关怀和沟通技巧			☐自学☑讲授☐演练☐实操				
质量改进和病人安全			☐自学☑讲授☐演练☐实操				
职工参训考核评估							
考核结果		☐通过,考核成绩: _____					
		☐不通过,原因: _____					
培训讲师							
科室主任							
人事科							

员工确认签名: 日期: 年   月   日

图3-45 完成效果图

拓展练习

操作题

完成员工辞职申请表制作,效果如图3-46所示。

(1) 页面设置

A4纸张,上下页边距为2.54 cm,左右页边距为1.9 cm。

(2) 字体格式要求

表格标题"员工辞职申请表"设置为"二号,宋体",表格中的文字设置为"小四,宋体"。

表格第1行中的"姓名"以及第2行中的"日期"字符宽度设置为4个

字符。表格第 6 行中的"批示"字符宽度设置为 3 个字符。

（3）表格外框线设置为：0.5 磅，黑色，在"边框和底纹"对话框"样式"组中选择从上往下的第 7 种样式"双窄线"。

（4）设置表格第 1 和第 2 行单元格底纹为灰色。

（5）表格第 1 行到第 7 行的行高分别设置为：1.28 cm、1.28 cm、5 cm、3.65 cm、3.65 cm、5.19 cm、1.78 cm。

（6）在表格第 2 行到第 5 行中的第 2 列，插入 2 行 2 列表格并隐藏表格线。

（7）设置表格中单元格对齐方式为"水平居中"。

员工辞职申请表

姓　　名		工作部门		职务	
申请辞职日　期			辞职日期		
辞职申请 （辞职者本人填写）	请填写辞职因： 签字：　　　年　月　日					
所属部门	签字：　　　年　月　日				
行政人事部	签字：　　　年　月　日				
总经理 批　示	签字：　　　年　月　日				
备注					

图 3-46　效果图

项目 3.3　批量制作培训通知单

情境简介

李小红是医院院办主任助理,医院将承办一次针对全市医护人员的信息技术能力提升培训,需要为培训班的每一位学员编写一份培训通知单并打印出来。接下来,利用 Word 2016 提供的"邮件合并"功能来批量制作培训通知单。

学习目的

(1) 掌握在 Word 2016 中插入文本框、图片、形状及艺术字等对象的方法;

(2) 熟悉对文本框、图片、形状及艺术字等对象格式设置的技巧;

(3) 学会使用邮件合并功能批量制作文件。

利用"邮件合并"功能批量制作"培训通知单",操作过程包含创建主文档、建立数据源文件和邮件合并三个步骤。

一、创建主文档

主文档是"培训通知单"文档的"模板",内容为培训通知文档中固定不变的那部分文本,对于变化的文本内容(称为合并域)可以先忽略,在邮件合并时会自动生成。创建主文档操作如下。

(一) 新建文档

在 Word 2016 中,新建一个空白文档。

(二) 输入文档内容

在空白文档中输入以下文字内容:

培训通知单

同志:

市三医院将于 2023 年 6 月 10 日至 6 月 16 日,在医院培训中心举办全市医护人员信息技术能力提升培训班,请于 2023 年 6 月 9 日下午到市三医院培训中心【】报到,并领取相关培训资料。

此致

××市三医院

2023 年 5 月 18 日

(三) 设置文档格式

1. 将标题"培训通知单"的字体格式设置为黑体、二号,字符间距设置为"加宽 5 磅";段落格式设置为居中、段前间距 1 行、段后间距 2 行。

2. 将正文内容"同志:……此致"的字体格式设置为宋体、四号;段落格式设置为两端对齐、首行缩进 2 字符、行距 28 磅。

3. 将落款文字的字体格式设置为宋体、四号;段落格式设置为右对齐、段前间距 1 行、段后间距 1 行、行距 28 磅。

4. 在文档最后,按下 Enter 键,单击"开始"选项卡功能区"字体"组中的"清除格式"按钮" "。

(四) 在落款处加盖公章

1. 将光标定位于"××市三医院"落款处。

2. 在"插入"选项卡"插图"功能组中,单击"图片"按钮,如图3-47所示,打开"插入图片"对话框。

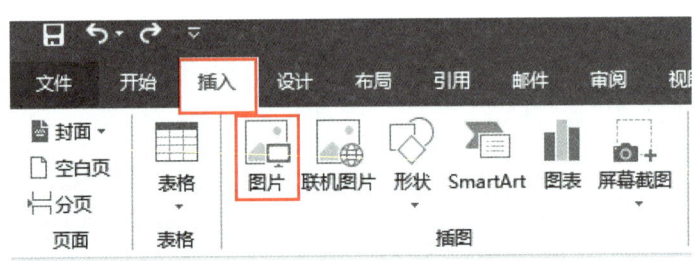

图3-47 "图片"按钮

3. 在"插入图片"对话框中打开"培训中心公章.png"文件存放的位置,选择"培训中心公章.png"图片文件,单击"插入"按钮,如图3-48所示,即可将图片插入到当前光标所在位置,同时选项卡中将自动出现"图片工具-格式"选项卡,如图3-49所示,在"图片工具-格式"选项卡中可以对图片进行"图片样式""位置""大小"等格式的设置。

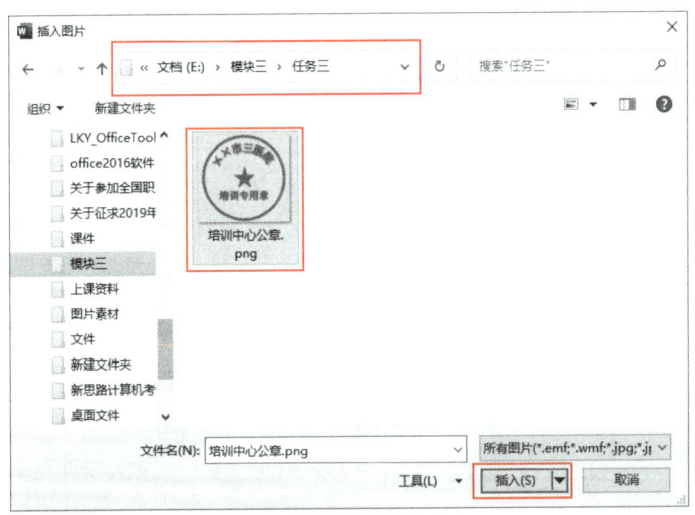

图3-48 插入图片对话框

图3-49 图片工具-格式选项卡

项目3.3 批量制作培训通知单

4. 在"图片工具-格式"选项卡"排列"功能组中,单击"环绕文字"下拉按钮,在弹出的下拉列表中选择"浮于文字上方",如图 3-50 所示,并将图片移至落款内容所在位置,效果如图 3-51 所示。

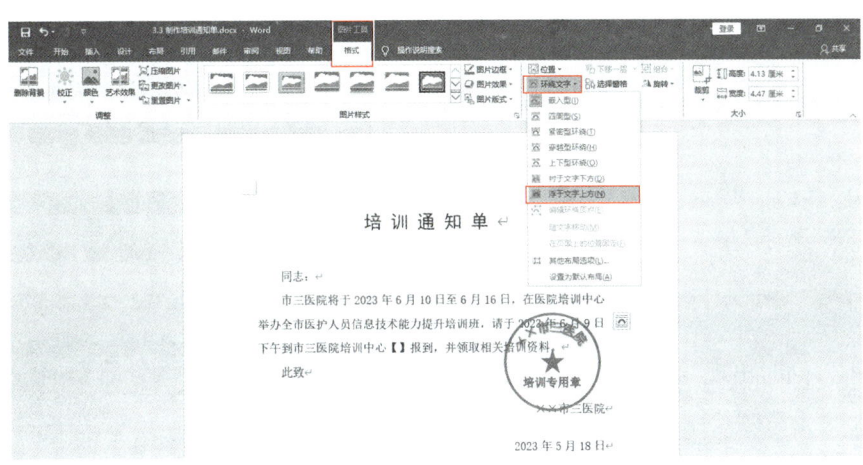

图 3-50 设置图片浮于文字上方

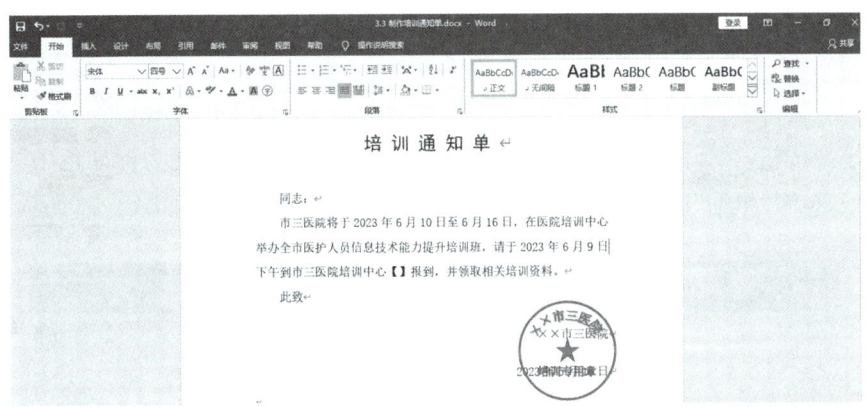

图 3-51 加盖公章效果图

5. 加盖公章后,公章将落款文字遮挡了,在"图片工具-格式"选项卡的"排列"功能组中,单击"下移一层"下拉按钮,在弹出的下拉列表中选择"衬于文字下方",如图 3-52 所示,这样就可避免公章将落款文字遮住,从而完成公章格式设置。

(五)插入文本框

1. 将光标定位在正文处。

2. 在"插入"选项卡的"文本"功能组中,单击"文本框"下拉按钮,在弹出的下拉列表中选择"简单文本框",光标处将会自动插入一个"简单文本

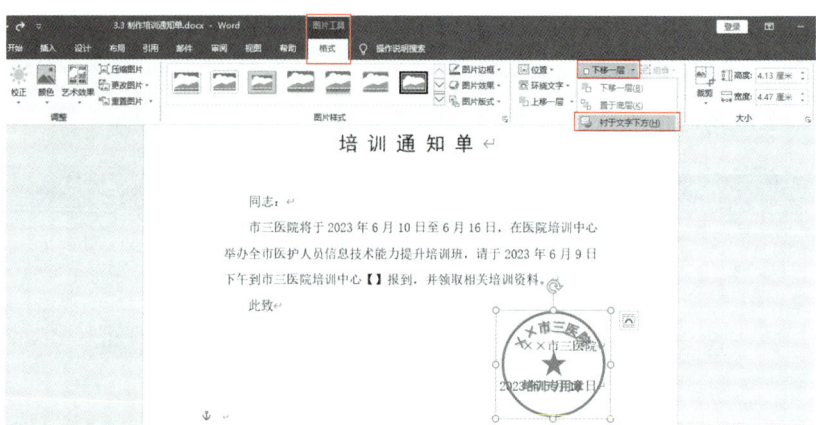

图 3-52 设置图片衬于文字下方

框",同时出现"绘图工具-格式"选项卡。

3. 在"绘图工具-格式"选项卡的"排列"功能组中,单击"环绕文字"下拉按钮,在弹出的下拉列表中选择"四周型",并将文本框移至文档正文内容的右边。

4. 在"绘图工具-格式"选项卡的"大小"功能组中,将文本框的"高度"设置为"4 厘米",宽度设置为"3.2 厘米"。

5. 在"绘图工具-格式"选项卡的"形状样式"功能组中,单击"形状轮廓"下拉按钮,在弹出的下拉列表中将文本框的"轮廓颜色"设置为标准色中的"绿色","粗细"设置为"3 磅","虚线"设置为"划线-点",效果如图 3-53 所示。

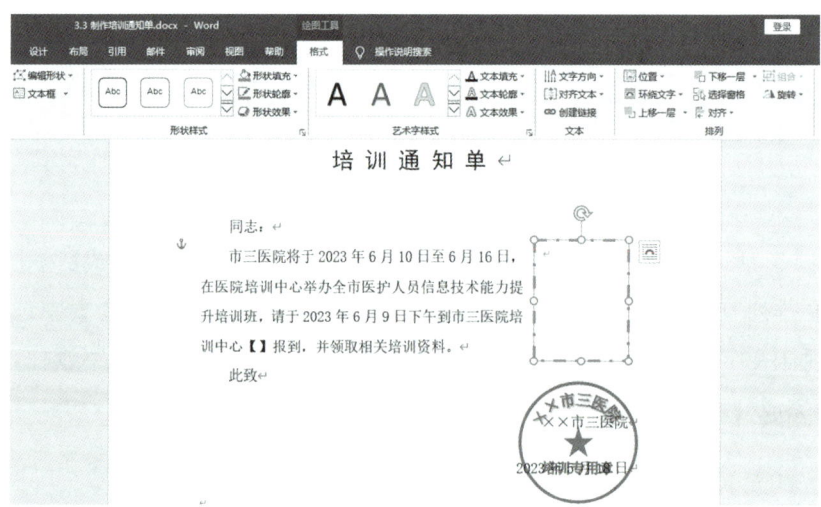

图 3-53 文本框效果图

项目 3.3 批量制作培训通知单

（六）绘制线路图

在培训通知单中绘制一个线路图，告知参加培训的学员市三医院所在的位置。首先将光标定位到"培训通知单"最后的回车符位置，按下 Enter 键。

1. 在"插入"选项卡的"插图"功能组中，单击"形状"下拉按钮，在弹出的"形状"下拉列表中选择"新建画布"，如图 3-54 所示，在光标处就会自动新建一个绘图画布，同时出现"绘图工具-格式"选项卡。

操作视频

绘制线路图

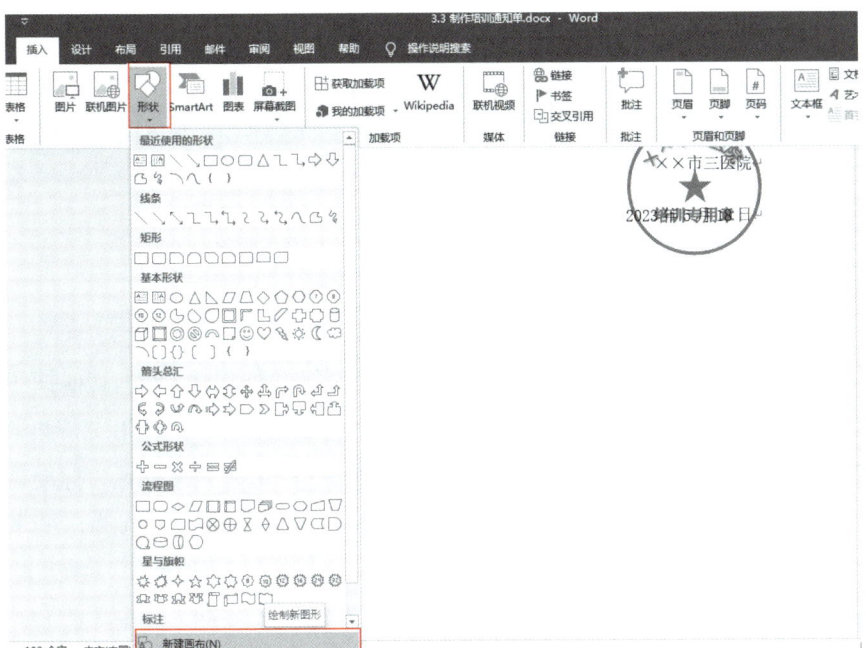

图 3-54　新建绘图画布

 知识拓展

绘图画布可用来绘制和管理多个图形对象。使用绘图画布，可以将多个图形对象作为一个整体，方便在文档中移动、调整大小或设置文字环绕方式；也可以对其中的单个图形对象进行格式化操作，且不会影响绘图画布。绘图画布内可以放置自选形状、文本框、图片、艺术字等多种不同的对象。

拓展阅读

绘图画布的作用

2. 在"绘图工具-格式"选项卡的"形状样式"功能组中，单击"形状轮廓"下拉按钮，在弹出的下拉菜单中将形状轮廓颜色设置为标准色中的"绿色"，粗细设置为"1.5 磅"。

3. 在"绘图工具-格式"选项卡的"插入形状"功能组中，单击其他按钮

"⊡",在弹出的"形状"下拉列表中选择"直线",按住 Shift 键并拖曳鼠标,可在画布中画出一条横向直线,将直线线型设置为"细线-深色 1",粗细设置为"2.25 磅"。

4. 选择刚绘制的横向直线,按住 Ctrl 键拖曳鼠标复制 2 条直线,然后再画 3 条类似的竖向直线,并调整直线的长度、移动直线的位置,达到如图 3-55 所示的效果。

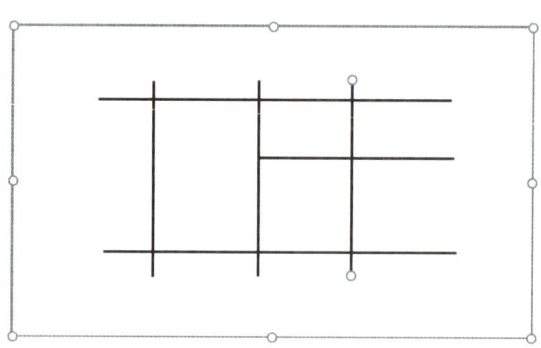

图 3-55　画布中直线效果图

5. 在"绘图工具-格式"选项卡的"插入形状"功能组中,单击其他按钮"⊡",在弹出的"形状"下拉列表中选择任意多边形,拖曳鼠标,在第 1 条和第 2 条竖线间画一个"闭合"的任意多边形,将多边形的填充颜色设置为标准色中的"绿色",轮廓设置为"无轮廓";选中多边形,单击鼠标右键,在弹出的下拉列表中选择"添加文字"(如图 3-56 所示),输入文字"湖南第一师范学院",将文字格式设置为"五号",颜色设置为主题颜色中的"白色,背景 1"。

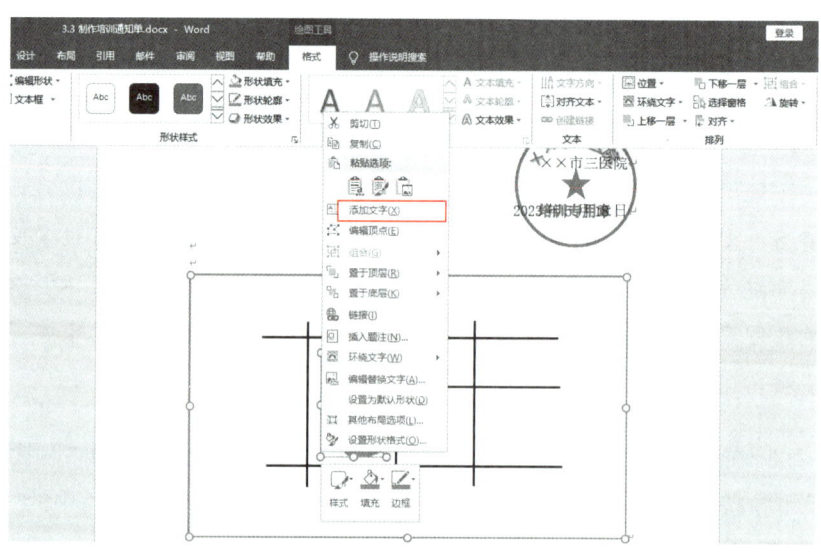

图 3-56　在形状中添加文字

6. 在"绘图工具-格式"选项卡的"插入形状"功能组中,单击其他按钮"▼",在弹出的"形状"下拉列表中选择"矩形",在第 2 条和第 3 条横线间拖曳鼠标,新建一个矩形,将矩形的填充颜色设置为标准色中的"绿色",轮廓设置为"无轮廓";选中"矩形",单击鼠标右键,在弹出的下拉列表中选择"添加文字",输入文字"东瓜山美食街",将文字格式设置为"五号",颜色设置为主题颜色中的"白色,背景 1"。

7. 在"绘图工具-格式"选项卡的"插入形状"功能组中,单击其他按钮"▼",在弹出的"形状"下拉列表中选择"椭圆",按住 Shift 键,在第 1 条和第 2 条横线间拖曳鼠标,画一个直径约为 0.4 cm 的正圆,将圆的填充颜色设置为标准色中的"深红",轮廓设置为"无轮廓"。在边上添加一个"无轮廓、无填充颜色"的简单文本框,输入文字"市三医院",效果如图 3-57 所示。

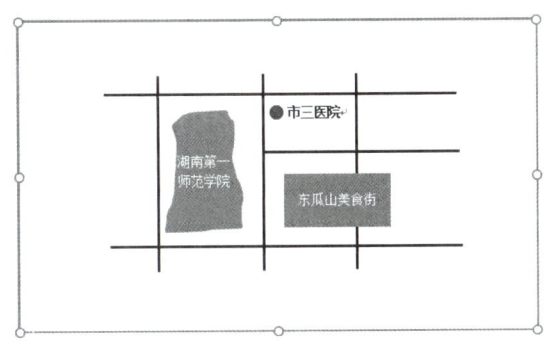

图 3-57　插入圆、文本框及文字

8. 在"绘图工具-格式"选项卡的"插入形状"功能组中,单击"文本框"下拉按钮,在弹出的下拉列表中选择"横排文本框",光标处会自动插入一个文本框,将文本框格式设置为无轮廓、无填充颜色,并输入文字"劳动西路";复制一个上述文本框,将内容修改为"白沙路",调整文本框的宽度与高度,让文本框中的文字变为竖排;将两个文本框分别移动至合适位置,效果如图 3-58 所示。

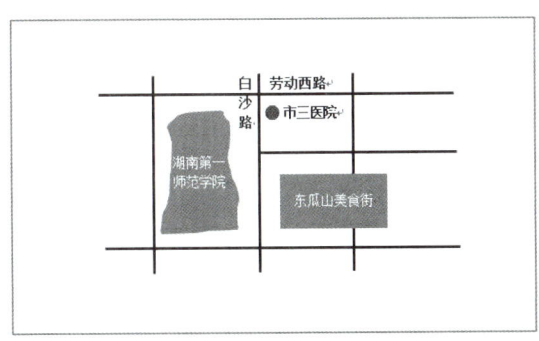

图 3-58　设置文本框的位置

设置好的培训通知单主文档效果如图 3-59 所示。

培 训 通 知 单

同志：

　　市三医院将于 2023 年 6 月 10 日至 6 月 16 日，在医院培训中心举办全市医护人员信息技术能力提升培训班，请于 2023 年 6 月 9 日下午到市三医院培训中心【　】报到，并领取相关培训资料。

　　此致

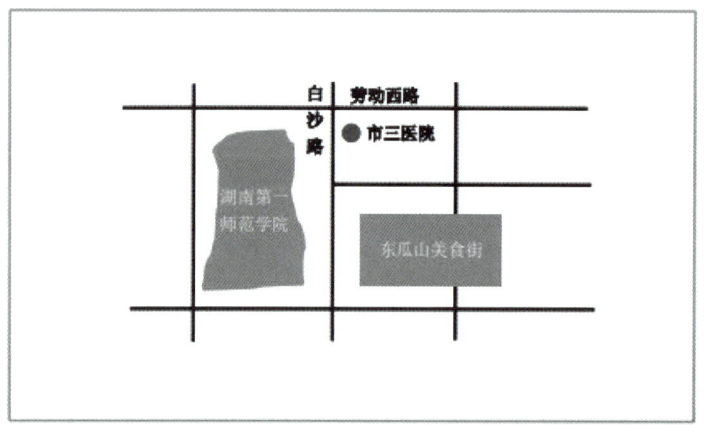

图 3-59　培训通知单主文档效果图

 知识拓展

　　选中"基本形状"中的"椭圆"后，按住 Shift 键，即可绘制出正圆，除此之外，按住 Shift 键还可以快速绘制出正方形、正五角星等图形。总之，按住 Shift 键之后绘出的图形都是标准图形。

二、建立数据源文件

　　数据源即一个数据列表，其中包含了用户希望合并到主文档中的内容，也就是文档中发生变化的内容（即合并域）。

建立数据源文件"培训班学员花名册表.docx"，操作如下：

1. 打开已经收集好的关于学员信息的文件"培训班学员花名册表.docx"，如图 3-60 所示。

操作视频

建立数据源文件

图 3-60　培训班学员花名册表

2. 将该文档的文本内容转换成表格。选中文档内容的 1—11 行，在"插入"选项卡的"表格"功能组中，单击"表格"下拉按钮，在弹出的下拉列表中选择"文本转换成表格"，如图 3-61 所示，打开"将文本转换成表格"对话框，单击"确定"按钮，将自动生成一个 4 列 11 行的表格。

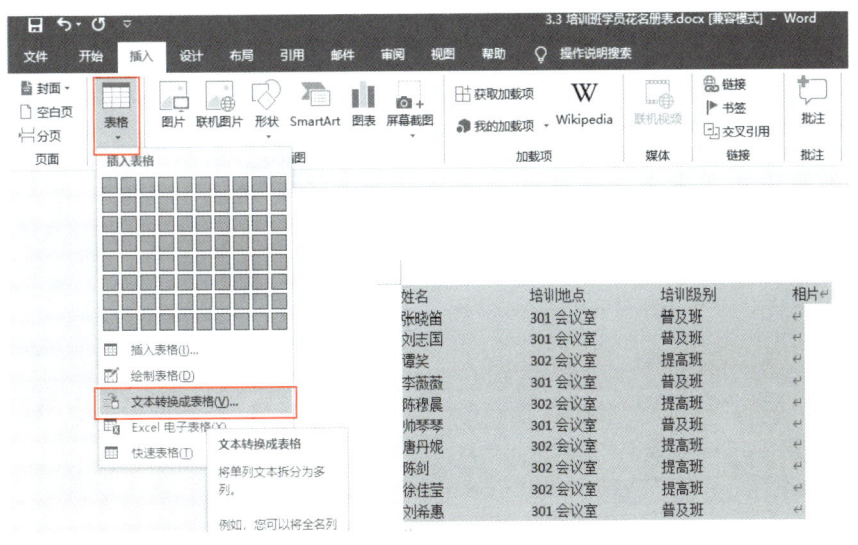

图 3-61　将文本转换成表格

3. 将光标定位到第一位学员的相片单元格内，即 D2 单元格。在"插入"选项卡的"插图"功能组中，单击"图片"按钮，打开"插入图片"对话框，在"插入图片"对话框中打开"培训学员照片"存放的位置，选中"1-张晓笛.jpg",如图 3-62 所示,单击"插入"按钮,即可将图片插入到当前光标处,同时选项卡中也会出现"图片工具-格式"选项卡,如图 3-63 所示。

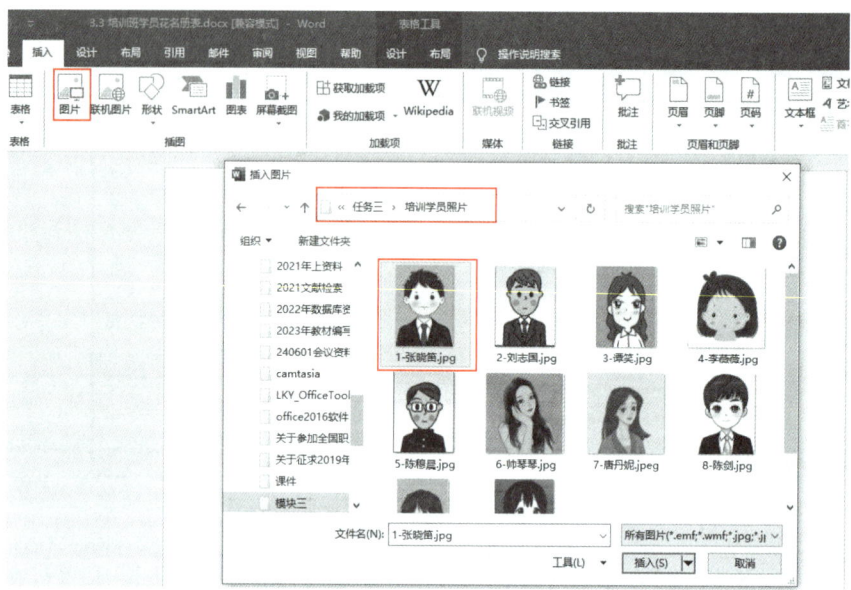

图 3-62 "插入图片"对话框

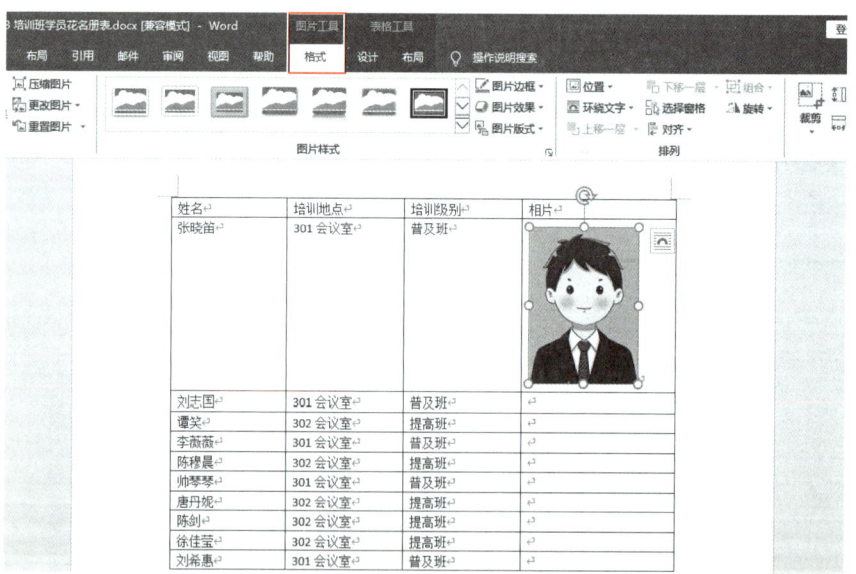

图 3-63 表格中插入图片后的效果图

4. 用同样的方法分别将其他 9 位学员的照片插入到相应的单元格中,插入图片后,文档变成了 2 页。除第 1 页显示了姓名、培训地点、培训级别及相片,其他页上都没有显示相应的标题行。

若要在每一页都显示标题行,可选中要作为表格标题的一行或多行,

项目 3.3 批量制作培训通知单

在"表格工具-布局"选项卡的"数据"功能组中,单击"重复标题行"按钮,即可在每一页都显示标题行,如图 3-64 所示。至此,"培训班学员花名册表.docx"文件就准备好了。

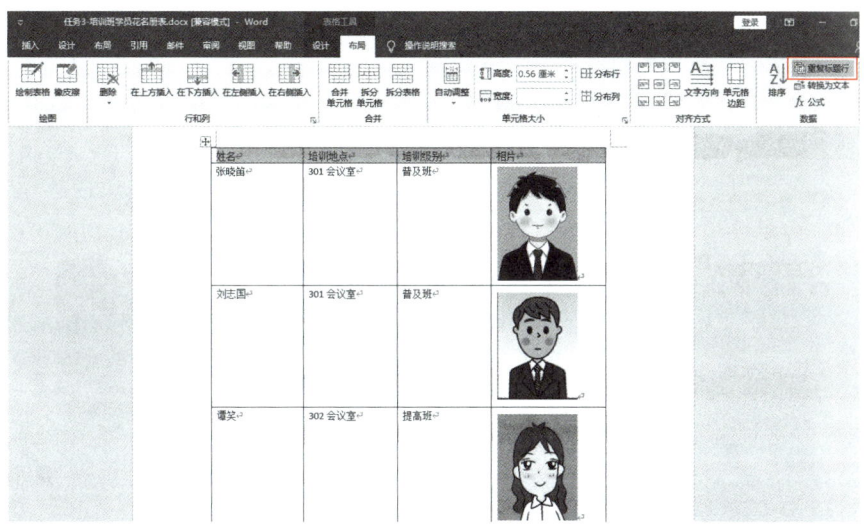

图 3-64 重复标题行

知识拓展

如果要在文件中插入很多图片,如 100 张,1 000 张,甚至更多,那么一张一张去操作便会比较费时。此时可以借助人工智能来编写 VBA 代码,从而将图片批量插入指定的 Word 文档中。

(1)在百度中搜索"智谱清言",进入智谱清言网站的首页,如图 3-65 所示。

图 3-65 智谱清言网站首页

（2）在网页下端的文本框中输入具体的要求，如"用 VBA 语言编写往指定 Word 文档中的表格中每一行的指定列插入图片的代码"，单击"确认"按钮，如图 3-66 所示，网站会根据我们的要求，自动生成相关内容，如图 3-67 示。

图 3-66　向人工智能助手表达需求

图 3-67　智谱清言网站生成的代码

（3）打开插入图片前的"培训班学员花名册表.docx"，接着按下 Alt＋F11 组合键，即可直接打开 VBA 编辑器，如图 3-68 所示。双击编辑器左侧导航栏中的"ThisDocument"，打开编辑器的编辑区，将智谱清言网站生成的代码复制后粘贴到编辑区中，效果如图 3-69 所示。

图 3-68 打开 VBA 编辑器

图 3-69 将代码粘贴到 VBA 编辑器的编辑区

（4）单击编辑器中的运行按钮"▶"或者按 F5 键，运行刚刚编写的代码，如果在运行的过程中代码出现异常，同样可以将问题发给人工智能助手去解决。

（5）代码执行成功后，在弹出的对话框中分别将插入图片的列索引指定为"4"（如图 3-70a 所示）和起始行索引指定为"2"（如图 3-70b 所示）。

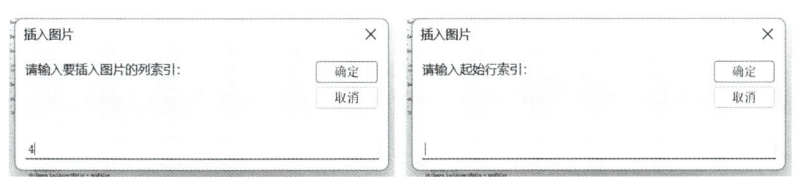

(a) 指定插入图片的列索引　　　　(b) 指定插入图片的行索引

图 3-70 "插入图片"对话框

（6）接着在打开的"浏览"对话框中，找到"培训学员照片"存放的路径，打开相应的文件夹，借助 Shift 键选中所有学员照片，单击"打开"按钮，即可将图片批量插入 Word 文档中，效果如图 3-71 所示。

图 3-71 图片批量插入效果图

三、邮件合并

操作视频

邮件合并

1. 打开主文档"培训通知单.docx",在"邮件"选项卡的"开始邮件合并"功能组中,单击"开始邮件合并"下拉按钮,在弹出的下拉列表中单击"邮件合并分步向导",如图 3-72 所示,打开"邮件合并"任务窗格。

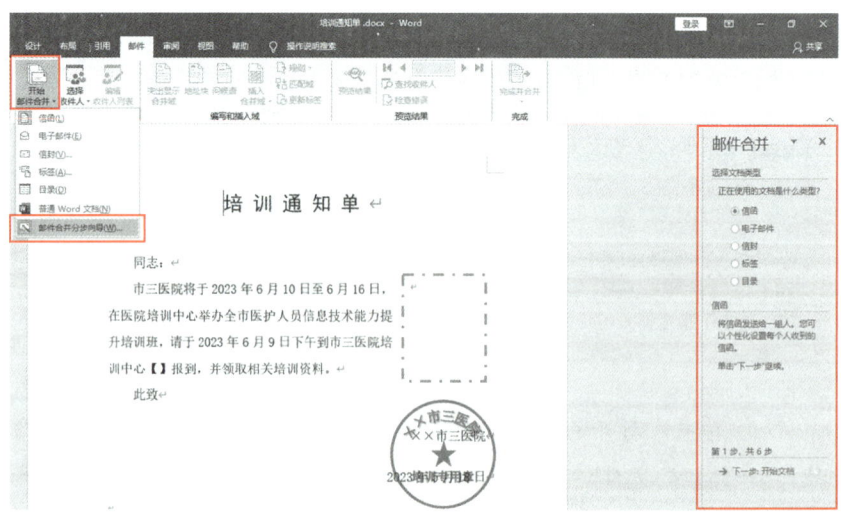

图 3-72 打开"邮件合并"任务窗格

2. 在"邮件合并"任务窗格中将文档类型设置为"信函",单击"下一步:开始文档",如图 3-73 所示。

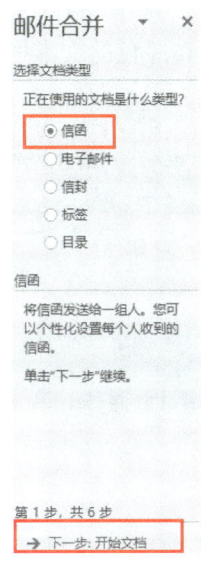

图 3-73 "邮件合并"任务窗格

3. 在当前"邮件合并"任务窗格中将开始文档设置为"使用当前文档",单击"下一步:选择收件人"。

4. 在当前"邮件合并"任务窗格中将收件人设置为"使用现有列表",单击"下一步:撰写信函",打开"选取数据源"对话框,在对话框中选择已准备好的"培训班学员花名册表.docx"文件并打开,如图 3-74 所示,接着单击"下一步:预览信函"。

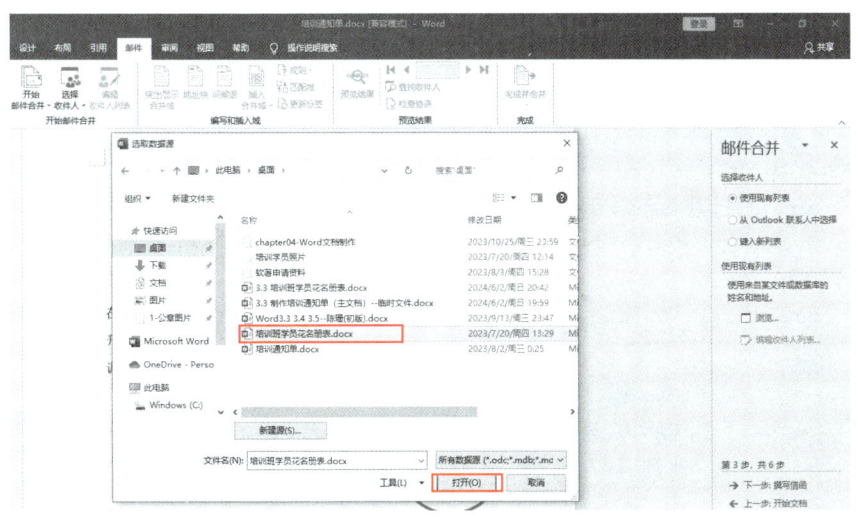

图 3-74 选取数据源

5. 将光标定位在"同志"前,在"邮件"选项卡的"编写和插入域"功能组中,单击"插入合并域"下拉按钮,在弹出的下拉列表中选择"姓名",即在培训通知单中"同志"前插入了"《姓名》域";用同样的方式在培训通知单的"【】"中插入"《培训级别》域";在绿色的文本框中插入"《相片》域",效果如图 3-75 所示。

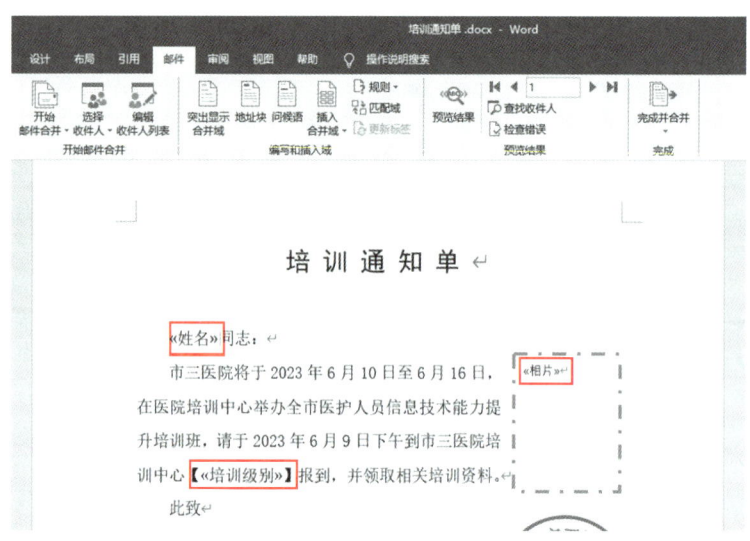

图 3-75　插入合并域的效果

6. 在"邮件"选项卡的"预览结果"功能组中,单击"预览结果"按钮,可以看到邮件合并后生成的第一个学员的培训通知单的效果,如图 3-76 所示,重复单击按钮" ▶ ",可以看到每个学员的培训通知单。

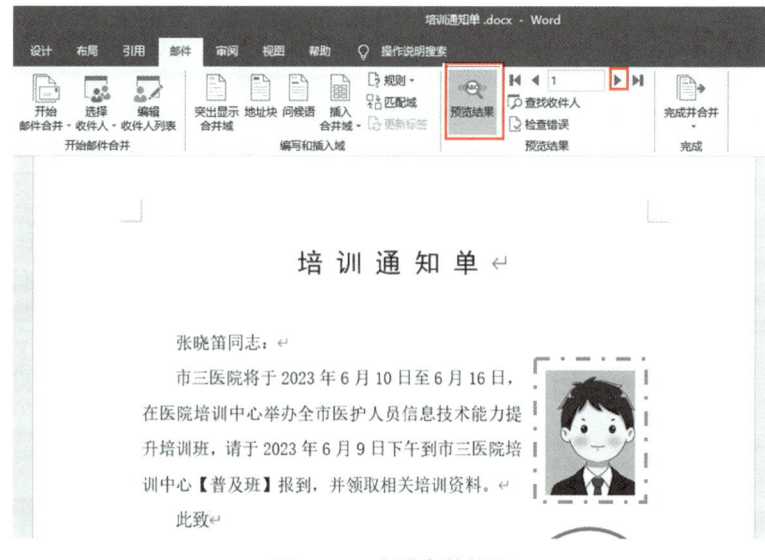

图 3-76　查看合并数据

7. 在"邮件"选项卡的"完成"功能组中,单击"完成并合并"下拉按钮,在弹出的下拉列表中选择"编辑单个文档"命令,打开"合并到新文档"对话框,合并记录选择"全部",单击"确定"按钮,则会生成一份包含所有学员培训通知单的新文档,将这个新文档以"任务3 邮件合并.docx"为文件名保存到桌面上。

知识拓展

如果要将合并后的培训通知单直接打印出来,可选择"完成并合并"下拉列表中的"打印文档"命令;

如果希望将邮件合并后的内容通过电子邮件直接发送给相关人员,可选择"完成并合并"下拉列表中的"发送电子邮件"命令;但是在进行该操作之前需要先在数据源文件中增加一列"邮箱地址",并设置好电子邮箱客户端。

拓展练习

操作题

根据已经准备好了的"成绩单"主文档和数据源文件,请通过邮件合并,批量制作"成绩单",并思考如何节约纸张。

(1)打开"成绩单"主文档,如图 3-77 所示。

2023 年上期末考试成绩单

学号	姓名	毛概	信息技术	英语	体育	药理学

图 3-77 "成绩单"主文档

(2)通过邮件合并,将"成绩单"数据源文件(如图 3-78 所示)合并到主文档中。

学号	姓名	毛概	信息技术	英语	体育	药理学
20221001	陈程	85	88	76	82	80
20221002	邓芝之	78	80	85	76	78
20221003	郭巧云	67	90	91	91	78
20221004	胡楠	89	96	45	63	69
20221005	李霄	92	56	90	58	90
20221006	李晓红	90	87	43	77	93
20221007	帅骁骁	56	67	89	85	74
20221008	肖潇	73	75	78	95	77
20221009	周小丫	60	100	69	88	66
20221010	周舟	93	92	90	79	80

图 3-78 "成绩单"数据源文件

(3)将合并后的新文档,以"任务3 拓展任务邮件合并.docx"为文件名保存到桌面上。

拓展阅读

如何将10页的成绩单合并成2页?

(4)将分成10页的成绩单合并成2页,操作如下:在"布局"选项卡的"页面设置"功能组中,单击"页面设置"对话框启动器" ",打开"页面设置"对话框;单击对话框中的"版式"选项卡,将"节"区域中的"节的起始位置"设置为"持续本页";将"预览"区域中的"应用于"设置为"插入点之后",单击"确定"按钮完成设置。

项目 3.4　制作培训简报

情境简介

为促进全市医院信息化建设,进一步推进智慧医疗在全市医院中的广泛应用,提高全市医护人员的信息技术应用能力,市卫生健康委员会委托市三医院培训中心于 2023 年 6 月举办一次信息技术应用能力提升培训活动,王小华作为市三医院院办主任助理,需要制作一份培训简报。接下来应用 Word 2016 中的文本框、图片、图形、艺术字等对象,制作一份图文并茂的"培训简报"。

学习目的

(1) 学会使用 Word 2016 制作图文并茂的文档;
(2) 了解培训简报文档的基本结构和内容要点;
(3) 熟悉首字下沉、页面格式等的设置方式;
(4) 掌握图片、艺术字、水印等对象的插入及格式设置的技巧。

一、新建文档并保存

1. 新建 Word 空白文档。

2. 单击快速访问工具栏中的"保存"按钮或按 F12 键,在打开的"另存文件"对话框中,将该文档的文件名命名为"任务 4 - 制作培训简报.docx",并保存到"E:\模块三\任务四"文件夹中。

二、输入文本

将以下内容录入到"培训简报"文档中。

培训简报

××市三医院培训中心 2023 年 06 月 06 日星期二 第 0001 期

为更好地落实全民健康信息服务和智慧医疗服务,推动健康大数据的应用,助力医院智慧护理的建设和发展,提高护理服务效率,保障护理工作安全。由我市卫生健康委员会组织的"医护人员信息技术能力提升培训班"于 2023 年 6 月在××市三医院培训中心举办。

培训班分为普及班和提升班,主讲教师由辛霞、李萍、丁小荣三位老师担任,讲课内容涵盖了 VTE 综合防控医护交互信息系统建立与实践、"精准质控,聚焦患者安全"的智慧闭环管理、"互联网+护理"的智能化技术实现院内院外闭环管理、以"心血管外科重症护理平台建设"为题的信息化建设优化重症管理流程等,同时辅以生动直观的课件给学员们做演示,每节课还让学员们在实训室仿真模拟操作。参加培训的学员们根据自己的实际情况制定了个人的培训目标,各位学员学习态度认真,培训效果显著。

参加培训的学员普遍反映学到了很多有用的知识和技能,解决了很多技术难题,并表示能将此次培训中所学的技能应用到平时的工作中去,此次培训收获很多。

培训结束后,市卫生健康委员会李卫东副主任对本次培训班进行了总结。他指出:

本次学习班的举办让医护人员更加了解护理信息化的相关知识。

学习班强调了信息化在临床护理应用的重要性,让信息助理护理更专业、质量监控数据更精准、更客观。

项目 3.4 制作培训简报

> 希望大家多多学习国内外的优秀经验,积极行动起来、结合医院工作实际,为医院护理信息化的建设贡献力量,助力我市护理事业健康安全高质量发展。

三、设置正文格式

1. 选中除标题"培训简报"四个字之外的文本。
2. 将字符格式设置为:宋体、小四。
3. 段落格式设置为:两端对齐,首行缩进 2 字符,28 磅行距。

四、插入艺术字

1. 选中"培训简报"四个字,在"插入"选项卡的"文本"功能组中,单击"艺术字"下拉按钮,在弹出的下拉列表中选择"填充-橙色,着色 2,轮廓-着色 2"的艺术字样式。

2. 在"绘图工具-格式"选项卡的"排列"功能组中,单击"环绕文字"下拉按钮,在弹出的下拉列表中选择"上下型环绕",如图 3-79 所示,单击"对齐"下拉按钮,在弹出的下拉列表中选择"水平居中",如图 3-80 所示。

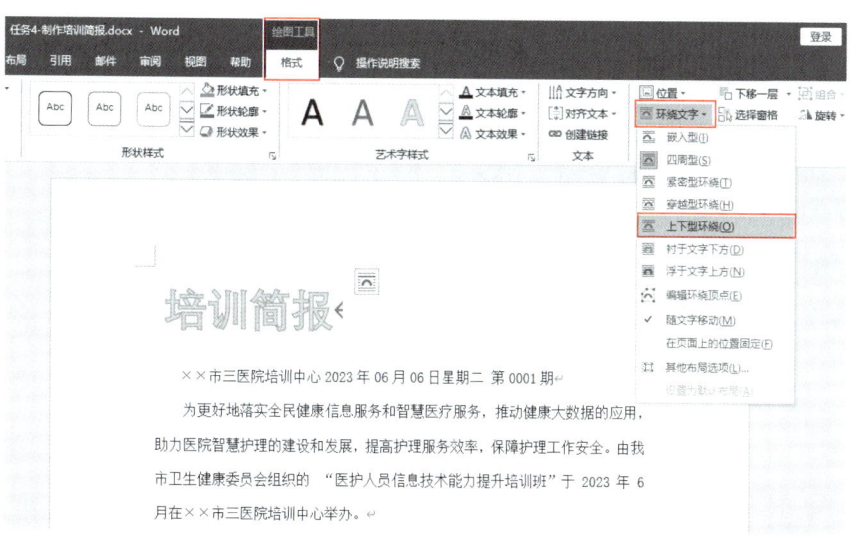

图 3-79　设置艺术字的环绕方式

3. 在"绘图工具-格式"选项卡的"艺术字样式"功能组中,单击"文本效果"下拉按钮,在弹出的下拉列表中将艺术字的阴影设置为"透视-左上对角透视",如图 3-81 所示。

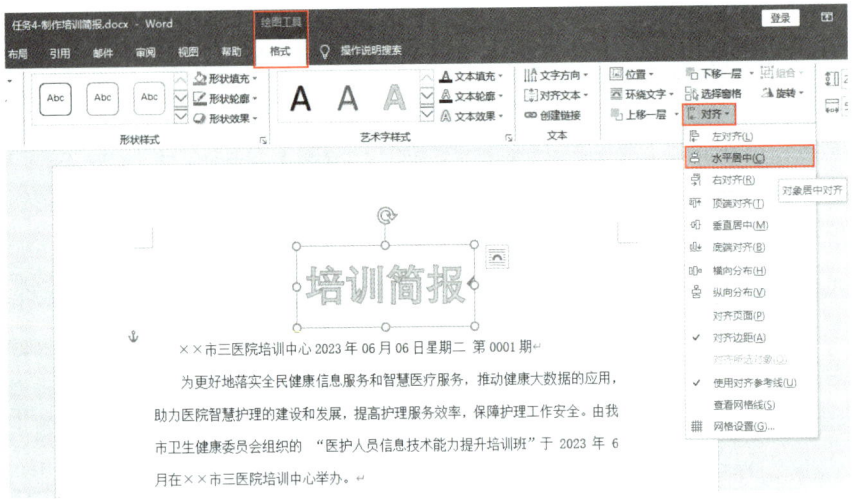

图 3-80 设置艺术字的对齐方式

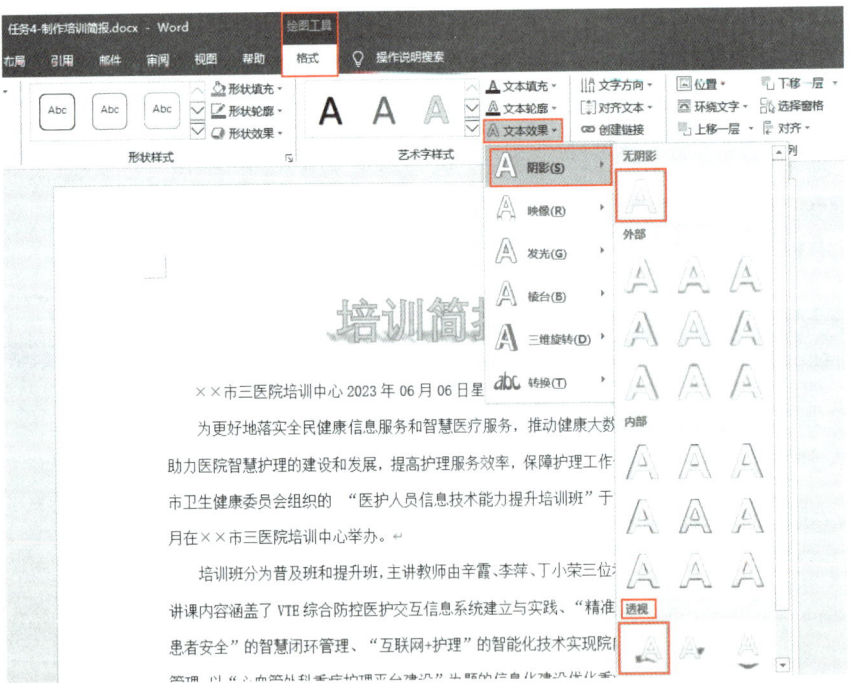

图 3-81 设置艺术字的阴影效果

💡 提示:

艺术字的文本效果除了阴影效果,还包含映像、发光、棱台、三维旋转、转换等效果,可根据实际需要在"文本效果"下拉列表中进行设置,其中的转换效果,可以多进行尝试。

项目 3.4　制作培训简报

五、插入文本框

1. 将光标定位在"××市三医院培训中心"前,按三次 Enter 键。

2. 将光标定位在第一个换行符前,在"插入"选项卡的"文本"功能组中,单击"文本框"下拉按钮,在弹出的下拉列表中选择"简单文本框",插入一个简单文本框,此时会自动出现"绘图工具-格式"选项卡。

3. 将文档中的"××市三医院培训中心 2023 年 06 月 06 日星期二 第 0001 期"段落内容移动至文本框中,在"绘图工具-格式"选项卡的"排列"功能组中,单击"环绕文字"下拉按钮,在弹出的下拉列表中选择"上下型环绕"。

4. 将文本框移动至"培训简报"的正下方,并删除多余的换行符。

5. 选中文本框内的文字"××市三医院培训中心",将字符格式设置为:黑体、四号;选中文字"2023 年 06 月 06 日星期二 第 0001 期",将字符格式设置为:仿宋、五号;两部分内容之间用 2 个空格隔开,调整文本框的宽度,直至文本框内的内容能显示在同一行;将文本框中的内容设置为居中对齐。

6. 在"绘图工具-格式"选项卡的"形状样式"功能组中,单击"形状填充"下拉按钮,在弹出的下拉列表中选择标准色中的"浅蓝色";单击"形状轮廓"下拉按钮,在弹出的下拉列表中选择"无轮廓"。

7. 在"绘图工具-格式"选项卡的"排列"功能组中,单击"对齐"下拉按钮,在弹出的下拉列表中选择"水平居中",效果如图 3-82 所示。

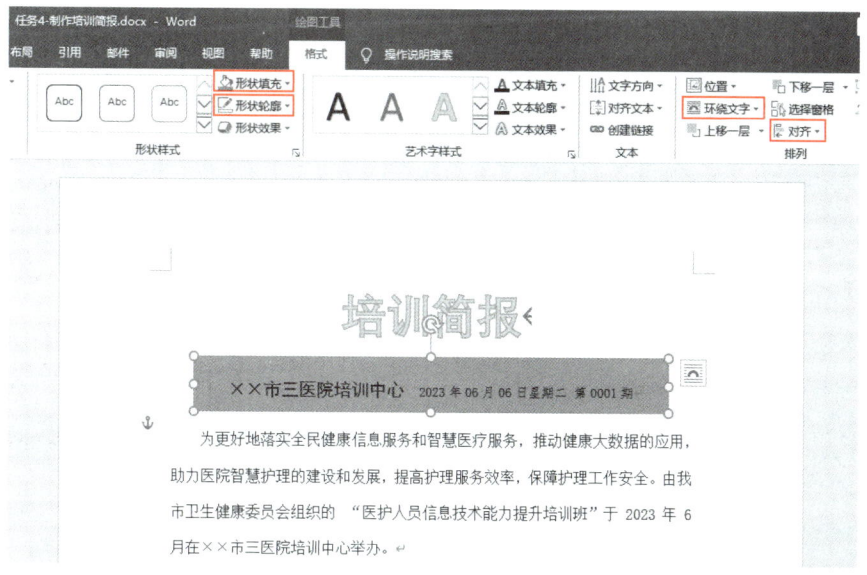

图 3-82　设置文本框的效果

六、设置首字下沉

操作视频

设置首字下沉

首字下沉一般是将文档中的第一个段落或某一个段落的第一个字放大并下沉到下面几行中,多用于小说或杂志的排版,它可以让文章看起来更加形象、生动。操作如下:

1. 将光标定位在第一段文字"为更好地……培训中心举办。"的任意位置。

2. 在"插入"选项卡的"文本"功能组中,单击"首字下沉"下拉按钮,在弹出的下拉列表中选择"首字下沉选项"(如图 3-83 所示),打开"首字下沉"对话框,如图 3-84 所示。

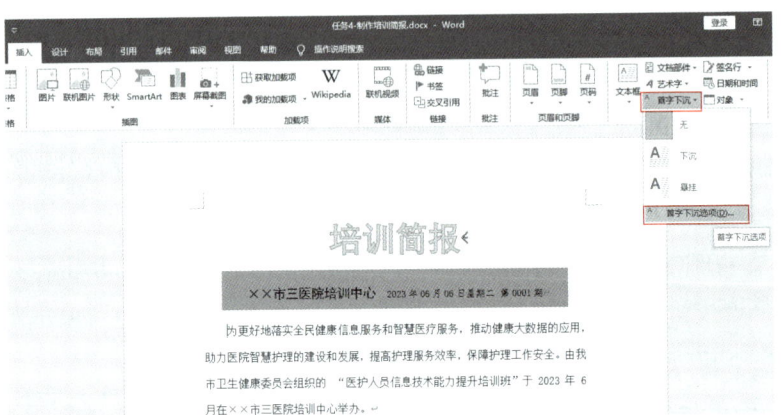

图 3-83　设置首字下沉

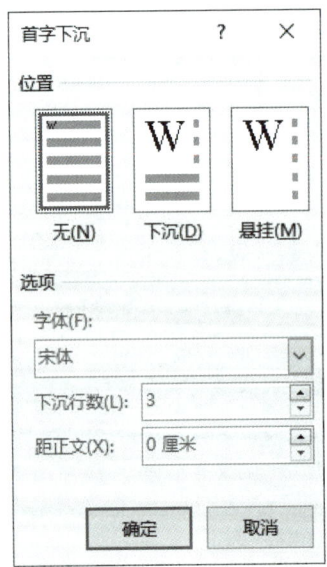

图 3-84　"首字下沉"对话框

3. 在对话框中选择"位置"区中的"下沉",设置下沉字体为"华文行楷"、下沉行数为"2"行、距正文"0.2厘米",单击"确定"按钮,完成首字下沉设置。将下沉的"为"字移动至第一段合适的位置,效果如图3-85所示。

图3-85　首字下沉效果图

七、插入图片

1. 将光标定位在第二段的任意位置。

2. 在"插入"选项卡的"插图"功能组中,单击"图片"按钮,打开"插入图片"对话框,在相应路径中找到并选择"医院信息化.jpg"图片,单击"插入"按钮,完成图片插入,此时选项卡中将自动出现"图片工具-格式"选项卡。

3. 在"图片工具-格式"选项卡的"大小"功能组中,单击"布局"对话框启动器,打开"布局"对话框,如图3-86所示。

4. 在"布局"对话框中单击"文字环绕"选项卡,选择环绕方式为"四周型";接着切换到"大小"选项卡,将图片高度绝对值设置为"5厘米",单击"确定"按钮插入图片,并将图片移动至第二段的右边位置。

5. 在"图片工具-格式"选项卡的"图片样式"组中,单击其他按钮"▽",在弹出的"图片样式"下拉列表中选择"映像圆角矩形",效果如图3-87所示。

图 3-86 "布局"对话框

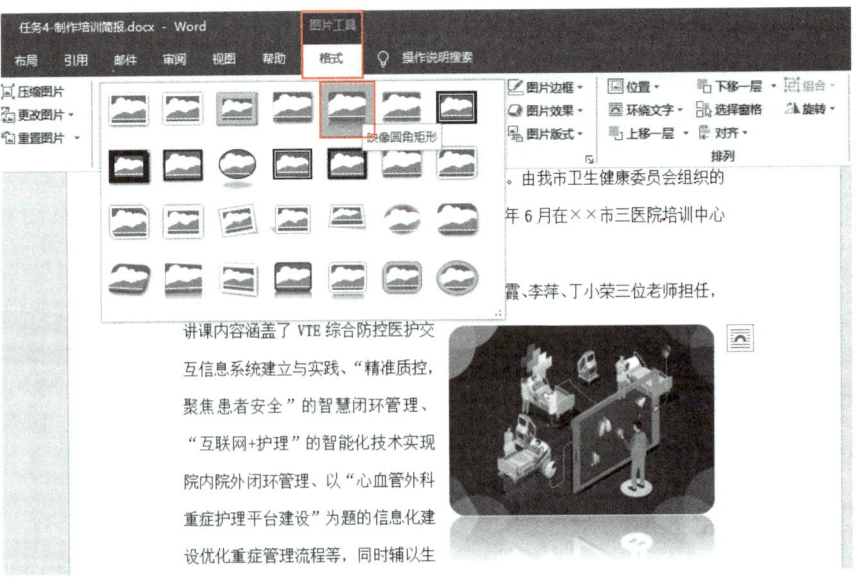

图 3-87 插入图片后的效果

项目 3.4 制作培训简报

 知识拓展

前面设置插入图片的高度的绝对值时,图片的宽度绝对值也自动发生了变化,这是因为 Word 2016 中默认对图片设置了"锁定纵横比",如果只需要改变图片的宽度绝对值,需先取消"锁定纵横比"再进行设置。除此之外,在"布局"对话框的"大小"选项卡中还可以根据实际需求设置图片的旋转角度。

八、设置分栏

1. 选中"参加培训的学员……此次培训收获很多。"这段内容。
2. 在"布局"选项卡的"页面设置"功能组中,单击"分栏"下拉按钮,在弹出的下拉列表中选择"更多分栏",打开"分栏"对话框,如图 3-88 所示。

操作视频

设置分栏、项目符号、页面背景

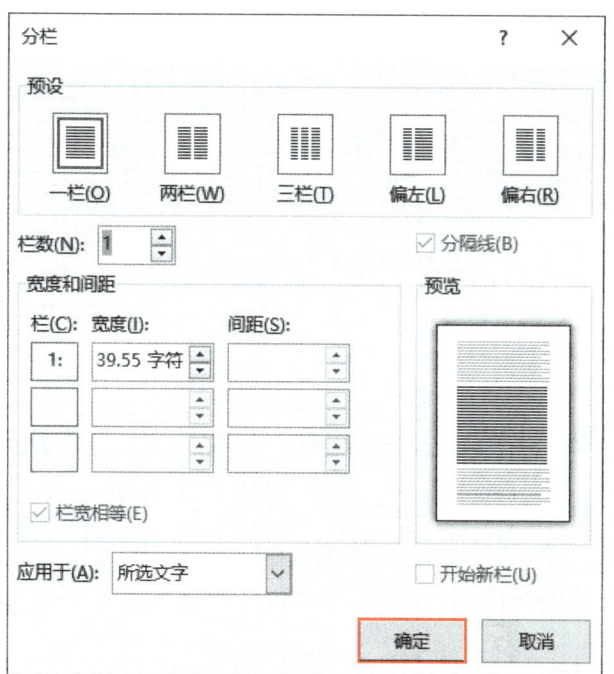

图 3-88 "分栏"对话框

3. 选择"预设"区中的"两栏",勾选"分割线"复选框,单击"确定"按钮,即完成对第三段内容的分栏设置。

模块三 文档处理

 知识拓展

给文章最后一段进行分栏设置时，如果这一段离下边距较远，可能会出现文字全部在左边一栏的情况，想要避免这种情况出现，不要选择最后一段段末的回车符"↵"即可。

九、添加项目符号

1. 选择文档的最后 3 段内容。

2. 在"开始"选项卡的"段落"功能组中，单击"项目符号"下拉按钮，在弹出的下拉列表中选择"●"，即可给文档最后 3 段分别添加上项目符号，如图 3-89 所示。

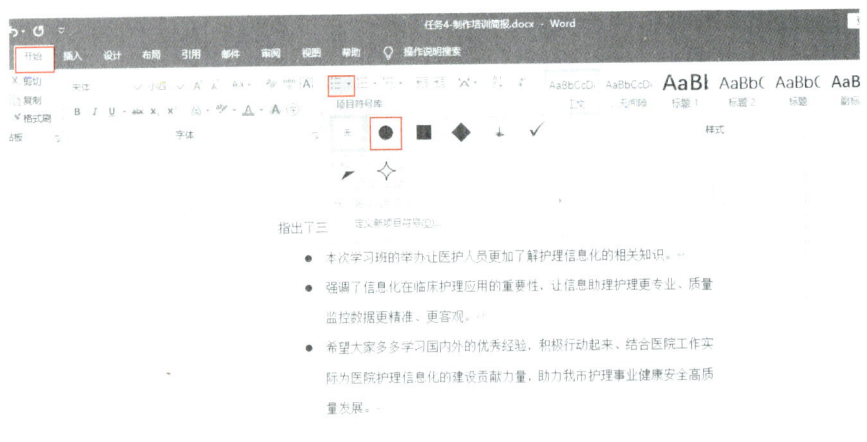

图 3-89　添加项目符号

3. 将最后 3 段的段落格式设置为：两端对齐，左侧、右侧缩进 0 字符，首行缩进 2 字符。

十、添加页面背景

为文档添加背景可以使 Word 文档看上去更加美观。页面背景颜色默认是白色，用户可以根据实际需求设置纯色、渐变色、纹理、图案作为页面背景。

在"设计"选项卡的"页面背景"功能组中，单击"页面颜色"下拉按钮，在弹出的下拉列表中选择主题颜色中的"橙色，个性色 2，淡色 80%"，如图

3-90 所示。

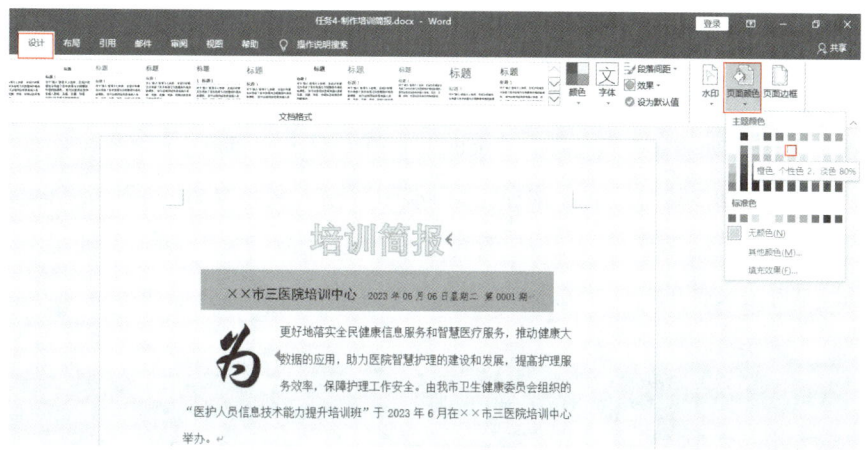

图 3-90 设置页面颜色

知识拓展

设置页面颜色时，可直接在打开的页面颜色面板（主题颜色和标准色）中选择一种颜色，也可单击"其他颜色"，在弹出的颜色面板中选择更多的颜色，亦可单击"填充效果"，打开"填充效果"对话框（如图 3-91 所示），选择"渐变""纹理""图案""图片"作为页面背景。

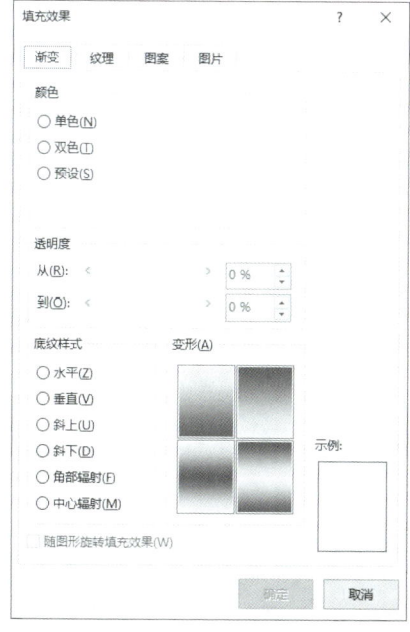

图 3-91 "填充效果"对话框

十一、添加水印

1. 在"设计"选项卡的"页面背景"功能组中，单击"水印"下拉按钮，在弹出的下拉列表中选择"自定义水印"，打开"水印"对话框。

2. 在"水印"对话框中选择"文字水印"，输入文字"培训简报"，字体设置为"华文行楷"，颜色设置为"紫色"，版式设置为"斜式"，单击"确定"按钮，即可为文档的每一页都插入相同的水印，效果如图 3-92 所示。

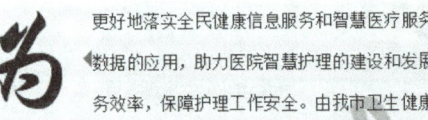

图 3-92　添加水印后的效果图

知识拓展

如果觉得上述图文混排过程比较繁琐，设计的效果也并不是很美观，可以使用一些网站或者小工具来快速制作一份精美的海报，下面介绍如何使用"创客贴"网站在线制作一份精美的海报。

（1）通过百度搜索"创客贴"，单击"创客贴"官网链接，如图 3-93 所示，进入"创客贴"官方网站。

（2）注册并登录账号，如图 3-94 所示，如需使用会员服务，可以先开通 VIP 尊享服务，VIP 用户可以使用网站上的所有模板。

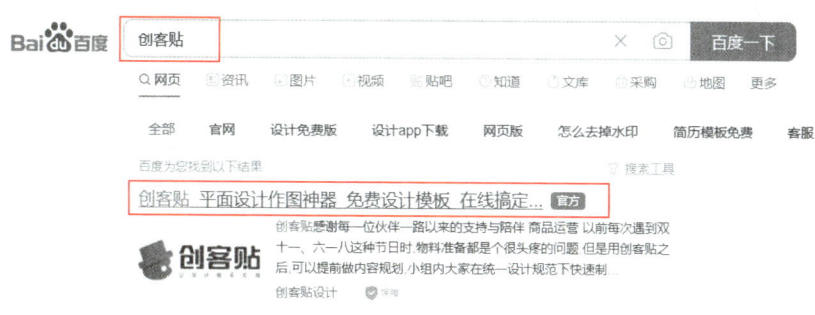

图 3-93　搜索"创客贴"官方网站

图 3-94　登录"创客贴"

（3）登录后进入"模板中心"，根据实际需求选择要做的海报类型，也可在界面上的文本框中搜索需要的海报类型，快速筛选海报模板，如图 3-95 所示。

图 3-95　选择模板

（4）选择模板后，进入编辑页面，如图 3-96 所示，可在左侧导航栏中添加素材、修改文字和图片、设置背景、添加组件等，操作非常简单。

（5）编辑完成后，可以直接以图片、PDF 文件、MP4 文件的形式将作品下载到本地，如图 3-97 所示。

模块三 文档处理

图 3-96 编辑海报内容

图 3-97 下载作品

拓展练习

操作题

根据要求完成下述文档的格式设置。

专家义诊进社区，联体联心护健康

　　高血压病是一种世界性的常见病、多发病，严重威胁着人类健康。5月17日是世界高血压日，主题为"精准测量有效控制健康长寿"。5月17日，×市第三医院组织多学科专家团队走进新开铺和赤岭路街道社区开展义诊活动，向市民群众普及高血压防治健康知识，帮助居民提高预防和控制高血压的意识和能力。

　　在新开铺街道木莲路社区开展的健康讲座和义诊活动中，来自心

血管内科、呼吸与危重症医学科、内分泌代谢科、妇产科、中西医结合科的专家团队围绕如何早期发现高血压、如何维持血压平稳、如何采用中西医结合治疗高血压等问题进行了深入讲解，并根据患者需要，提出个性化的诊疗意见和健康指导，呼吁广大群众关注高血压及其危害。

在赤岭路街道社区卫生服务中心，医疗专家团队举办义诊活动。老年病科主任李医师耐心地向居民解答"什么是高血压、高血压危害有多大、高血压治疗控制目标是什么、怎样控制好血压"等问题；专家们一一为居民测量血压，并结合病史给予调整用药以及饮食、运动建议。

一个上午的活动，专家团队为两百余位居民提供了健康指导。

义诊活动在普及高血压健康知识的同时，还提倡了合理营养、健康饮食、养成健康生活方式的理念，帮助居民群众形成自我防范高血压、自我管理血压的健康意识，营造人人参加维护健康血压的社会氛围，受到了居民的一致好评。

（1）设置标题格式：将"专家义诊进社区，联体联心护健康"设置为艺术字，艺术字格式设置为"填充-红色，着色2，轮廓-着色2"，字符格式设置为宋体、二号，环绕文字方式设置为"上下型环绕"，对齐方式设置为"水平居中"。

（2）选中除标题之外的正文内容，将其字符格式设置为宋体、小四，段落格式设置为两端对齐、首行缩进2字符、28磅行距。

（3）对正文第一段"高血压病……高血压的意识和能力。"设置首字下沉，字体为"华文隶书"，下沉2行，距正文0.2厘米。

（4）将正文第二段"在新开铺街道……高血压及其危害。"分为等宽的两栏，栏间加分割线，栏间距设置为"2字符"。

（5）设置页面边框为"方框"，线形为"艺术型"中的红苹果图案，框线宽度设置为"10磅"。

（6）使用图片素材文件夹中的"血压计.jpg"图片为页面添加图片水印。

（7）将该文档另存为"任务4-拓展任务.docx"，保存到"E:\模块三\任务四"文件夹中。

（8）请根据以上要求完成文档的格式设置，最后效果如图3-98所示。

专家义诊进社区，联体联心护健康

高血压病是一种世界性的常见病、多发病，严重威胁着人类健康。5月17日是世界高血压日，主题为"精准测量有效控制健康长寿"。5月17日，长沙市第三医院组织多学科专家团队走进新开铺和赤岭路街道社区开展义诊活动，向市民群众普及高血压防治健康知识，帮助居民提高预防和控制高血压的意识和能力。

在新开铺街道木莲路社区开展的健康讲座和义诊活动中，来自心血管内科、呼吸与危重症医学科、内分泌代谢科、妇产科、中西医结合科的专家团队围绕如何早期发现高血压、如何维持血压平稳、如何采用中西医结合治疗高血压等问题进行了深入讲解，并根据患者需要，提出个性化的诊疗意见和健康指导，呼吁广大群众关注高血压及其危害。

在赤岭路街道社区卫生服务中心，医疗专家团队举办义诊活动，老年病科十七病室主任、主任医师李顺夺耐心地向居民解答"什么是高血压、高血压危害有多大、高血压治疗控制目标是什么、怎样控制好血压"等问题；专家们一一为居民测量血压，并结合病史给予调整用药以及饮食、运动建议。

一个上午的活动，专家团队为两百位居民提供了健康指导。

义诊活动在普及高血压健康知识的同时，还提倡了合理营养、健康饮食、养成健康生活方式的理念，帮助居民群众形成自我防范高血压、自我管理血压的健康意识，营造人人参加维护健康血压的社会氛围，受到了居民的一致好评。

图 3-98　拓展练习效果图

项目 3.5　汇总学员培训总结

情境简介

信息技术应用能力提升培训班结束后,学员们都上交了自己的培训总结,老师挑选了 3 位优秀学员的培训总结,准备将这 3 个文档合并成一个文档,并对该文档进行相关格式设置,包括插入封面、创建目录、设置样式、插入页眉页脚及页码等操作。接下来使用 Word 2016 来完成此项任务。

学习目的

(1) 掌握 Word 2016 文档合并的基本操作;
(2) 熟悉分隔符的类型及作用;
(3) 熟悉创建样式、修改样式及应用样式;
(4) 掌握页眉、页脚及页码的设置方式;
(5) 了解目录、封面的创建方法。

一、合并文档

1. 首先将要合并的"1-张晓笛培训总结.docx""2-李薇薇培训总结.docx""3-唐丹妮培训总结.docx"这3个文档另存到"E:\模块三\任务五\学员培训总结"文件夹中。

2. 在桌面上新建一个Word空白文档。

3. 在"插入"选项卡的"文本"功能组中,单击"对象"下拉按钮,在弹出的下拉列表中选择"文件中的文字",如图3-99所示,即可打开"插入文件"对话框。

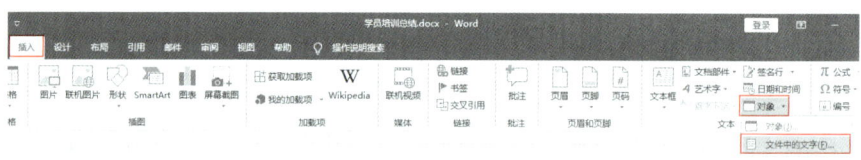

图3-99　插入"对象"

4. 在"插入文件"对话框中打开学员培训总结文档存放位置,按住Ctrl键选中要合并的3个文档,单击"插入"按钮,如图3-100所示,即可在新建的空白文档中完成所选文档的合并。

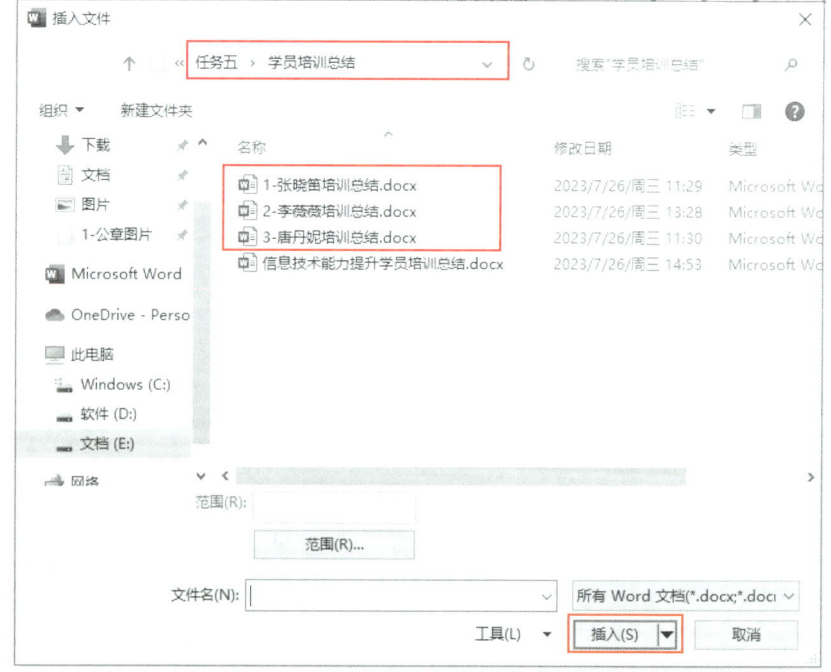

图3-100　"插入文件"对话框

项目 3.5　汇总学员培训总结

5. 此时三个文档就合并成了一个文档,该文档共 4 页,保存该文档,并重命名为"信息技术能力提升学员培训总结.docx"。

二、清除格式

3 位学员提交的培训总结都分别进行过不同的格式设置,为了避免后续排版中与其他文档格式相冲突,需先清除文档已有的格式。

1. 使用 Ctrl+A 组合键选中全文。
2. 在"开始"选项卡的"字体"功能组中,单击清除格式按钮"　",清除全文的格式。

三、页面设置

1. 在"布局"选项卡的"页面设置"功能组中,单击"页面设置"对话框启动器,如图 3-101 所示,打开"页面设置"对话框。
2. 在"页面设置"对话框中选择"纸张"选项卡,将纸张大小设置为 A4。

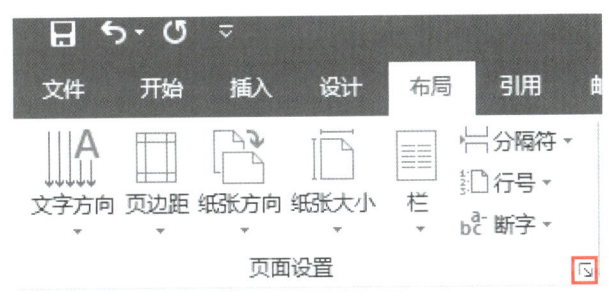

图 3-101　打开"页面设置"对话框

3. 在"页面设置"对话框中选择"页边距"选项卡,将纸张的上、下边距设置为"2.5 厘米",左右边距设置为"3.2 厘米",左侧装订,装订线宽设置为"0.5 厘米",纸张方向设置为"纵向",如图 3-102 所示,单击"确定"按钮。
4. 在"页面设置"对话框中选择"文档网格"选项卡,选择网格区中的"指定行和字符网格",字符数设置为每行"36"个字符,行数设置为每页"42"行,如图 3-103 所示,单击"确定"按钮。

四、插入分隔符

1. 将光标定位在"正文"第一页最前面。

操作视频

插入分节符

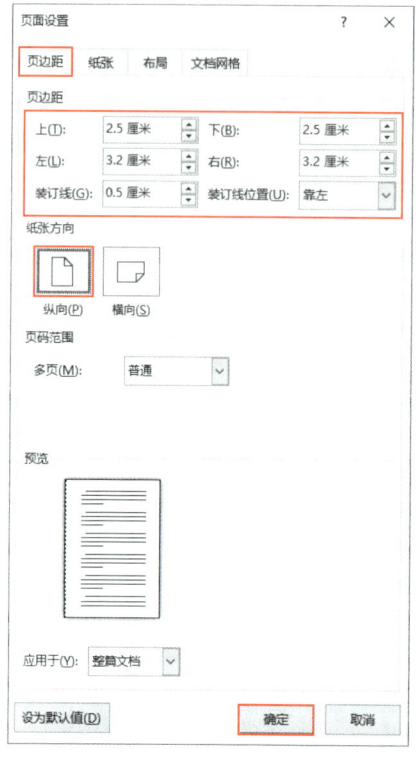

图 3-102 设置"页边距"

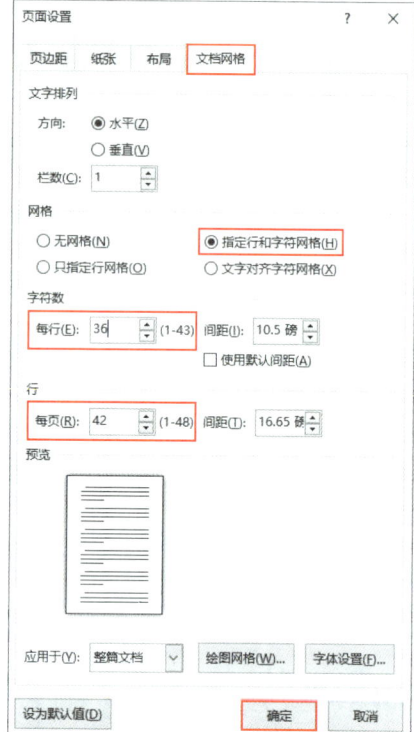

图 3-103 设置"文档网格"

2. 在"插入"选项卡的"页面"功能组中,单击"空白页"按钮,在正文之前插入一页空白页。

3. 将光标置于空白页的第一行,输入"目录"二字,该页用于显示目录内容。

4. 在"开始"选项卡的"段落"功能组中,单击"显示/隐藏编辑标记"按钮" ",目录页将显示一个"分页符"标记,如图 3-104 所示,选中分页符标记并删除。

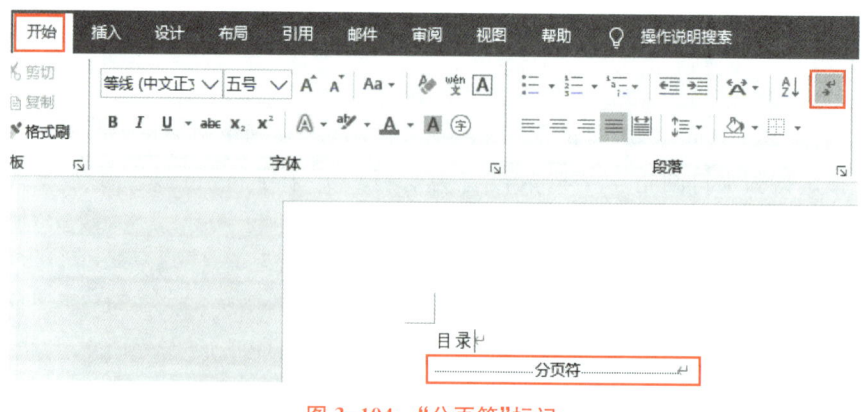

图 3-104 "分页符"标记

5. 将光标置于"张晓笛培训总结"的标题前,在"布局"选项卡的"页面设置"功能组中,单击"分隔符"下拉按钮,在弹出的下拉列表中选择"分节符"中的"下一页",如图 3-105 所示,即在"目录"后插入了一个"分节符-下一页","张晓笛培训总结"的内容将在下一页开始显示。

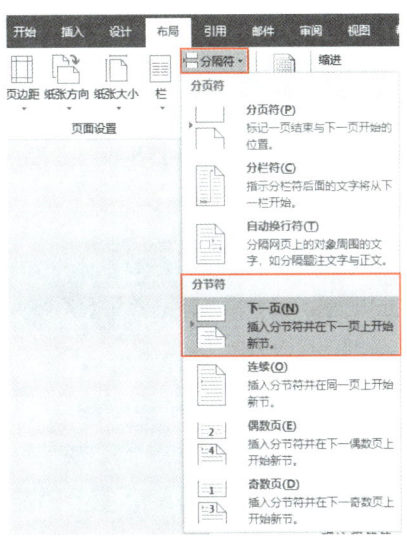

图 3-105　插入"分节符-下一页"

6. 将光标置于"李薇薇培训总结"的标题前,在"布局"选项卡的"页面设置"功能组中,单击"分隔符"下拉按钮,在弹出的下拉列表中选择"分页符"中的"分页符",使"李薇薇培训总结"的内容在下一页开始显示。

7. 使用同样的方式在"唐丹妮培训总结"的标题前插入"分页符"中的"分页符",使"唐丹妮培训总结"的内容在新的一页开始显示。

 知识拓展

分隔符包含分页符与分节符,分页符用于将内容划分为不同的页面,使分页符后的内容从下一页开始显示;分节符不仅可以将文档内容划分为不同的页面,而且还可以针对不同的节,分别设置不同的页眉、页脚与页码等。

拓展阅读

分隔符的介绍

五、定制样式

(一) 显示隐藏的系统样式

1. 在"开始"选项卡的"样式"功能组中,单击"样式"窗格启动器,打开

"样式"窗格,如图 3-106 所示。

2. 单击"样式"窗格底部的第 3 个按钮"管理样式",打开"管理样式"对话框,选择"推荐"选项卡,选中要显示的隐藏样式如"标题 2"和"标题 3",单击"显示"按钮,再单击"确定"按钮关闭对话框,如图 3-107 所示,即可将隐藏的样式显示在样式列表中。

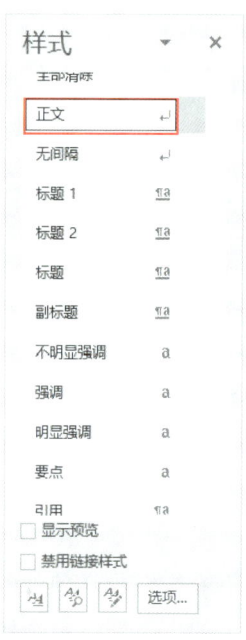

图 3-106　样式窗格　　　　图 3-107　显示隐藏的样式

(二) 修改 Word 内置标题样式

1. 在"开始"选项卡的"样式"功能组中,选择"正文",单击鼠标右键,在弹出的下拉列表中选择"修改",如图 3-108 所示,打开"修改样式"对话框,如图 3-109 所示。

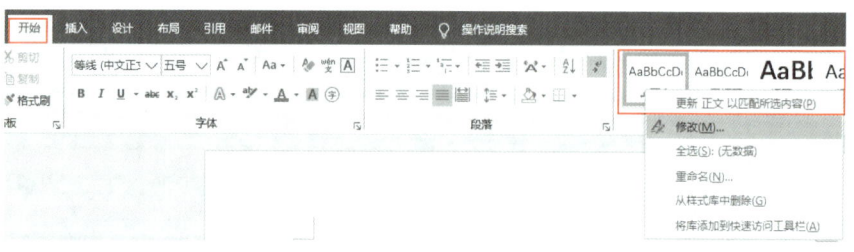

图 3-108　修改样式

2. 在"修改样式"对话框中,"名称""样式类型""样式基准"和"后续段落样式"不作改变。在"格式"区选项中,将字体设置为"宋体",字号设置为"四号"。

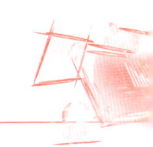

项目 3.5　汇总学员培训总结

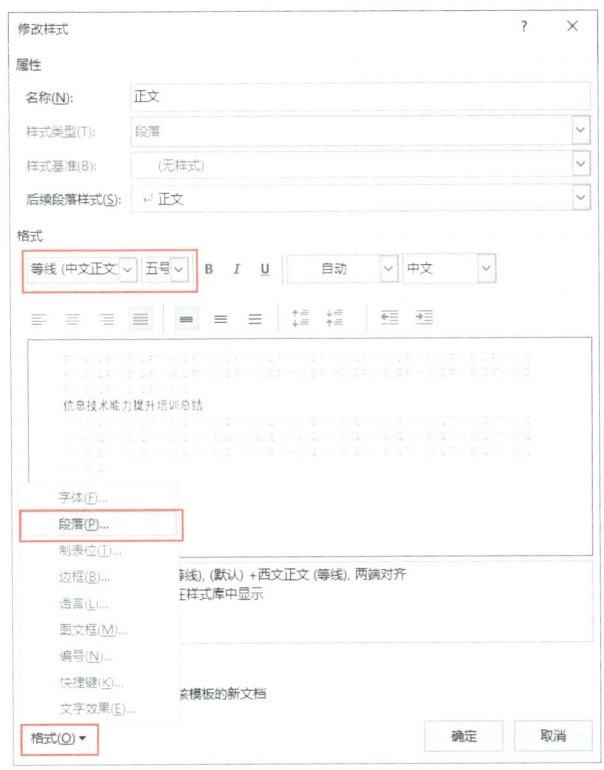

图 3-109　"修改样式"对话框

3. 单击"修改样式"对话框左下角的"格式"下拉按钮,在弹出的下拉列表中选择"段落",打开"段落"对话框,将段落的特殊格式设置为"首行缩进 2 字符",行距设置为"单倍行距"。

(三) 应用样式

1. 在"开始"选项卡的"样式"功能组中,单击"样式"窗格启动器"　",打开"样式"窗格。

2. 将光标定位于"张晓笛培训总结"的标题前,单击"样式"窗格中的"标题 1",将"标题 1"样式应用于该标题。

3. 将"标题 2"样式应用于姓名"张晓笛",将"标题 3"样式应用于小标题"一、培训目的""二、培训内容""三、培训收获""四、培训体会"和"五、存在不足"等处,效果如图 3-110 所示。

4. 用同样的方式将"样式"窗格中的"样式 1""样式 2""样式 3"分别应用到"李薇薇培训总结""唐丹妮培训总结"中对应的内容上。

5. 选择"张晓笛培训总结"中的"为了适应……救死扶伤。"这段内容,在"开始"选项卡的"编辑"功能组中,单击"选择"下拉按钮,在弹出的下拉

操作视频

应用样式

模块三 文档处理

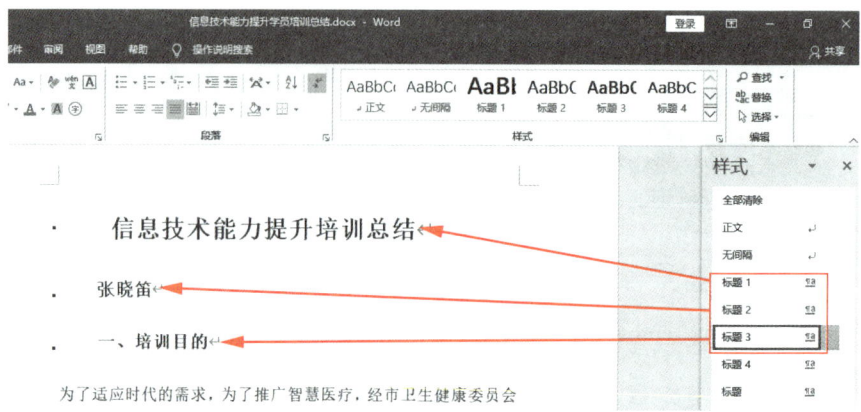

图 3-110 应用样式

列表中选择"选定所有格式类似的文本",即可选择正文部分除标题外的其他内容,并应用"正文"样式。

(四)使用"导航"窗格浏览培训总结大纲

勾选"视图"选项卡"显示"功能组中的"导航"窗格复选框,系统默认在窗口的左侧显示"导航"窗格,如图 3-111 所示,通过这种方式可以浏览文档的大纲内容。

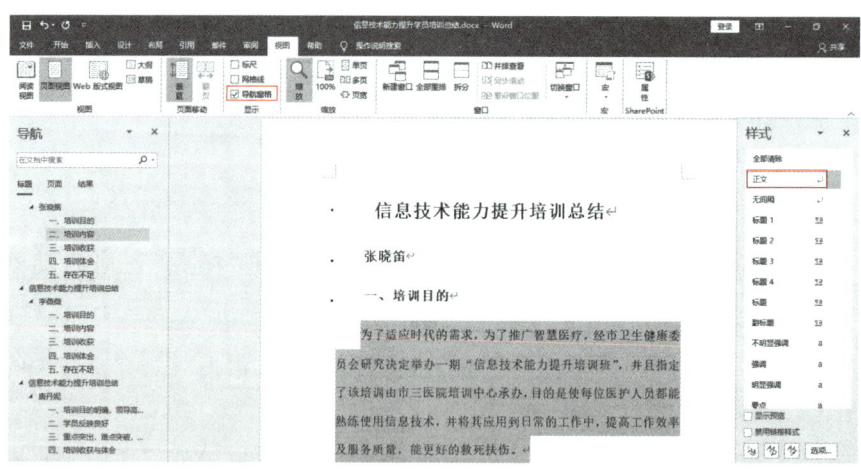

图 3-111 "导航"窗格

(五)再次修改样式

可以根据需要,统一修改应用了同一样式的内容的样式。

1. 在"样式"窗格中单击"标题 1"右侧的小三角形,在弹出的下拉列表中选择"修改",打开"修改样式"对话框,单击对话框左下角的"格式"下拉按钮,在弹出的下拉列表中选择"段落",打开"段落"对话框,将段落格式中的"对齐方式"设置为"居中","特殊格式"设置为"无"。

2. 使用同样的方法,将"标题 2"样式中的段落格式"对齐方式"设置为"居中","特殊格式"设置为"无";将"标题 3"样式中的字体大小设置为"四号"。

3. 修改完"样式 1""样式 2"与"样式 3"后再浏览全文,会发现只要是应用了"样式 1""样式 2"与"样式 3"的内容,其格式都发生了相应变化。

  知识拓展

若 Word 2016 中内置的样式不能满足编辑文档的需求,也可以自行定义样式,操作如下。

(1) 在"开始"选项卡的"样式"功能组中,单击样式展开按钮" ",在弹出的下拉列表中选择"创建样式",打开"根据格式设置创建新样式"对话框,如图 3-112 所示。

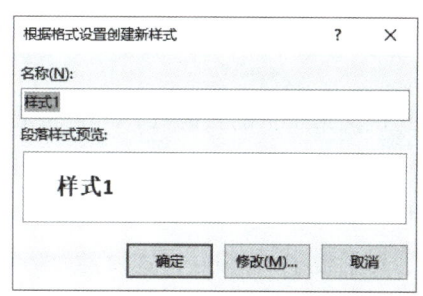

图 3-112 "根据格式设置创建新样式"对话框

(2) 在"名称"文本框中输入新样式的名称,单击"修改"按钮,在弹出对话框的"样式类型"中选择段落样式或字符样式,在"样式基准"中选择与新样式相近的样式以方便新样式的设置,在"后续段落样式"中选择使用新样式之后的后续段落默认的样式。在"格式"区中,可以进行字体、段落格式的简单设置。若要详细设置字体、段落、边框、编号等,可以单击左下角"格式"下拉按钮,在弹出的下拉列表中选择相应的命令,打开对应的对话框进行设置。

(3) 设置好样式之后,单击"确定"按钮完成新样式的创建。创建好的样式会自动加入到样式库中供用户使用。

六、插入页码

1. 将光标定位在正文内容的第一页。

2. 在"插入"选项卡的"页眉和页脚"功能组中,单击"页码"下拉按钮,在弹出的下拉列表中选择"页面底端→普通数字 2",如图 3-113 所示,即可在页面上插入页码,同时显示"页眉和页脚工具-设计"选项卡。

操作视频

插入页眉与页码

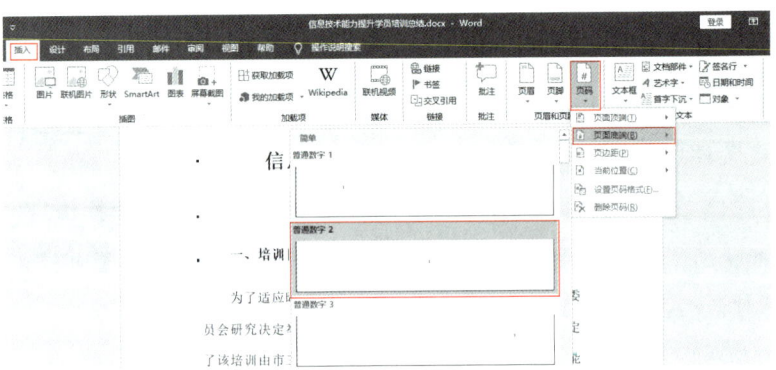

图 3-113　插入页码

3. 将光标定位到正文第 1 页的页码处,单击"页眉和页脚工具-设计"选项卡中的"页码"下拉按钮,在弹出的下拉列表中选择"设置页码格式",打开"页码格式"对话框。

4. 在"页码格式"对话框中,将编号格式设置为"- 1 -,- 2 -,- 3 -,…",起始页码设置为"- 1 -",如图 3-114 所示,单击"确定"按钮完成设置。

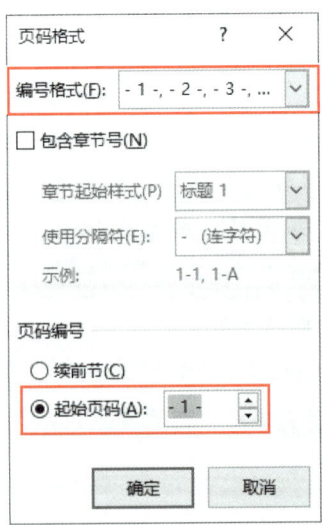

图 3-114　设置页码格式

5. 正文部分设置页码后，目录页也将出现页码。将光标定位在第2节的页脚处，页脚右边显示"与上一节相同"，单击"页眉和页脚工具-设计"选项卡中的"链接到前一条页眉"，取消"与上一节相同"。

6. 删除目录页的页码，重新设置目录页的页码，页码格式改为在页面底端居中位置显示"Ⅰ，Ⅱ，Ⅲ，…"。

七、插入页眉

1. 在"插入"选项卡的"页眉和页脚"功能组中，单击"页眉"下拉按钮，在弹出的下拉列表中选择"空白"样式，进入页眉的编辑状态，如图3-115所示，同时选项卡中将出现"页眉和页脚工具-设计"选项卡。

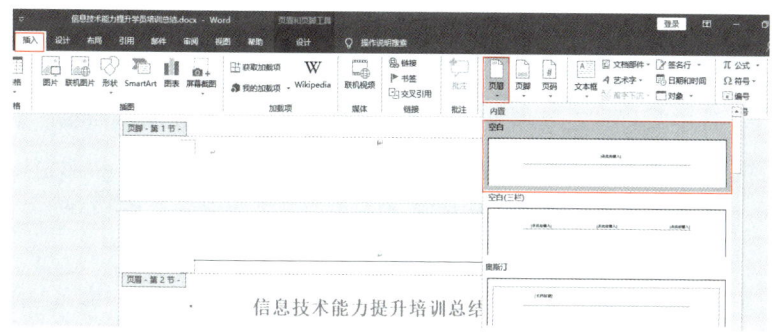

图3-115　插入页眉

2. 将光标置于"页眉-第2节-"区域，在"页眉和页脚工具-设计"选项卡的"插入"功能组中，单击"文档信息"下拉按钮，在弹出的下拉列表中选择"域"，打开"域"对话框。

3. 在"域"对话框中，"类别"选择"链接和引用"，"域名"选择"StyleRef"，"样式名"选择"标题2"，单击"确定"按钮，并在生成的内容后加上"培训总结"，效果如图3-116所示。

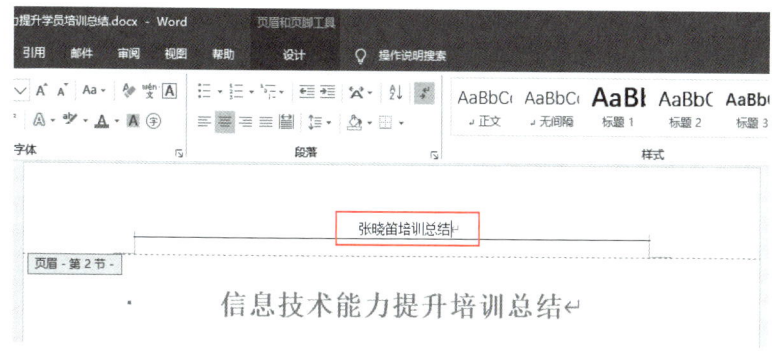

图3-116　插入页眉后的效果图

4. 将光标置于第 2 节的页眉处，页眉右边显示"与上一节相同"，在"页眉和页脚工具-设计"选项卡的"导航"功能组中，单击"链接到前一条页眉"，取消"与上一节相同"。

5. 删除目录页上原有的页眉内容，重新输入"目录"二字。

八、生成目录

应用样式设置好文档各级标题的格式及页码之后，便可以创建培训总结文档的目录了。

（一）创建目录

操作视频

创建目录

1. 将光标定位到目录页中的"目录"二字后，连按两次 Enter 键产生两行空白段落。

2. 选中"目录"二字所在段落和空白段落，在"开始"选项卡的"字体"功能组中，单击"清除格式"按钮，并在"开始"选项卡的"段落"功能组中，单击"段落"对话框启动器，打开"段落"对话框，将段落的"特殊格式"设置为"无"，"左侧缩进"设置为"0 字符"。

3. 选择"目录"二字，字符格式设置为：黑体、二号、加粗、字符间距加宽至 8 磅；段落格式设置为：居中对齐、段前段后间距均 0.5 行。

4. 在"引用"选项卡的"目录"功能组中，单击"目录"下拉按钮，在弹出的下拉列表中选择"自定义目录"，打开"目录"对话框，如图 3-117 所示。

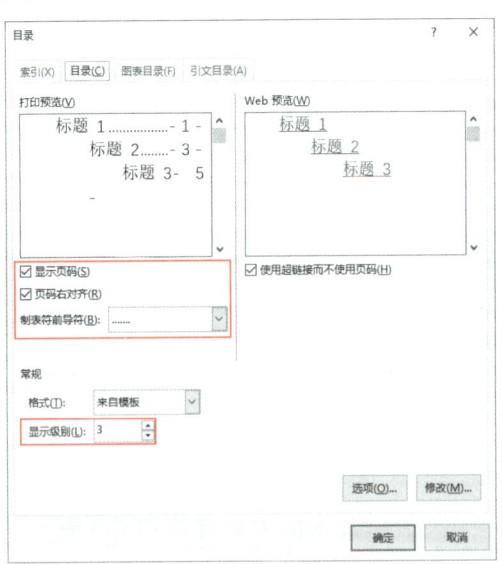

图 3-117 "目录"对话框

5. 在"目录"对话框"目录"选项卡中的"打印预览"区中勾选"显示页码""页码右对齐"两个复选框,将"制表符前导符"设置为"圆点";"常规"区中的"显示级别"设置为"3",单击"确定"按钮,即可生成目录。

6. 选中目录中的全部内容,将字符格式设置为宋体、小四,段落格式设置为两端对齐、1.5倍行距、无特殊格式。

(二)更新目录

如果目录生成后对文档内容进行了修改,可以利用目录的更新功能,快速地重新生成调整内容后的新目录。

1. 将光标置于目录页。

2. 在"引用"选项卡的"目录"功能组中,单击"更新目录"按钮,打开"更新目录"对话框,如图3-118所示。

3. 若只需要更新现有目录项的页码,则选择"只更新页码";若目录项中的内容有改动,则应选择"更新整个目录",重新生成目录。

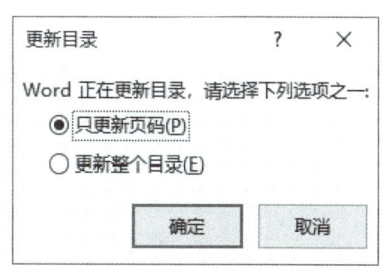

图3-118 "更新目录"对话框

九、插入封面

对于一份完整的长文档来说,精致的文档封面是必不可少的,接下来给本文档添加一个封面。

1. 将光标置于"目录"二字前。

2. 在"插入"选项卡的"页面"功能组中,单击"封面"下拉按钮,在弹出的下拉列表中选择预设好的封面,如图3-119所示。

3. 除选择一种"预设好的封面"直接使用外,还可以选择"office.com中的其他封面"。若需要将做好的封面删除,可直接单击当前列表中的"删除当前封面"命令即可。

4. 选择好一个预设的封面后,可以根据自己的需要修改封面上的内容,这样封面就设置好了,如图3-120所示。

5. 如果不喜欢 Word 中自带的封面,也可直接插入一个空白页,自行插入图片、形状、文字等,设计一个自己喜欢的封面。

制作封面

模块三 文档处理

图 3-119 插入"封面"

图 3-120 "封面"效果图

 拓展练习

操作题

练习素材内容见"任务五-拓展任务-毕业设计.docx"文档。

（1）将"毕业设计"文档用"分节符"划分出封面、目录、正文三个部分。

（2）"目录"二字与文章标题应用"样式 1"，内容一级标题应用"样式 2"，二级标题应用"样式 3"。

（3）除各级标题外的正文内容格式设置为："宋体""小四""两端对齐""首行缩进 2 字符""28 磅"行距。

（4）目录页设置页码，页码为"普通数字 2"格式的罗马数字"Ⅰ，Ⅱ，Ⅲ，…"；正文页设置页码，页码为"普通数字 2"格式的阿拉伯数字"- 1 -，- 2 -，- 3 -，…"。

（5）目录页设置页眉，内容为"目录"；正文部分设置页眉，内容为应用"样式 2"样式的一级标题。

（6）生成目录，并将目录内容的格式设置为：宋体、四号；段落格式设置为：两端对齐、1.5 倍行距、无特殊格式。

（7）封面设置成如图 3-121 所示的效果，封面不设置页眉和页码。

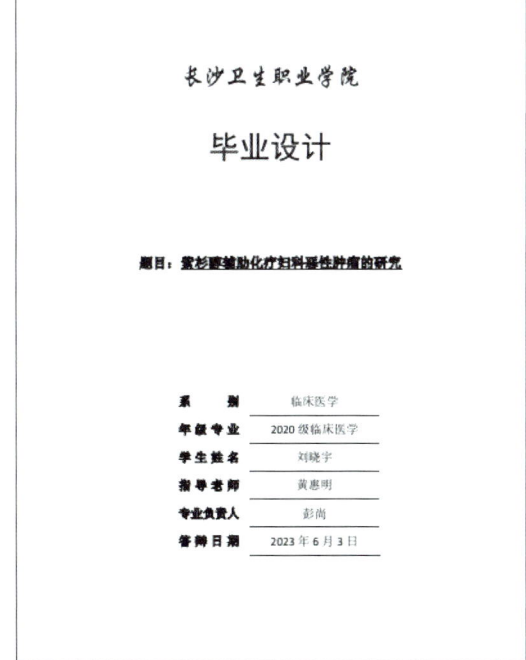

图 3-121　毕业设计封面效果

（8）毕业设计的目录和正文排版效果如图3-122和图3-123所示。

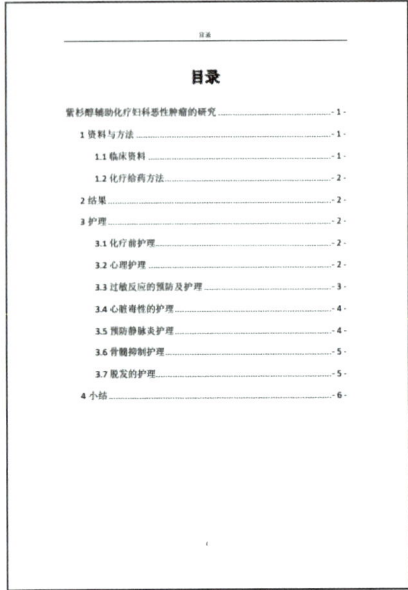

图3-122 目录页效果　　图3-123 正文排版效果

模块四

演示文稿制作

项目 4.1　创建演示文稿

 情境简介

李兰是医院的一名优秀护士,她参加了一周的护士礼仪培训,学到了丰富的知识和经验。为了分享给同事们,她决定制作一份演示文稿,整理培训内容并分享她的学习心得和感受。演示文稿需要使用简洁明了的语言并以易于理解的方式呈现。接下来使用 PowerPoint 2016 制作培训总结。

 **学习目的**

(1) 掌握使用 PowerPoint 2016 创建和编辑演示文稿等基本操作;
(2) 了解演示文稿的基本版式和制作流程;
(3) 理解演示文稿的设计与排版原则;
(4) 熟悉演示文稿的艺术效果设计。

一、新建演示文稿

（一）启动 PowerPoint 2016

启动 PowerPoint 2016 有多种方法。常用的方法有以下 3 种。

方法一：双击桌面的 PowerPoint 图标。

方法二：通过任务栏快捷键。在屏幕底部找到 PowerPoint 图标，双击打开程序。

方法三：单击"开始"按钮，在开始菜单的搜索框中输入"PowerPoint 2016"，单击图标 ，打开程序。

操作视频
新建演示文稿

（二）新建空白演示文稿

方法一：启动 PowerPoint 2016，在主界面左上角单击"文件"按钮，在"打开"界面中可以看到最近使用的演示文稿，在"新建"界面中选择"空白演示文稿"，即可新建空白演示文稿，如图 4-1 所示。

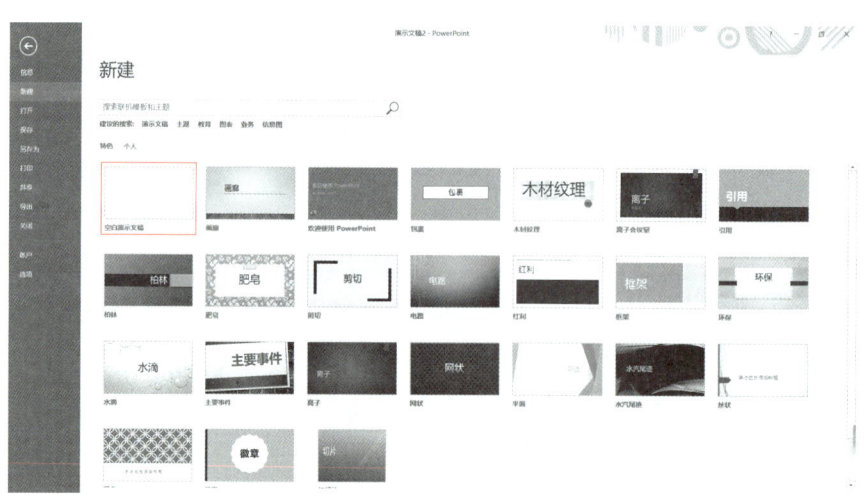

图 4-1　新建空白演示文稿

方法二：启动 PowerPoint 2016，在主界面左侧空白处单击鼠标右键，在弹出菜单中选择"新建幻灯片"命令，即可新建一张空白演示文稿，如图 4-2 所示。

方法三：在 Windows 桌面或文件夹空白处单击鼠标右键，在弹出菜单中选择"新建"→"Microsoft PowerPoint 演示文稿"命令即可，如图 4-3 所示。

项目 4.1 创建演示文稿

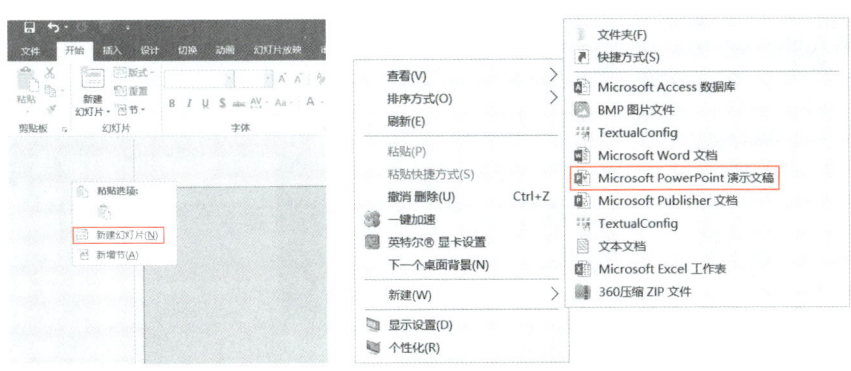

图 4-2 创建文稿　　　　　图 4-3 新建文稿

(三) 根据模板新建演示文稿

根据现有的模板来新建演示文稿(也称为 PPT 文档)可以节约大量的工作时间。

方法一：启动 PowerPoint 2016，在主界面右上角单击"文件"按钮，在"新建"界面中选择"特色"模板或"个人"模板。

方法二：在"搜索联机模板和主题"搜索框中搜索模板，比如输入"总结"，单击"开始搜索"按钮 进行搜索，如图 4-4 所示。PowerPoint 就会列出所有的联机演示文稿模板，这些模板可供用户免费试用。

图 4-4 创建模板

操作：单击要选择的模板，这里以选择"总结报告-精致渐变-清新蓝绿 PPT 模板"为例，在弹出菜单中选择"创建"命令，如图 4-5 所示。

PowerPoint 将自动联机下载该模板，然后新建一个演示文稿。

模块四　演示文稿制作

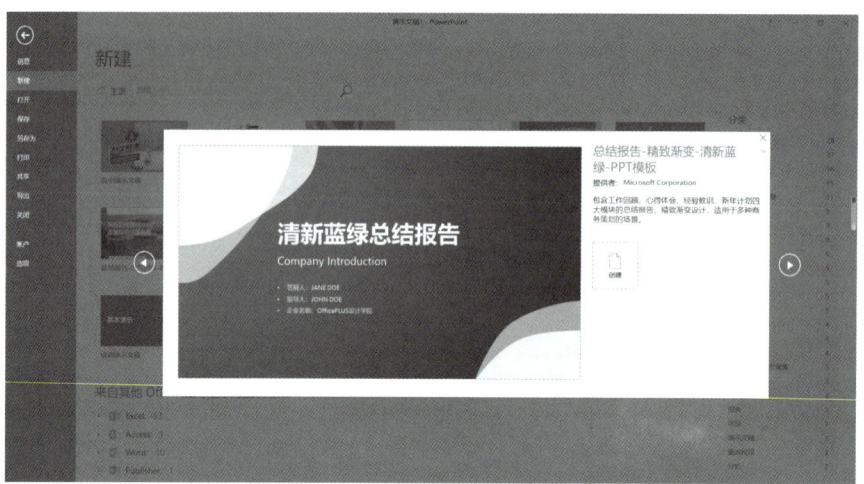

图 4-5　搜索模板

对已有的演示文稿进行编辑或修改时，可以直接打开演示文稿，方法有以下几种。

图 4-6　浏览按钮

方法一：打开我的计算机，找文件所在位置，然后双击文件名即可。

方法二：当处于 PowerPoint 工作界面时，可使用以下方法。

单击"文件"按键，在"打开"界面中的"最近"列表里选择要打开的 PowerPoint 文档。

或者选择打开本地计算机上的文档。在"打开"界面中单击"浏览"按钮，如图 4-6 所示；在弹出的对话框中根据路径选择文件夹和文件，然后单击"打开"即可打开文档。

（四）认识 PowerPoint 界面

打开 PowerPoint 文档后，将进入演示文稿的操作界面，如图 4-7 所示。操作界面主要分为以下几个部分。

1. 标题栏：位于界面最上方，包含了应用程序的名称、演示文稿的名称、窗口按钮等选项。

2. 菜单选项卡：位于界面上侧，包含了文件、开始、插入、设计、切换、动画、幻灯片放映、审阅和视图等选项。通过这些选项，可以调用 PowerPoint 的各种功能。

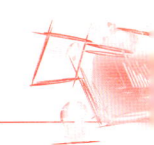

项目 4.1 创建演示文稿

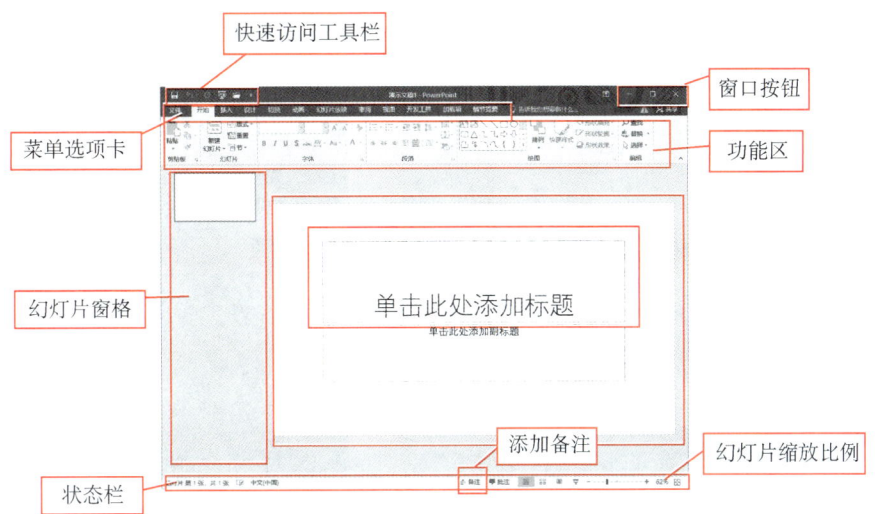

图 4-7 PowerPoint 界面

3. 功能区：位于菜单选项卡下方，包含了常用的编辑工具，如新建幻灯片、打开演示文稿、保存、另存为、撤销、重做、格式刷等。

4. 幻灯片窗格：位于界面左侧，用于显示当前演示文稿中所有幻灯片的缩略图，单击其中某张幻灯片，右侧的幻灯片编辑区将显示该幻灯片的内容，方便用户浏览和切换幻灯片。

5. 备注栏：位于编辑区下方，供用户添加备注信息。

6. 状态栏：位于界面最下方，显示了当前幻灯片的内容、页数、节数等信息。

7. 视图切换按钮：位于状态栏中间位置，包含了各种视图模式，如普通视图、幻灯片浏览视图、备注页视图、幻灯片放映视图等。

8. 快速访问工具栏：位于界面最上方，包含了常用的编辑工具，如保存幻灯片、播放演示文稿等。

二、新建幻灯片

（一）演示文稿大纲设计

设计演示文稿的最基本原则是要做到一目了然。首先要提炼信息，确定演示文稿的章节条目，如图 4-8 所示；再提炼文稿的条目以表达中心思想，为每页幻灯片提供小标题，比如"创新思路、加强沟通、强化管理、利用资源"等，完成演示文稿大纲设计，如图 4-9 所示。

操作视频

新建幻灯片

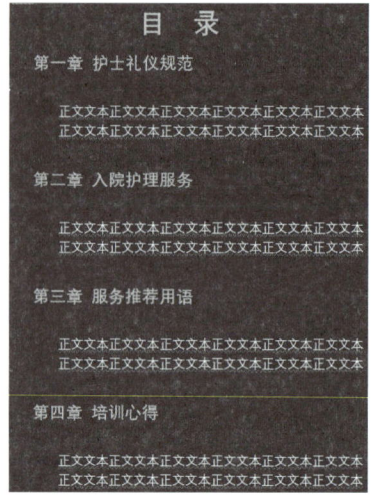
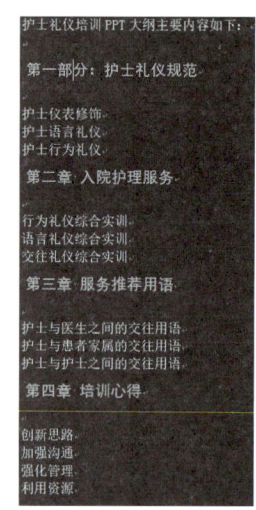

图 4-8　章节条目示例　　图 4-9　完成的 PPT 大纲

(二) 选择主题

新建的空白演示文稿默认为 Office 主题,"设计"选项卡的"主题"功能组中包含了很多已经搭配好的模板和背景的主题样式,可以让幻灯片看起来更加美观。各种主题元素可帮助用户提升幻灯片的制作效率,快速地完成幻灯片设计。

给新建演示文稿应用主题:

1. 在菜单选项卡中单击"设计"选项,找到"主题"功能组。

2. 单击"主题"功能组右下角的"其他"按钮 ,在打开的下拉列表中,选择"徽章"主题样式,所选主题会默认应用到整篇演示文稿。如果想要一个或多个幻灯片应用主题,则选中一个或多个幻灯片,右击相应主题样式,然后选择"应用于选定幻灯片"命令。

知识拓展

在"设计"选项卡的"自定义"功能组中,单击"设置背景格式",界面右侧自动打开"背景样式"对话框,可以更改背景的填充选项,例如"纯色""纹理""图案"等。此外,还可以选择"渐变"选项,应用颜色和透明度渐变作为背景。

如果想要保存主题中的颜色、字体、效果等具体设置,可以单击"主题"下拉菜单中的"保存当前主题"选项,在弹出的对话框中给当前主题命名并保存。

(三)新建幻灯片

在 PowerPoint 中,幻灯片版式可以分为横版、竖版、仅标题、仅文本等不同类型,选择"徽章"主题后"新建幻灯片"下拉菜单的版式由 Office 主题换成了 Badge 主题,如图 4-11 所示。在新建幻灯片时,版式的选择应结合具体的需求和设计风格进行,以确保幻灯片的整体效果。

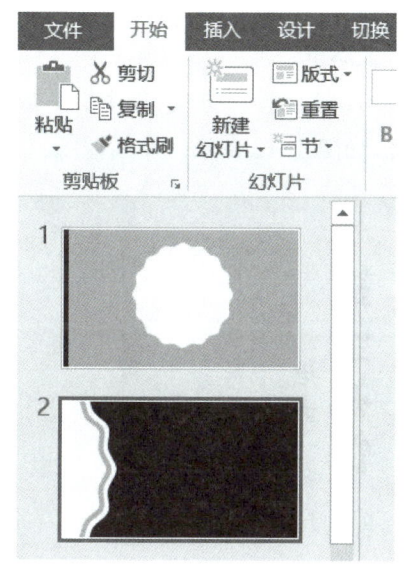

图 4-10　缩略图

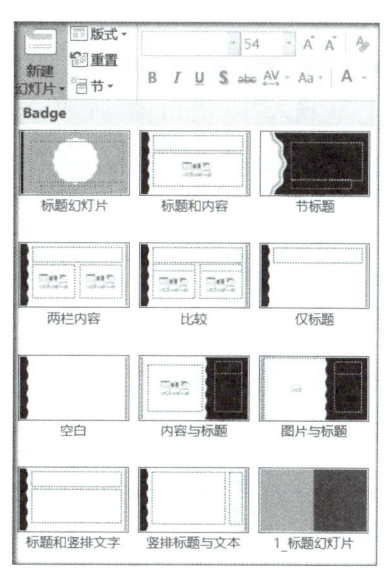

图 4-11　应用 Badge 版式

操作:分别单击"新建幻灯片"下拉菜单中的"标题幻灯片"与"节标题",即可为演示文稿添加相应版式的幻灯片,在左侧幻灯片窗格可以看到已添加的幻灯片缩略图,如图 4-10 所示。

(四)插入幻灯片

在界面左侧的"标题幻灯片"缩略图上方单击鼠标,上方显示一条红线,然后再单击"新建幻灯片"按钮,在下拉列表中选择"空白",即可在"标题幻灯片"前面插入一页"空白"幻灯片,如图 4-12 所示。同理可插入一张"标题与内容"幻灯片。

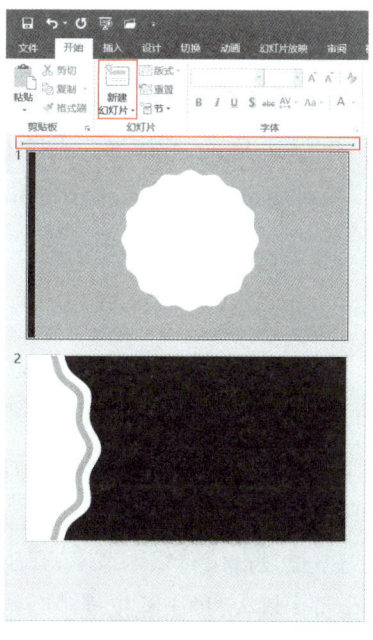

图 4-12　插入幻灯片

三、输入文本

（一）通过文本框输入文本

1. 在"插入"选项卡中单击"文本框"下拉按钮,然后选择"绘制竖排文本框"。

2. 在幻灯片上拖动鼠标,以选择文本框的位置。如有需要,也可以按住 Shift 键和鼠标左键,创建一个正方形文本框。

3. 输入"护士礼仪培训"文字,类似 Word 的操作方法,选中文本或文本框后可调整文本字体或文本框位置等,如图 4-13 所示。

图 4-13　输入文本后的效果

 知识拓展

如果要更改文本的字体、字号、颜色等格式,可以双击文本框,以打开"文本格式"对话框。在弹出的对话框中选择所需的字体、字号、颜色等选项,单击确定应用于文本框中的文本。

（二）通过占位符输入文本

幻灯片中的虚线文本框就是占位符,如图 4-14 所示。常见的文本占位符可用于输入文本内容,如中文、英文和其他特殊字符。除此之外还有图片占位符、图标占位符、表格占位符、形状占位符、组织结构图占位符、日期占位符、页码占位符等。

通过占位符输入文本:在主标题占位符中输入"第一章",在副标题占位符中输入"护士礼仪规范",然后调整占位符位置,如图 4-15 所示。

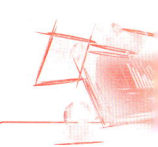

项目 4.1　创建演示文稿

图 4-14　占位符

图 4-15　输入后效果

（三）通过插入艺术字输入文本

演示文稿中插入艺术字可以美化幻灯片，同时快速传达幻灯片中的关键信息，通过艺术字独特的外观和字体能更好地引起观众的注意，提高幻灯片的演示效果。插入艺术字时，需要选择合适的字体和颜色，还需要注意字体的大小和布局，以确保幻灯片美观和易读。

1. 选择"标题"幻灯片，单击占位符边沿使其边框变为实线，然后按键盘的 Delete 键或 Backspace 键，将其删除。

2. 选择"插入"选项，单击"文本"功能组中的"艺术字"按钮，在弹出的下拉列表中选择"填充，黑色，文本 1，阴影"，如图 4-16 所示。

3. 然后在提示文本框"请在此放置你的文字"中输入艺术字文本"目录"。如图 4-17 所示。

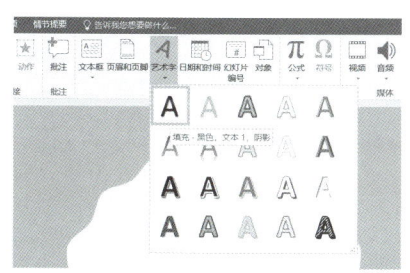
图 4-16　选择字体

图 4-17　输入艺术字

（1）右击艺术字，选择"设置文字效果格式"命令。在界面右侧的"设置形状格式"对话框中，更改艺术字的文字效果。或者在插入艺术字后自动激活的"格式"菜单选项中对艺术字进行编辑，单击"格式"菜单选项中的"艺术字样式"功能组的"文本效果"按钮，在弹出的下拉菜单中选择"阴影-透视-右下对角透视"，如图 4-18 所示。

（2）再通过拖动艺术字周围的边框来调整艺术字在幻灯片中的位置，效果如图 4-18 所示。

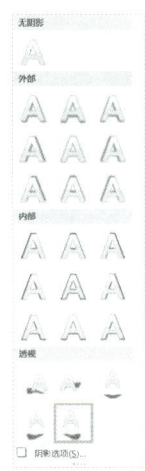

图 4-18 艺术字效果　　　　图 4-19 设置文字效果

（3）调整完成，再依次插入"第一章　护士礼仪规范""第二章　入院护理服务""第三章　服务推荐用语""第四章　培训心得"四条艺术字，各艺术字文本框的对齐、居中及分布效果，可通过"排列"功能组的"对齐"下拉菜单进行调整，如图 4-20 所示。完成的制作参考示例如图 4-21 所示。

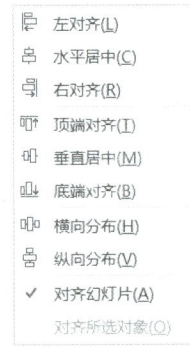

图 4-20 对齐菜单　　　　图 4-21 制作参考示例

四、插入图片

（一）使用"插入"菜单选项插入本机图片

1. 将光标移至第一张封面幻灯片，在"插入"选项卡的"图像"功能组中，单击"图片"下拉按钮。

2. 在弹出的"插入图片"对话框中，浏览到有"银杏叶"图片文件，并单击"插入"按钮。

3. 将图片插入到演示文稿中，调整图片大小并拖动到合适的位置，如图 4-22 所示。

图 4-22　插入图片后的效果

> **知识拓展**
>
> 如果想要调整图片的格式和样式，可以右击图片，选择"设置图片格式"命令。界面右侧将激活"设置图片格式"对话框，在此可以调整图片的亮度、对比度、透明度等参数，以改善图片的外观效果。
>
> 如果想要在图片上添加文字或其他元素，可以在"图片工具-格式"选项卡中，单击"图片样式"或"图片边框"等，添加所需的元素，并设置它们的格式和布局。

（二）利用复制或粘贴命令插入本机图片

1. 在计算机文件夹中选中"银杏枝"的图片，使用鼠标右击该图片，从弹出菜单中选择"复制"命令。

2. 切换至演示文稿中第一页幻灯片，然后使用Ctrl+V组合键粘贴图片。

五、移动和复制幻灯片

移动和复制幻灯片有如下几种方法。

1. 通过拖动鼠标

在幻灯片窗格中选择第三张幻灯片，按住Ctrl键同时按住鼠标左键往上拖曳，完成幻灯片的复制操作。再选择第五张幻灯片，按住鼠标左键不放拖曳到第四张位置后释放鼠标完成移动操作。

2. 通过菜单命令

选择第三张幻灯片，在其上右击，在弹出的快捷菜单中选择"剪切"或

"复制"命令,如图 4-23 所示。然后选择第四张幻灯片并右击鼠标,在弹出的快捷菜单中选择"保留源格式"的粘贴选项,如图 4-24 所示,完成幻灯片的移动或复制。

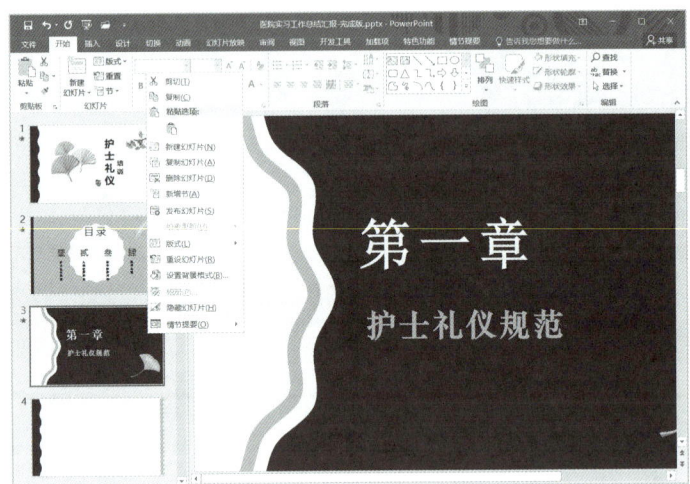

图 4-23　复制与剪切命令

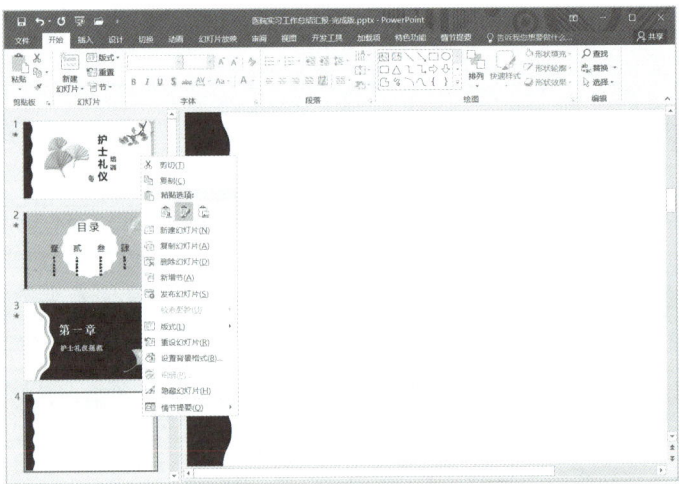

图 4-24　保留源格式命令

六、应用 SmartArt

通过 SmartArt 工具可快速将幻灯片中结构清晰的文本转换为图形效果。

1. 在最后一页幻灯片前新建一张"标题与内容"幻灯片;
2. 在标题占位符中输入"一、护士仪表修饰";

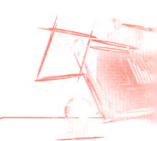

3. 在内容占位符中输入提前准备好的护士仪表修饰内容,然后选中内容占位符;

4. 在"开始"选项卡"段落"功能组中,单击"转换为 SmartArt"按钮,在弹出的下拉列表中选择"其他 SmartArt 图形"命令,如图 4-25 所示。

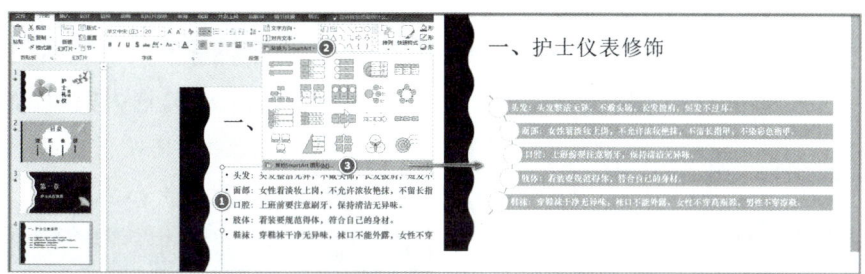

图 4-25 SmartArt 应用

5. 打开"选择 SmartArt 图形"对话框,在左侧选择"列表"选项,在中间框中选择"垂直曲形列表",然后单击"确定",即可将占位符中的文本转换为选择的 SmartArt 图形。

 **知识拓展**

SmartArt 是 Microsoft Office 套件(包括 Word、PowerPoint、Excel 等)中的一项功能,可帮助用户快速创建专业的信息图表、流程图、组织结构图和其他视觉元素,以增强文档或演示文稿的表现力和吸引力。SmartArt 图形分为多种类型,主要分为以下 8 大类。

列表型:用于显示非有序或分组信息,强调信息的重要性。

流程型:展示任务流程、步骤顺序,适合说明流程或工作流。

循环型:表示阶段、任务或事件的连续序列,强调重复过程。

层次结构型:展示层级关系,如组织结构图。

关系型:表示实体间的关联或对比,如矩阵图、靶心图。

矩阵型:用于展示多维度数据或分类,比如二维矩阵图。

棱锥图:展现数据的分层或累积关系,常用于金字塔图。

图片型:结合文字与图片,可辅助说明。

七、编辑形状

将要表达的要点,比如"创新思路、加强沟通、强化管理、利用资源"4

条配上形状、图片等进行直观地展现。目的就是使用图文来简要明晰地阐述原本的文字所要表达的内容。

(一) 插入及编辑形状

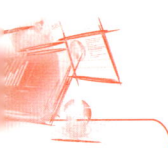
操作视频
编辑形状

1. 选中最后一页幻灯片，在"插入"选项卡"插图"功能组中，单击"形状"按钮，在弹出列表框中选择"基本形状"中的"椭圆"图标。

2. 在幻灯片编辑区拖曳鼠标左键，绘制一个椭圆图形，选中椭圆，当光标变为双向箭头形状时，长按鼠标左键拖曳控制点即可粗略调整其大小。

3. 选中椭圆。在"图片工具-格式"选项卡"图片样式"功能组中，单击右下角的功能扩展按钮，打开"设置形状格式"对话框，如图4-26所示。

4. 展开"填充"选项，选择"纯色填充"，然后选择"颜色"下拉框的"白色-背景1"。

5. 展开"线条"选项，选择"实线"，设置"轮廓颜色"为"绿色，个性色4，深度40%"，"宽度"为"10磅"，如图4-27所示为最后椭圆图形的效果。

6. 再依次插入圆角矩形及图片，并设置矩形阴影效果。

图4-26 "设置形状格式"对话框

(二) 给形状添加文本

使用鼠标右击圆角矩形，在弹出菜单中选择"编辑文字"命令。输入文字"创新思路"，然后选中输入的文字，将字号设置为"20"，字体设置为"华文中宋"，颜色设置为"绿色"。

再插入直线和文本框，文本框内容为"01"，制作效果如图4-27所示。

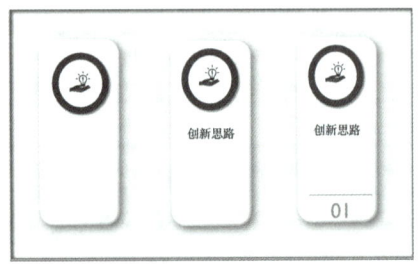

图4-27 插入及编辑形状后效果

最后，按住 Ctrl 键选择圆角矩形、椭圆、直线、图片和文本框，在"图片工具-格式"选项卡中，单击"组合"下拉按钮，在弹出的下拉菜单中选择"组合"命令，将多个图形组合可方便移动及复制。四个小标题制作完成后效果，如图 4-28 所示。

图 4-28　形状编辑示例

 拓展练习

操作题

请继续优化演示文稿，插入各章的内容页，加入图片并制作图片效果美化页面，制作参考示例如图 4-29 所示。

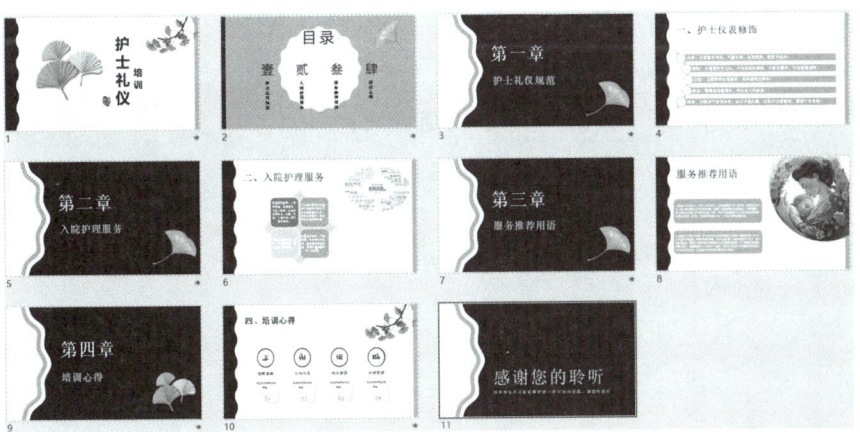

图 4-29　制作参考示例

项目成果

护士礼仪培训

练习资源

护士礼仪培训

项目 4.2　编辑多媒体效果

 情境简介

李竹是中医院中药房的药剂师,需要对新来的实习生进行中药材知识的培训,为了辅助讲解,李竹决定用最近自学的 PowerPoint 2016 制作一个绘声绘色的培训教程,传达传统医学的优势和价值,提高学生对传统医学的认知和信任。他已经使用 PowerPoint 2016 完成了演示文稿的基本页面制作,接下来开始编辑多媒体效果。

 学习目的

(1) 学会使用 PPT 制作动画效果;
(2) 掌握在幻灯片中添加多媒体元素;
(3) 提高 PPT 的表达能力和沟通效果;
(4) 培养创意思维和视觉表达能力。

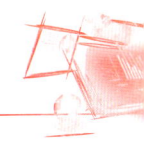

项目 4.2　编辑多媒体效果

一、添加幻灯片内置动画

(一) 幻灯片动画设计的简介

PowerPoint 动画就是给幻灯片中的元素添加动作效果,使幻灯片中的文本、图像、形状和其他对象以动态方式呈现,动画效果可分为四类。

1. 进入效果:进入效果是指当幻灯片中的对象出现时所使用的动画。在 PowerPoint 2016 中,有诸如"擦除""飞入""渐入"等多种进入效果可供选择,还可以自己设置进入效果的开始时间。

2. 强调效果:强调效果是指当幻灯片中的某个特定对象出现时所使用的动画。例如,当需要在幻灯片中突出显示某个文本时,可以添加强调效果。PowerPoint 2016 中提供了一些常用的强调效果,如"旋转""放大"等。

3. 退出效果:退出效果是指当幻灯片中的对象消失时所使用的动画。与进入效果类似,PowerPoint 2016 中提供了多种退出效果可供选择。

4. 动作路径:动作路径是指当对象使用动画时其运动方式。在 PowerPoint 2016 中,可以自定义动作路径,例如,将文本框或形状从左侧或右侧飞入,或沿着自定义路径移动。

(二) 添加单个动画效果

添加单个动画效果是指为幻灯片中的每个对象只添加一种动画效果。二维码中的演示文稿"传统医学"封面幻灯片的对象已经添加单个动画效果,幻灯片中所有对象的名称,可通过选择窗格查看,如图 4-30 所示。

练习资源

传统医学

操作视频

添加动画

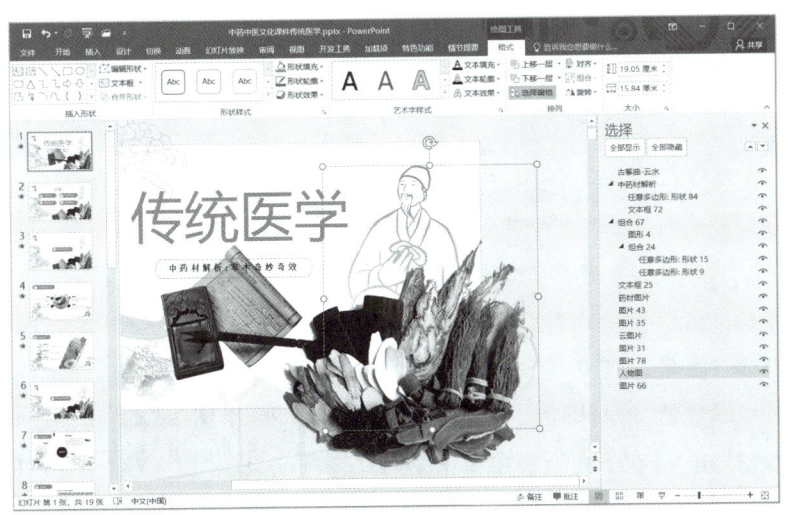

图 4-30　选择窗格

接下来给第 1 张幻灯片的"云图片""人物图""中药材解析"以及"药材图片"添加单个动画效果。

1. 打开"素材文件\传统医学.pptx 文件",选中第一张幻灯片中的"云图片",然后在"动画"选项卡"动画"功能组中单击"飞入"按钮,可为图片添加进入动画效果,如图 4-31 所示。

图 4-31　添加飞入动画

2. 选中"人物图",在"动画"选项卡"动画"功能组中,单击右侧的下拉列表按钮；在下拉列表中,选择"更多进入效果",如图 4-32 所示。在弹出的"更改进入效果"对话框中单击基本型区域的"十字形扩展"按钮,可为图片添加进入动画效果。

图 4-32　更多进入效果

3. 选择"中药材解析:草木奇妙奇效"文本框,单击"动画"功能组的下拉列表按钮；在下拉列表中单击"强调"选项区域的"放大/缩小"按钮,可为图片添加强调动画效果。

项目 4.2　编辑多媒体效果

4. 选中"药材图片",单击"动画"功能组的下拉列表按钮；在下拉列表中单击"退出"选项区域的"淡出"按钮,可为图片添加退出动画效果。

5. 单击"高级动画"功能组中的"动画窗格"按钮,可激活界面右侧的"动画窗格"。为幻灯片中的对象添加动画效果后,动画默认为"单击"即开始,且在对象旁边会出现数字标识,数字顺序代表播放动画的顺序。如图 4-33 所示。

图 4-33　动画播放顺序

6. 单击第一行"云图片",然后单击"播放",即可对幻灯片中对象的动画效果进行播放。

(三) 为同一个对象添加组合动画效果

组合动画是指为同一个对象同时添加进入、退出、强调 3 种类型中的任意动画组合。

1. 单击切换到第 4 页幻灯片,选中"图形 9",再单击"动画"选项卡"动画"功能组中的"轮子"动画。

2. 单击"动画"选项卡"高级动画"功能组中的"添加动画"按钮,在弹出的下拉列表中,选择"强调"功能组中的"陀螺旋"动画。

3. 再次打开"添加动画"的下拉列表,在"退出"功能组中选择"轮子"动画。添加组合动画后,"图形 9"的左上角将同时出现三个数字标识,如图 4-34 所示。

操作视频

添加组合动画并编辑

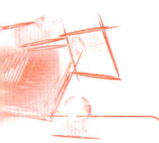

模块四　演示文稿制作

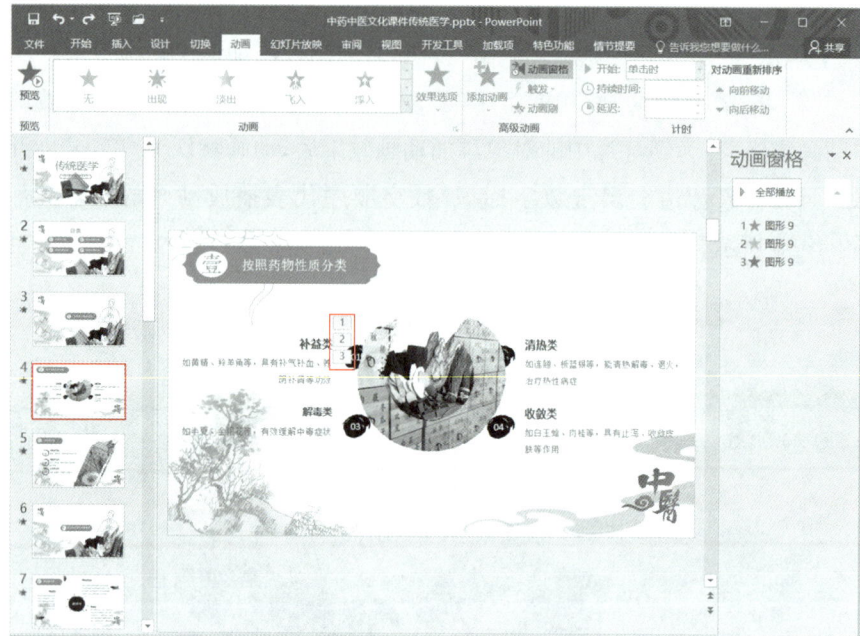

图 4-34　添加组合动画

4. 最后，给"图片 31"添加"随机线条"进入动画。

 知识拓展

如果要为幻灯片中的同一个对象添加多个动画效果。那么从添加第 2 个动画效果开始，都需要通过"添加动画"按钮才能实现，否则将会替换前一个动画效果。

二、编辑幻灯片对象动画

为幻灯片添加动画效果后，可以根据需要对动画效果选项、播放顺序及动画的计时等进行设置，使幻灯片对象中各动画的衔接更自然，播放更流畅。

（一）设置幻灯片对象的动画效果选项

单击切换到第 1 张幻灯片，选中动画窗格中的"云图片"对象，再单击"动画"选项卡"动画"功能组中的"效果选项"按钮，打开下拉列表，单击选中"自左侧"，如图 4-35 所示。

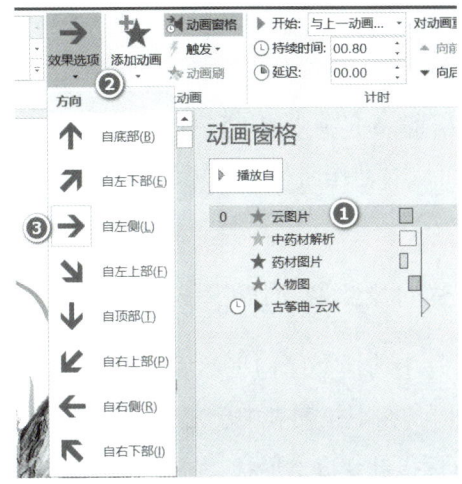

图 4-35 添加动画窗格

（二）对动画重新排序

单击选中动画窗格第 2 行的"人物图"，再单击"动画"选项卡"计时"功能组中的"向后移动"按钮两次，即可将"人物图"的播放顺序下移至最后一行。

（三）设置动画计时

1. 设置动画持续时间

选中动画窗格中第一行"云图片"对象，在"动画"选项卡"计时"功能组中"持续时间"输入框输入 0.75，即可为该动画设定 0.75 s 的持续时间。再选择"人物图"对象将"持续时间"改为 1 s。

2. 设置动画的开始方式

按住 Shift 键再单击动画窗格的第 1 行和第 4 行，即可选中动画窗格第 1~4 行的动画对象。然后单击"动画"选项卡的"计时"功能组中的"开始"下拉菜单选择"与上一动画同时"选项。再选中"动画窗格"第 4 行"人物图"，将"计时"功能组中的延迟改为 0.5，即延迟开始 0.5 s。如图 4-36 所示。

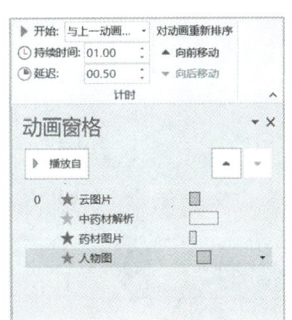

图 4-36 动画时间轴

三、添加自定义路径动画

当内置的动画不能满足需求时，也可以为幻灯片中的对象添加自定义路径的动画，并且可以对动作路径的长短和方向等进行调整，使路径动画能满足需求。

操作视频

路径与触发动画

（一）给幻灯片对象绘制动作路径

在第 7 页幻灯片中选择"鱼图 1"，然后单击"动画"选项卡"动画"功能组的下拉列表按钮 ，在下拉列表中单击"动作路径"选项区域的"自定义路径"按钮，此时鼠标指针变成＋形状，在需要绘制动作路径的开始处拖曳鼠标，绘制动作路径，如图 4-37 所示。

绘制到合适位置后，双击即可完成路径的绘制。按照此方式，依次为"鱼图 2"和"鱼图 3"绘制路径，如图 4-38 所示。

图 4-37　动作路径　　　　　图 4-38　制作示例图

（二）调整动画路径长短

选中绘制的动作路径，此时动作路径四周将显示控制点，将鼠标指针

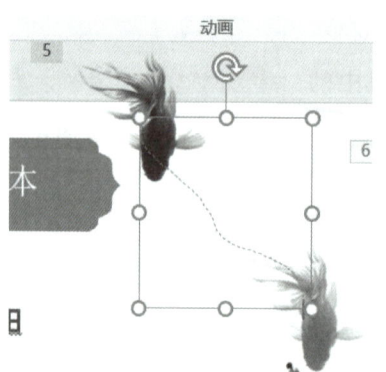

图 4-39　调整动画路径

移动到右上角的控制点上，鼠标指针将变成箭头形状。按住鼠标左键不放，拖曳到合适位置后释放鼠标，如图 4-39 所示。

（三）编辑动作路径顶点

右击选中的动作路径，在弹出的快捷菜单中选择"编辑顶点"命令，即可实现动画的运动轨迹调整。

四、设置触发动画

触发器是指通过单击该触发器可触发另一个对象或动画,在幻灯片中触发器既可以是图像按钮,也可以是一个段落或文本框。要为幻灯片的对象添加触发器(除视频和音频外),首先需要为对象添加动画效果。

1. 选择第 5 页幻灯片中的文本框 3,为文本框 3 添加"随机线条"的进入效果。

2. 单击"高级动画"功能组中的"触发"按钮,在弹出的下拉列表中选择"动物性药材",如图 4-40 所示,即可为文本框添加一个触发器。

3. 重复以上第 1 步和第 2 步继续为文本框 10 和文本框 20 添加触发器。如图 4-41 所示。

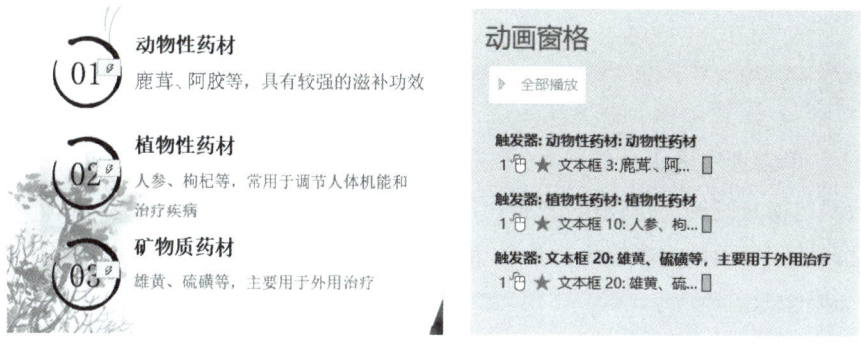

图 4-40　触发器　　　　　图 4-41　设置触发动画

五、设置切换

切换动画是指幻灯片与幻灯片之间进行切换的一种动画效果,使上一张幻灯片与下一张幻灯片之间的切换更加自然。

(一)设置切换方式

单击选中第 1 页幻灯片,选择"切换"菜单选项,单击"切换到此幻灯片"段落右下角的"其他"按钮,展开切换效果面板,如图 4-42 所示,在这里单击"华丽型"中的"页面卷曲",为第 1 页幻灯片设置"页面卷曲"的切换效果。

操作视频

切换动画

模块四 演示文稿制作

图 4-42 切换效果

(二) 设置切换效果

1. 设置切换音效

单击选中第 1 页幻灯片,在"切换"选项卡"计时"功能组中,单击"声音"选项右侧的下拉按钮,在弹出的下拉列表中选择"打字机"声音。在"持续时间"后面的文本输入框中输入"1.25",即可指定切换效果的持续时间为 1.25 s。

2. 设置换片方式

单击选中第 1 页幻灯片,选择"切换"选项卡,在"计时"功能组中的"换片方式"选项下选中"单击鼠标时",在"设置自动换片时间"选项中设置换片时长为"3 s",如图 4-43 所示。

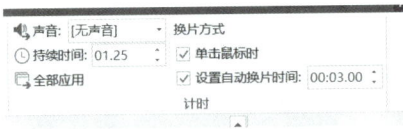

图 4-43 设置换片方式

 知识拓展

幻灯片的换片方式一般有两种。

(1) 手动换片:演讲者手动单击或使用键盘控制切换到下一张幻灯片。

(2) 自动换片:根据设定的时间间隔自动切换幻灯片,适用于定时展示或确保演示节奏。

如果需要为演示文稿中所有幻灯片添加相同的页面切换效果,可先为演示文稿的第 1 张幻灯片添加切换效果,然后单击"切换"选项卡"计时"功能组中的"全部应用"按钮,即可将第 1 张幻灯片的切换效果应用到整个演示文稿。

六、添加背景音乐

(一)插入音频文件

单击第 1 页幻灯片选择"插入"选项卡,单击"媒体"功能组中的"音频"按钮,在弹出的下拉列表中选择"PC 上的音频"。

在打开的"插入音频"对话框中选择"素材文件\古筝曲—云水.mp3",然后单击"插入"按钮,即可将音频文件插入幻灯片中,如图 4-44 所示。

练习资源

古筝曲—云水

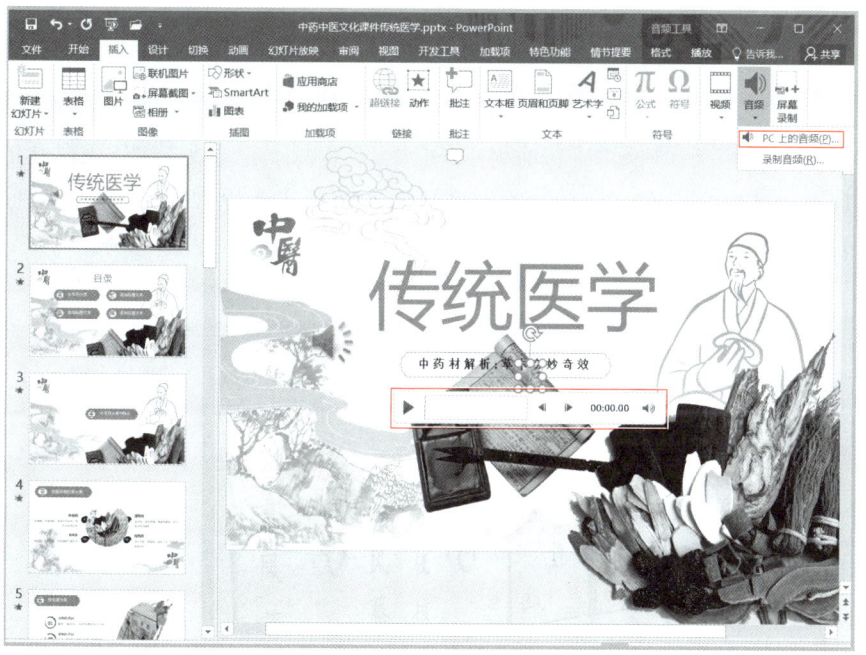

图 4-44 添加音频文件

(二)编辑音频对象

1. 调整声音图标大小。选中图标,当光标变为双向箭头时,按住鼠标左键直接拖曳图标控制点即可粗略调整大小。

2. 调整声音图标位置。选中图标,光标变为双向箭头时,使用鼠标左键直接拖曳即可调整其位置。

3. 调整声音图标颜色。选中图标，在"音频工具-格式"选项卡中，单击"调整"功能组中的颜色按钮。打开颜色选项面板，选择"重新着色"中的"金色，个性色4深色"的效果，如图4-45所示。

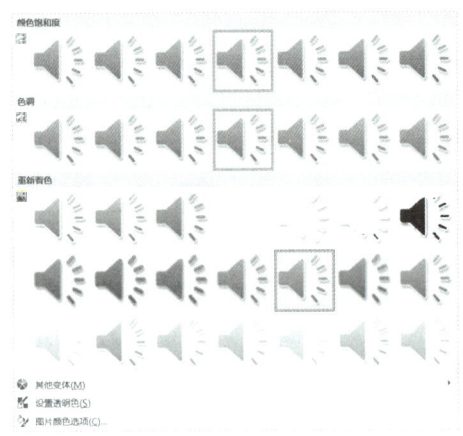

图4-45 编辑音频对象

4. 设置音频文件的播放方式。选中声音图标，在"音频工具-播放"选项卡中，单击"音频选项"功能组中的"开始"右侧下拉箭头按钮，在打开的列表中选择"自动"，再勾选"跨幻灯片播放""循环播放直到停止"和"放映时隐藏"的复选框。

知识拓展

在"音频选项"功能组"开始"下拉菜单中选择"自动"命令，即可在放映幻灯片时自动播放音频；选择"单击时"命令，在放映幻灯片时，只有执行音频播放操作后，才会播放音频。

选中"跨幻灯片播放"复选框，可在播放其他幻灯片时播放音频；选中"循环播放，直到停止"复选框，会循环播放音频；选中"放映时隐藏"复选框，表示放映时隐藏声音图标；选中"播放完毕返回开头"复选框，表示音频播放完将返回幻灯片中。

七、设置幻灯片放映类型

为了查看演示文稿的整体效果，制作完演示文稿后还需要进行放映，但为了满足不同的放映场合，在放映之前还需要做一些准备工作。

项目 4.2　编辑多媒体效果

（一）设置放映方式

1. 单击"幻灯片放映"选项卡"设置"功能组中的"设置幻灯片放映"按钮；

2. 在弹出的"设置放映方式"对话框中，选择"放映类型"中的"观众自行浏览（窗口）"单选按钮；

3. 在"放映选项"中选择"循环放映，按 Esc 键终止"复选框，如图 4-46 所示。

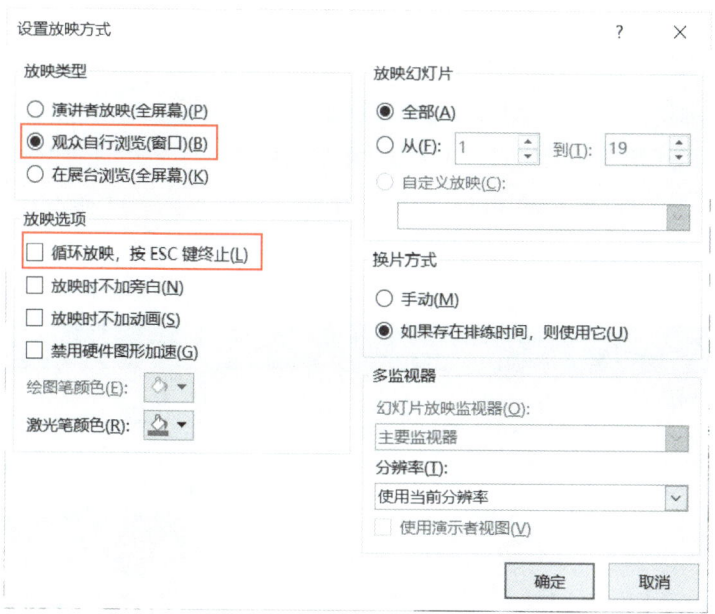

图 4-46　设置放映方式

知识拓展

幻灯片放映设置是 PowerPoint 中一个重要的功能，它允许用户根据不同的需求调整放映的方式和细节，其放映类型有三种方式。

演讲者放映：全屏模式，适用于会议或教学场合，由演讲者控制放映进度，可以显示演讲者视图（包含当前幻灯片、备注和下一张幻灯片预览）。

观众自行浏览：允许观众通过单击鼠标或键盘控制幻灯片的前进和后退，适用于展会或无须演讲者全程引导的情况。

展台浏览：全屏自动循环放映，适合产品展示或无人值守的信息展示，通常按照设定的时间间隔自动切换。

（二）隐藏不放映的幻灯片

1. 在幻灯片窗格中选择需要隐藏的第 7 页幻灯片。

2. 在"幻灯片放映"选项卡"设置"功能组中，单击"隐藏幻灯片"按钮，即可隐藏幻灯片。再次单击"隐藏幻灯片"便可将其重新显示。

（三）使用演讲者视图进行放映

1. 单击"幻灯片放映"选项卡"设置"功能组中的"设置幻灯片放映"按钮，在弹出的"设置放映方式"对话框中，选择"放映类型"中的"演讲者放映"。

2. 选择"开始放映幻灯片"功能组的"从头开始"。

3. 在开始播放的幻灯片上右击，在弹出的快捷菜单中选择"显示演示者视图"命令，如图 4-47 所示，即可打开演示者视图窗口，方便查看备注信息及下一页幻灯片，如图 4-48 所示。

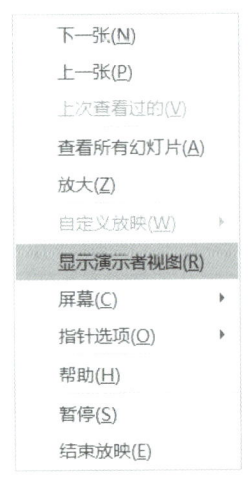

图 4-47　显示演示者视图命令

图 4-48　演讲者视图窗口

（四）排练计时

1. 在"幻灯片放映"选项卡的"设置"功能组中，单击"排列计时"按钮，进入放映排列状态，并在放映左上角打开"录制"工具栏。

2. 开始放映幻灯片，单击录制工具栏中的下一页按钮，幻灯片在人工控制下不断进行翻页切换，同时在"录制"工具栏中进行计时，如图 4-49 所示。

3. 计时完成后，弹出如图 4-50 所示的提示框确认是否保留排练计时，单击"是"按钮，完成排练计时操作，返回到演示文稿的普通视图中。

项目 4.2　编辑多媒体效果

图 4-49　录制计时

图 4-50　弹出提示框

八、放映输出

（一）导出视频文件

如果需要在视频播放器上播放演示文稿，可以将演示文稿导出为视频文件，这样既可以播放幻灯片中的动画效果，又可以保护幻灯片中的内容不被他人修改。有时为了宣传和展示需要将演示文稿中的多张幻灯片导出，此时可以导出为图片、PDF 文件或视频文件。导出视频文件的操作步骤如下。

1. 选择"文件"选项卡，在打开的界面选择"导出"→"导出类型"→"创建视频"；再单击右侧的创建视频按钮，如图 4-51 所示。

图 4-51　创建视频流程

2. 打开"另存为"对话框,在地址栏中设置保存视频的位置。

3. 开始制作视频文件,在工作界面的状态栏中可显示导出进度,如图4-52所示。

图 4-52　生成视频文件

4. 导出完成后即可使用视频播放器打开,预览演示文稿的播放效果。

(二)添加标注

1. 在幻灯片放映过程中,右击幻灯片在弹出的菜单中,选择"指针选项"命令,在其子菜单中选择"荧光笔"命令,如图 4-53 所示。

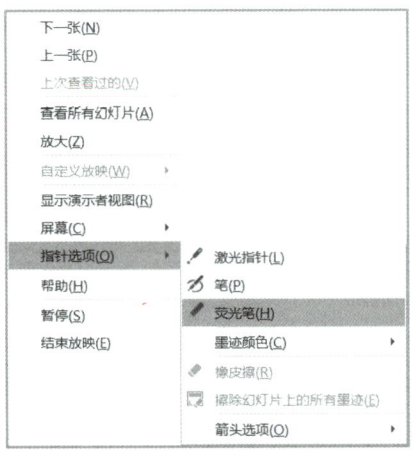

图 4-53　幻灯片标注设置

2. 选择"墨迹颜色"命令,在子菜单中选择一种颜色。

设置完成后,按住鼠标左键,在幻灯片中拖曳即可书写或绘图。

 拓展练习

操作题

请继续优化本项目中的幻灯片。

(1) 将除了封面幻灯片外的其他每张幻灯片中的页脚处插入"传统医学"四个字。

(2) 将第 4 页幻灯片所有动画对象的"开始"设为"上一动画之后"。

(3) 将幻灯片右侧文本框中的文字转换成为"垂直项目符号列表"版式的 SmartArt 图形,并设置颜色为"彩色,个性色",动画效果为"进入/飞入",效果选项的方向为"自右侧",序列为"逐个"。

(4) 设置第 1、第 3、第 5 张幻灯片切换效果为"揭开",效果选项为"从右下部";设置第 2、第 4 张幻灯片切换效果为"梳理",效果选项为"垂直"。

项目 4.3　宣传演示文稿制作

 情境简介

李菊是疾控中心的一名医生,经常有人向她咨询有关疾病预防、急救和健康生活等方面的知识。为了更好地帮助大家,她想制作一份演示文稿来介绍这些知识。由于疾控中心工作繁忙,她决定先制定需求和框架,使用人工智能快速生成一份演示文稿,再对生成的内容进行适当的修改和优化,并设计封面和尾页。

 学习目的

(1) 了解运用人工智能辅助设计 PPT；
(2) 掌握快速生成演示文稿方法；
(3) 掌握幻灯片图片美化技巧；
(4) 熟练使用软件工具获取素材。

一、AI 辅助设计演示文稿

(一) 概述

当前,人工智能技术(Artificial intelligence,AI)已经发展到可以辅助甚至自动生成演示文稿的程度。一些 AI 工具和软件能够根据用户提供的关键词、主题内容或数据自动创建演示文稿的框架,包括生成幻灯片、插入相关图片、图表和文字说明等。这类 AI 工具通常会利用自然语言处理、图像识别以及机器学习算法来理解和组织信息,从而制作出符合人们需求的演示文稿。

(二) AI 辅助设计演示文稿的原理

运用 AI 辅助设计演示文稿的原理是基于人工智能技术对大量演示文稿设计案例进行分析和学习,然后通过算法生成新的设计方案。通过对演示文稿的设计元素、布局、配色等属性的分析和学习,AI 可以自动生成符合用户要求的演示文稿。

(三) AI 辅助设计演示文稿的方法

1. 数据驱动的设计:AI 可以通过收集和分析用户的需求和喜好,自动调整设计方案,提供个性化的演示文稿设计体验。

2. 自动排版:AI 可以根据演示文稿内容自动调整元素的位置和比例,以实现最佳的视觉效果和排版布局。

3. 智能配色:AI 可以根据演示文稿内容和主题的特点,自动生成符合视觉美感的配色方案,提供更加吸引人的演示文稿设计。

4. 智能推荐:AI 可以根据用户的需求和内容特点,智能推荐合适的演示文稿设计模板、图表和素材,节省用户的时间和精力。

5. 实时预览和修改:AI 可以实时预览和修改演示文稿设计方案,根据用户的反馈和需求进行调整和优化,提供更加满意的设计效果。

(四) AI 辅助设计演示文稿的优点和缺点

1. 优点

高效性:AI 可以自动生成演示文稿设计方案,大大提高人类工作效率,节省时间和人力成本。

个性化:AI 可以根据用户的需求和偏好,提供个性化的演示文稿设计方案，满足用户的不同需求。

视觉优势：AI 可以通过学习和分析大量设计案例，生成符合大众审美原则和具有较好视觉效果的演示文稿设计，吸引观众的注意力。

2. 缺点

缺乏创造性：AI 虽然可以自动生成演示文稿设计方案，但缺乏人类的创造力和艺术感，可能会导致一些设计上的平庸和创意性的缺乏。

依赖大量数据：AI 设计演示文稿需要依赖大量的演示文稿设计数据进行分析和学习，如果数据不足或者质量不高，可能会影响设计结果的质量。

用户体验问题：AI 辅助设计演示文稿的过程中，可能会涉及用户隐私和数据安全的问题，需要保证用户的信息不受侵犯，同时提供良好的用户体验。

二、创建演示文稿大纲

（一）演示文稿的结构要点

一份完整的演示文稿，通常要包含以下这些页面：封面页、目录页、转场页、正文页、总结页和结束页。开始做演示文稿之前，首先要梳理清楚演示文稿的整体结构逻辑，包括哪些章节，各章节之间或小节之间的逻辑关系是并列还是层层递进，是因果关系还是总分关系。要先确认整体的逻辑关系，后续的制作才能胸有成竹。如果还未确认，也可以用 AI 生成一份演示文稿大纲，在此基础上进行修改与完善。

（二）用 AI 创建演示文稿大纲

1. 文心一言

文心一言是一款由百度研发的知识增强大语言模型，具备多种实用的功能，其中之一就是能够生成演示文稿大纲。文心一言能够根据用户输入的关键词或主题，智能生成与之相关的演示文稿大纲。这一功能可以帮助用户快速构建演示文稿的框架，节省制作演示文稿的时间和精力。用户首先需要在文心一言的官方应用或平台上注册并登录账号。在文心一言应用内，用户可以找到"PPT 大纲"的功能模块，单击进入后，用户只需输入相关的关键词或主题，文心一言便会根据这些信息自动生成演示文稿大纲。具体操作步骤如下。

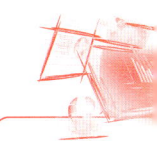

项目 4.3　宣传演示文稿制作

(1) 进入文心一言

打开文心一言的官方网站，对话框如图 4-54 所示。

图 4-54　文心一言对话框

(2) 选择演示文稿大纲生成功能

在文心一言的界面中，找到并单击"百宝箱"或导航选项。在"百宝箱"页面中单击"PPT 大纲"功能。

(3) 输入演示文稿主题

在输入框中，输入希望制作的演示文稿主题。例如，输入"请帮我生成一份临床医学科普宣传演示文稿大纲，包括急救知识、健康生活，疾病预防等内容"。

(4) 等待生成大纲

发送指令给文心一言，等待其基于输入生成演示文稿大纲。

(5) 查看与调整大纲

查看文心一言生成的演示文稿大纲，确保它符合需求，部分内容如图 4-55 所示。可以根据需要对大纲进行微调或补充，以确保其完整性和准确性。

(6) 导出大纲

文心一言提供直接导出大纲的功能，也可以将其导出为 Markdown 或其他格式，以便后续使用。

(7) 使用第三方工具将大纲转换为演示文稿

如果需要将大纲转换为演示文稿格式，可以使用文心一言推荐的插件

拓展阅读

Markdown 简介

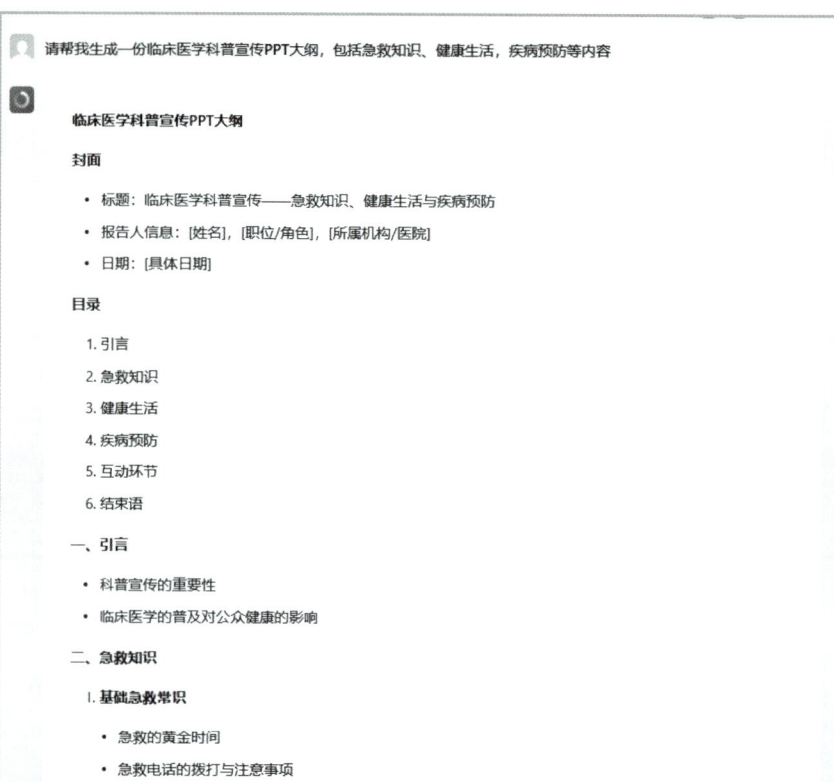

图 4-55　文心一言生成的部分大纲内容

或第三方工具,如百度文库、必优 ChatPPT、AiPPT 等。将 Markdown 格式的大纲导入到这些工具中,按照提示进行渲染和编辑,最终生成演示文稿。

2. 通义千问

通义千问也是一款可以辅助设计演示文稿大纲的软件,可帮助用户快速构建演示文稿的结构框架,能够根据用户的特定需求和主题要求,自动生成逻辑清晰、内容组织合理的演示文稿大纲。具体的操作步骤如下:

(1) 登录通义千问

访问通义千问的官方网站。

(2) 明确演示文稿主题

在输入框中输入:"帮我创建一个关于临床医学科普宣传的演示文稿大纲"。

(3) 细化需求

可以更具体地描述希望大纲包含的内容结构,例如,可以继续输入:

项目 4.3　宣传演示文稿制作

"请确保大纲包括急救知识、健康生活、疾病预防。"

（4）获取大纲草稿

通义千问会基于要求生成一个初步的大纲草稿，列出各部分的标题和简短描述，如图 4-56 所示。

图 4-56　通义千问生成的部分大纲内容

（5）互动调整

如果对生成的大纲有不满意或需要进一步细化的地方，可以直接继续与通义千问交互，比如要求增加某个部分的子内容或调整顺序。

（6）整理并应用

根据通义千问给出的反馈，整理出最终的演示文稿大纲结构。

（三）编辑大纲

可以使用多个 AI 助手来生成演示文稿大纲，并根据自己的需求进行选择和提炼。通过这种方式，可以获得更全面、个性化的帮助，更好地组织和呈现演示文稿内容。

本案例将 AI 生成的大纲文件根据需求调整修改后，编辑录入到 Word 文档中。单击 Word 的"视图"选项卡中的"大纲视图"按钮，即会生成新的

练习资源

AI 整理的大纲文档

选项卡，即"大纲显示"，输入大纲内容，在左上角的级别设置处选择大纲级别，如图 4-57 所示，其中橙色字对应大纲一级，绿色字对应大纲二级，蓝色对应大纲三级。

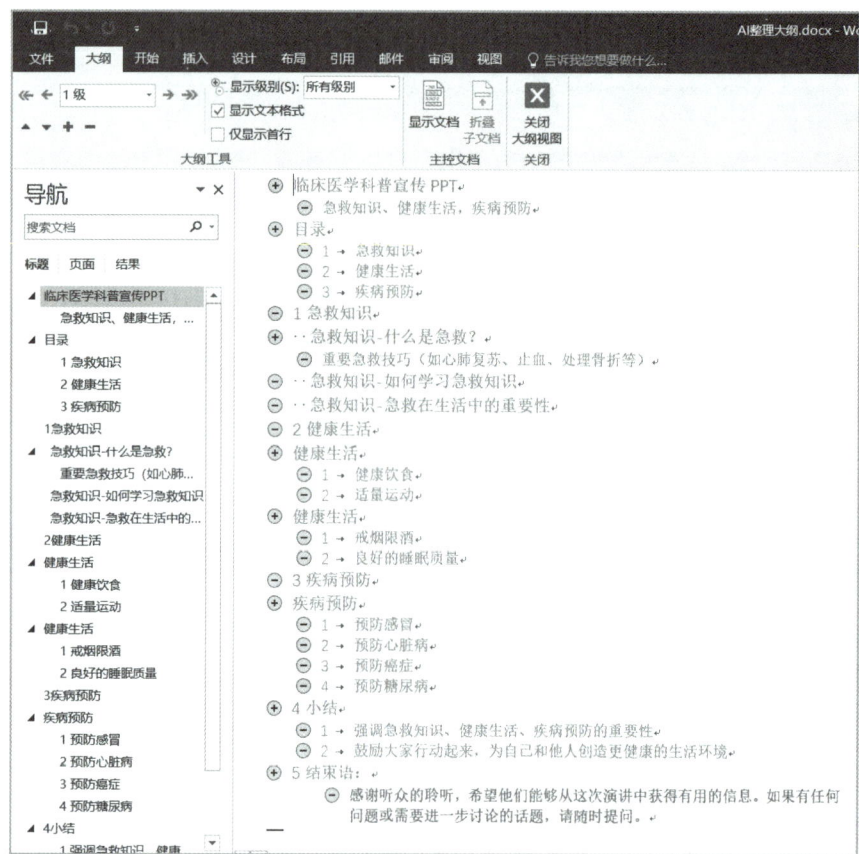

图 4-57　文档的大纲级别

三、根据大纲生成演示文稿

（一）导入 Word 大纲文档

打开 PowerPoint 2016，在"开始"选项卡下单击"新建幻灯片"下拉按钮，在下拉列表中选择"幻灯片（从大纲）"选项再选择刚才输入大纲的 Word 文档，如图 4-58 所示，这样大纲里的内容就按级别自动导入演示文稿里了，如图 4-59 所示。

（二）选择模板

在"设计"选项卡的"主题"功能组中，可以通过单击选择模板。每个主

项目 4.3 宣传演示文稿制作

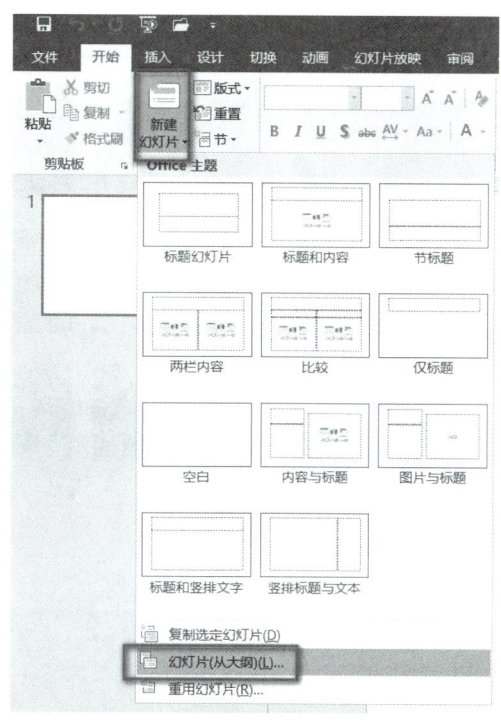

图 4-58 选择幻灯片(从大纲)

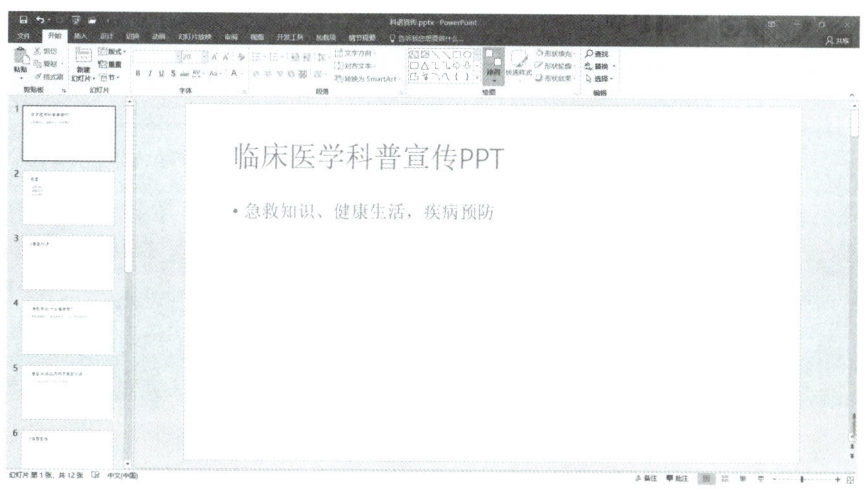

图 4-59 Word 文档自动导入到演示文稿

题中通常都包含字体、字号、颜色、板式等设置信息,切换主题将会改变当前 PPT 的排版和外观。当选择"离子"主题,切换到"幻灯片浏览"视图,可自动生成 PPT,如图 4-60 所示。

模块四　演示文稿制作

项目成果

科普宣传

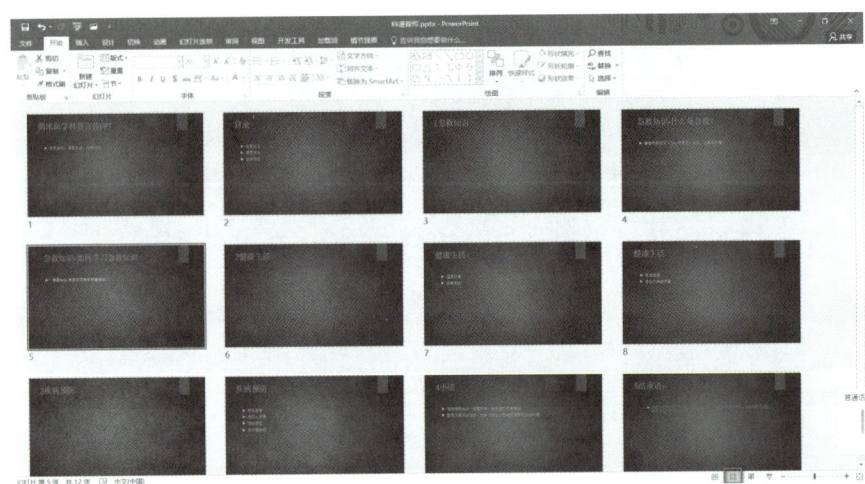

图 4-60　应用离子主题后的演示文稿

(三) 为演示文稿添加内容

在此框架基础上添加具体的内容和素材，比如文字、图表、图片、表格等，再进行相关排版和设计，完成整个演示文稿的制作。

文字内容也可以通过 AI 助手生成，比如，打开 ChatPPT 网站，如图 4-61 所示，选择"自动生成 PPT"，再输入演示文稿需要包含的内容，即可看到 AI 助手查询到的演示文稿内容。

图 4-61　ChatPPT 网站

四、AI 生成演示文稿

将 AI 生成的大纲文件根据需要调整后，利用 ChatPPT 一键生成 PPT，如图 4-62 所示。

鼠标滚动到网站最下方，将鼠标移到"文件转 PPT"按钮  上方，在弹

项目4.3 宣传演示文稿制作

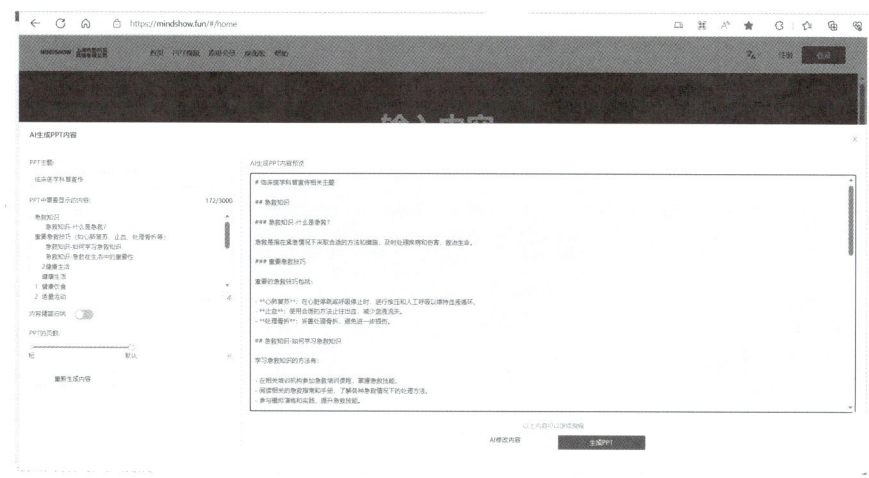

图4-62 AI生成演示文稿的内容

出的文本列表中选择Word选项,即可通过导入一份Word大纲的方式生成演示文稿,如图4-63所示。更快捷的方法是直接在对话框中输入需求,比如:帮我写一份金融行业工作总结或帮我生成一份健身计划等。

图4-63 从Word大纲生成演示文稿

五、设计演示文稿的封面页和尾页

通过AI或演示文稿模板制作完成的演示文稿封面一般比较常规,缺乏个性,而宣传类演示文稿的封面应当满足唤起观众对文稿的兴趣,尾页应当既总结文稿,又含有深意。因此,宣传类演示文稿的封面页和尾页需要考虑添加具有吸引力的图片,并使页面设计更具个性。

（一）图片选择和处理

1. 进入网站"多搜搜"输入关键词"健康生活"单击搜索按钮，如图 4-64 所示。

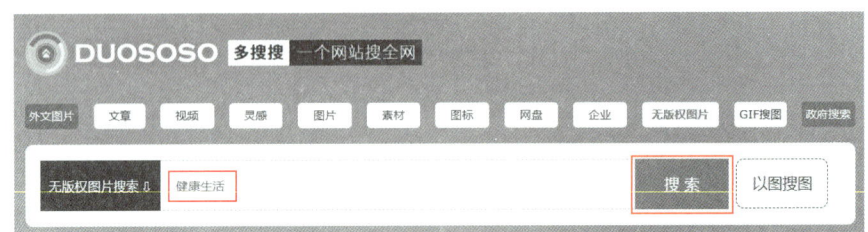

图 4-64　多搜搜网站

2. 寻找到合适的图片后，右击图片，在弹出的快捷菜单中选择"图片另存为"命令，并将其保存到计算机合适的位置。

3. 在"健康新生活"演示文稿的首页，新建一个空白的幻灯片，并插入已经选好的图片，保持图片的长宽比例，调整其大小并放置于合适的位置，如图 4-65 所示。

练习资源

首页图

图 4-65　插入图片

4. 选中图片，在"图片工具-格式"选项卡中，单击裁剪按钮，如图 4-66 所示，将图片多余的部分裁剪，使图片正好充满整张幻灯片。

5. 使用相同的方法为尾页搜索一张合适的图片，然后新建一页空白尾页幻灯片，在尾页插入图片。

项目 4.3 宣传演示文稿制作

图 4-66 裁剪图片

 知识拓展

搜索图片时需要按演示文稿的主题来搜索,此处搜索"健康生活"以及"有阳光"的图片,是因为演示文稿的主题是健康新生活,而阳光给人们带来健康活力的感受。根据主题寻找演示文稿配图,有助于增强演示文稿的表现力。

6. 将图片调整至合适大小后裁剪,以铺满整页幻灯片。再插入一个矩形,调整矩形的旋转角度为340°,如图 4-67 所示。

练习资源

尾页图

图 4-67 插入矩形

模块四 演示文稿制作

7. 调整矩形在画面中的位置后,先选中图片再选中矩形,在"绘图工具-格式"选项卡插入形状"功能组中,单击"合并形状"下拉菜单,在弹出的下拉列表中选择"剪除",如图4-68所示,裁剪图片就留出了输入文字的位置。

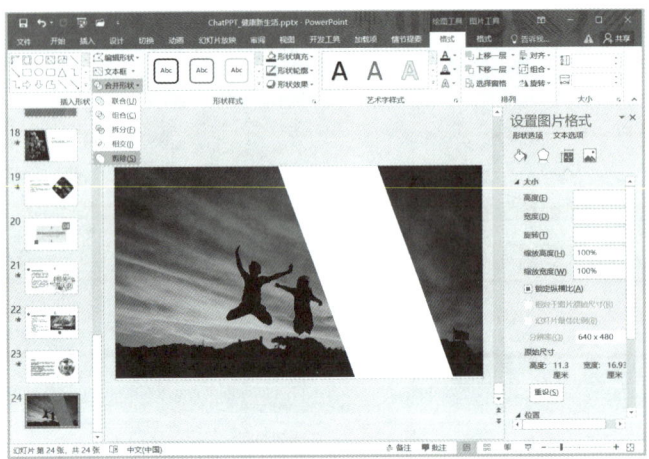

图 4-68 合并形状

(二) 页面设计

1. 在演示文稿的封面页中,单击"插入"选项下的"形状"按钮,然后选择"基本形状"中的"菱形",在封面页的右侧绘制一个菱形。

2. 调整菱形的大小,效果如图4-69所示。

图 4-69 绘制菱形

3. 设置菱形的填充色为"蓝灰",RGB参数分别是"81,100,114",设置菱形的线条颜色为"白色",宽度为"8磅",如图4-70所示。

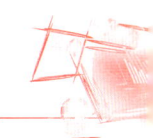

项目4.3 宣传演示文稿制作

图4-70 设置形状格式

4. 绘制另外3个菱形,依次置于在第1个菱形下面,并调整菱形的大小,其高度与宽度参数值依次是9.6 cm,11.6 cm,13.6 cm。

5. 为了使下层的3个菱形呈现发光透明状,需要设置填充方式。这里以大小为"9.6 cm"的菱形为例,在"填充"选项卡下设置填充方式为"渐变填充",设置类型为"线性设置",方向为"线性向下",设置第1个渐变光圈的填充色为"白色",设置位置为"0%",透明度为"40%",如图4-71所示。设置第2个渐变光圈填充色为"玫红色,个性色1,淡色70%"。

图4-71 设计发光透明效果

6. 使用相同的方法设置另外2个菱形,且菱形的透明度一个比一个大,制造出透明发光的效果。

7. 为了增加细节表现效果再插入其他形状,单击"形状"下拉按钮在弹出的下拉列表中选择"半闭框"。

8. 在最小菱形的左右两边绘制 2 个"半闭框",并填充"橙红色,个性色 4","半臂框"的粗细可通过边框上的黄色顶点来调节,"旋转角度"可以在"形状格式"中微调,位置可通过键盘的移动键进行调整,具体参数如图 4-72 所示。

图 4-72　绘制半闭框

9. 在菱形中插入文本框并输入文字"健康新生活",单击"绘图工具-格式"选项卡的"艺术字样式"下拉按钮,在弹出的列表中选择"渐变填充—橙色,着色 4,轮廓—着色 4",如图 4-73 所示。

图 4-73　插入艺术字

10. 切换到尾页页面,插入一个文本框。输入文本"健康新生活,感谢观看 Thanks",设置字体大小为"40 号",字体样式为艺术字"填充—红色,着色 1,阴影",然后可通过空格键、Enter 键调整字符的位置及间距,效果如图 4-74 所示。

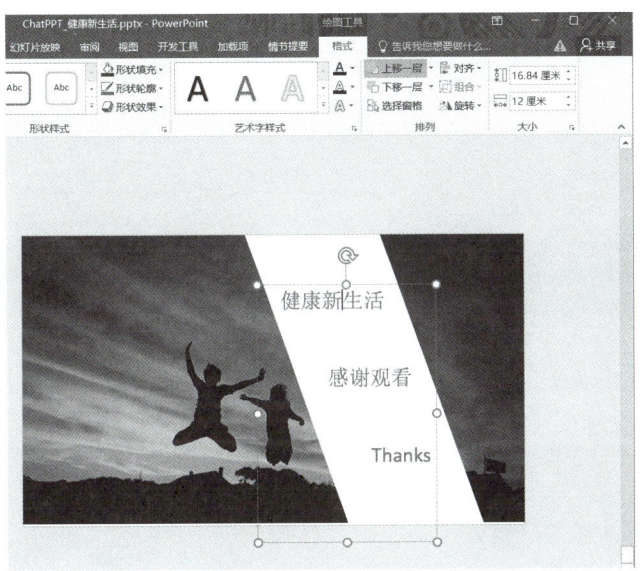

图 4-74　插入文本框

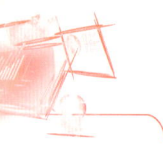

模块四　演示文稿制作

 拓展练习

操作题

从如图 4-75 所示思维导图中选择部分知识点，先制作一份演示文稿大纲，然后运用 AI 工具，完成一份完整的演示文稿。

练习资源

知识点思维导图

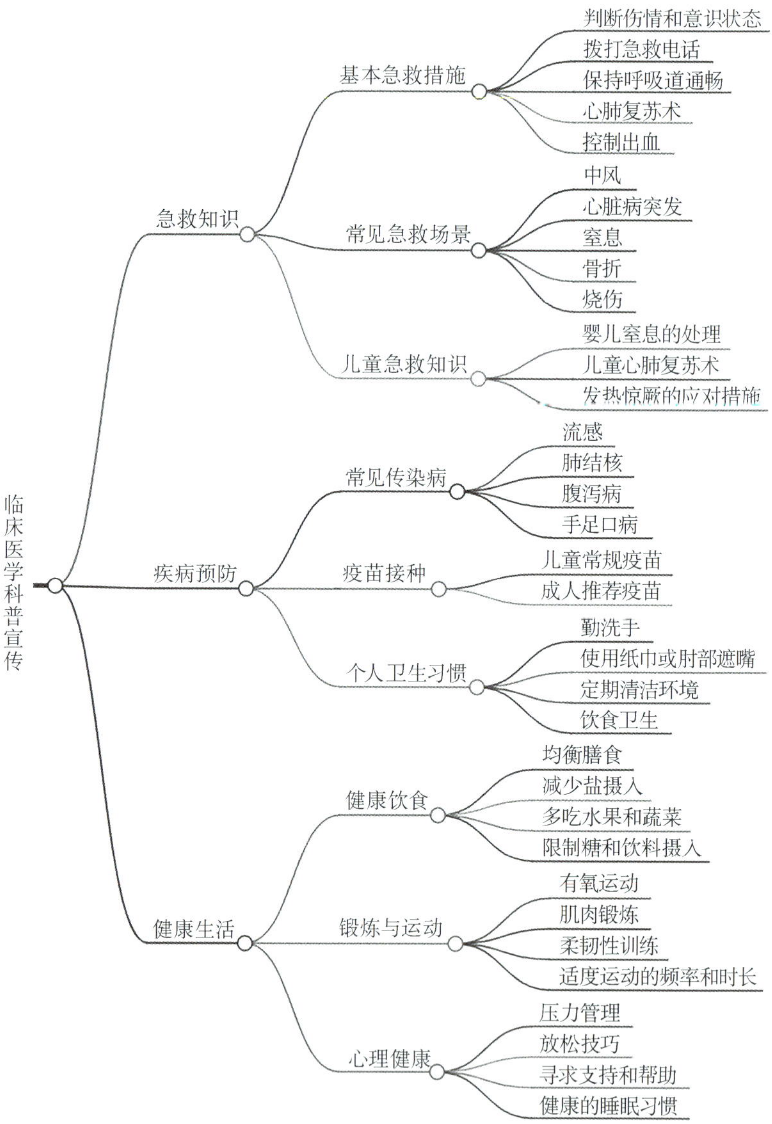

图 4-75　知识点思维导图

模块五

电子表格处理

项目 5.1　创建和管理员工培训成绩表

情境简介

张明是某医院科教科的职员,负责管理医院员工的培训。最近,医院进行了一次大规模的员工培训,涉及多个部门和多种培训课程。张明需要创建一个电子表格来记录和管理所有员工的培训成绩,确保数据的准确性和安全性。

学习目的

(1) 了解 Excel 在医疗管理领域的应用;
(2) 掌握 Excel 2016 的基本操作和熟悉操作界面;
(3) 学会创建、格式化和保护工作簿和工作表的安全;
(4) 熟悉数据录入技巧和单元格的格式设置;
(5) 掌握工作表的打印和页面设置。

一、新建 Excel 文档

(一) 启动 Excel 2016

方法一：双击桌面 Excel 图标 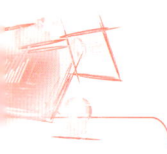。

方法二：通过任务栏快捷键，在屏幕底部找到 Excel 2016 图标，单击打开程序，如图 5-1 所示。

(二) 认识 Excel 2016

启动 Excel 2016，选择"空白文档"选项后会新建一个空白 Excel 文档，进入软件操作界面，如图 5-2 所示。Excel 2016 界面可分为标题栏、快速访问工具栏、选项卡等区域。

图 5-1　菜单启动程序

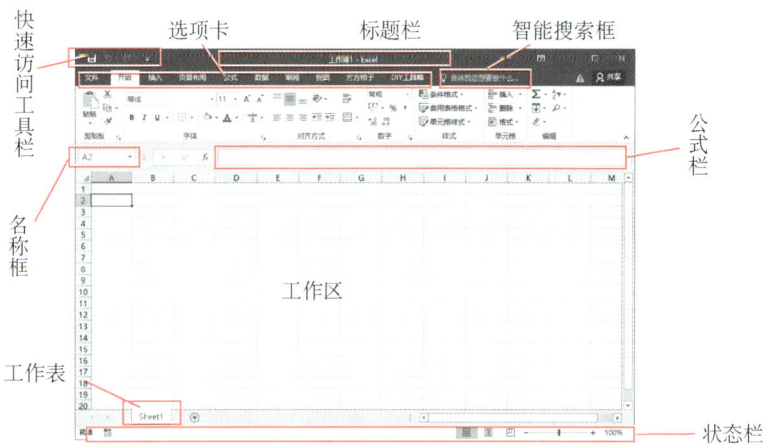

图 5-2　Excel 2016 界面

1. 标题栏

标题栏位于 Excel 2016 界面的顶部，用于显示当前工作簿的名称、软件名称和窗口控制按钮。通过标题栏可以快速识别到当前正在编辑的工作簿，并进行一些基本的窗口操作，如最大化、最小化和关闭窗口。

在标题栏的中间，通常会显示当前工作簿的文件名。如果工作簿尚未保存或新建，则可能显示为默认名称"工作簿 1"。

在标题栏的右侧，是窗口控制按钮，包括最大化、最小化和关闭按钮。通过这些按钮可以方便地调整 Excel 窗口的大小，也可以关闭当前工作簿。

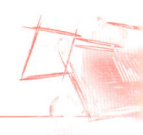

2. 快速访问工具栏

快速访问工具栏位于 Excel 2016 界面的左上角，提供了一组常用的命令按钮，方便用户快速执行常用操作。这些按钮通常包括保存、撤销、恢复、打印预览等常用功能，可以极大地提高用户的操作效率。

默认情况下，快速访问工具栏只包含有限的几个按钮，但用户可以根据自己的需求进行自定义。通过单击工具栏右侧的"自定义快速访问工具栏"按钮可以打开下拉菜单，从中选择更多命令添加到工具栏中，或调整现有按钮的顺序和显示方式。

3. 选项卡

Excel 2016 默认显示 7 个主要选项卡，位于 Excel 2016 界面的顶部，是一排横向的标签，用于分类和组织各种命令和功能。每个选项卡都对应着一组相关的操作或工具，例如"开始"选项卡包含剪贴板、字体、对齐方式、数字格式等基本的单元格编辑功能；"插入"选项卡提供了插入图表、表格、图片等元素的工具。

通过单击不同的选项卡可以快速切换到不同的功能组，以便更高效地执行相应的操作。每个选项卡下都包含一组相关的命令按钮或下拉菜单，可以根据需要单击这些按钮或菜单项来执行具体的操作。

4. 智能搜索框

智能搜索框位于 Excel 2016 界面的右上角，是一个非常实用的功能。它允许用户快速查找和访问 Excel 中的各项功能和命令，无须在繁琐的菜单和选项卡中逐一查找。

例如，如果想要为表格应用"条件格式"，但不确定具体的操作步骤，只需在智能搜索框中输入"条件格式"，Excel 便会展示相关的命令和设置选项，用户可以根据搜索结果完成表格的格式化工作。

5. 工作表区

工作表区是 Excel 2016 界面中占据最大面积的区域，用于输入、编辑和显示工作表的内容。在这里，用户可以输入数据或公式、插入图表、创建表格等各种元素，构建完整的数据分析或报表。

6. 公式栏

公式栏位于 Excel 2016 界面的功能区下方，用于显示和编辑单元格中的内容或公式。选中某个单元格时，该单元格的内容或公式会显示在公式栏中，用户可以在此直接进行公式编辑。

7. 状态栏

状态栏位于 Excel 2016 界面的底部，提供了一系列有关当前工作簿状态和操作反馈的信息。这些信息对于用户了解工作簿的编辑情况、进行页面设置和调整视图模式等非常有帮助。

在状态栏中可以看到当前工作簿的工作表数量、选中单元格的统计信息（如平均值、计数和求和结果）等基本信息。这些信息有助于用户掌握数据的规模和编辑进度，并及时调整内容或格式。

此外，状态栏还包含了一些快捷按钮，如视图切换按钮、缩放按钮等，方便用户快速调整工作簿的显示方式或进行其他常用操作。

8. 名称框

名称框位于公式栏的左侧，是 Excel 2016 界面中一个重要的导航工具。它显示当前选中单元格的地址或者定义的名称。

显示单元格地址：当某个单元格被选中时，名称框会显示该单元格的地址，例如 A1、B5 等。

快速导航：在名称框中直接输入单元格地址（如 D10）并按 Enter 键，Excel 会自动跳转到该单元格。

显示定义的名称：如果用户为某个单元格范围定义了名称，选中该范围时，名称框会显示该定义的名称。

创建名称：用户可以通过名称框为选中的单元格或区域快速创建名称，只需在名称框中输入想要的名称并按 Enter 键即可。

9. 工作表

Excel 工作簿由多张工作表组成，用户可以根据需要增加或删除工作表。工作表标签位于 Excel 窗口底部，每个标签代表一张工作表。

（1）增加工作表

方法 1：单击工作表标签区域最右侧的加号（＋）图标。

方法 2：右击任意工作表标签，从上下文菜单中选择"插入"。

方法 3：使用 Shift＋F11 组合键。

（2）删除工作表

方法 1：右击要删除的工作表标签，在弹出的快捷菜单中选择"删除"。

方法 2：选中要删除的工作表，然后在"开始"选项卡的"单元格"功能组中，单击"删除"按钮，然后选择"删除工作表"。

删除工作表时要谨慎，因为该操作会永久删除工作表中的所有数据。如果工作簿中只有一张工作表，则 Excel 将不允许删除它。Excel 可以同时删除多个工作表，只需在按住 Ctrl 键的同时选择多张工作表标签，然后执行删除操作。

二、工作簿相关操作

启动 Excel 2016 后,选择"新建空白工作簿"。默认情况下,新工作簿包含一张名为"Sheet1"的工作表。工作表由众多称为"单元格"的小格子组成。每个单元格都有唯一的名称,可在名称框中查看。单元格名称由列标(字母)和行标(数字)组成,例如 A1、B2 等。

在 A、B、C、D 四列单元格中输入数据,如图 5-3 所示。默认情况下,按下 Enter 键会将活动单元格向下移动。如果需要改为向右移动,可以按如下操作:单击"文件"选项卡中的"选项",在弹出的"Excel 选项"对话框中,选择"高级"选项卡,在"编辑选项"部分找到"按 Enter 键移动单元格方向"选项,在下拉菜单中选择"向右",最后单击"确定"按钮以保存设置。

Excel 2016 提供了多种灵活的数据输入方法,以适应不同类型的数据需求。普通数字可直接在单元格中输入,但电话号码或身份证号码等,需要作为文本处理。这时,可在数字前加英文单引号或将单元格格式设为"文本",否则数字将自动采用科学记数法表示。

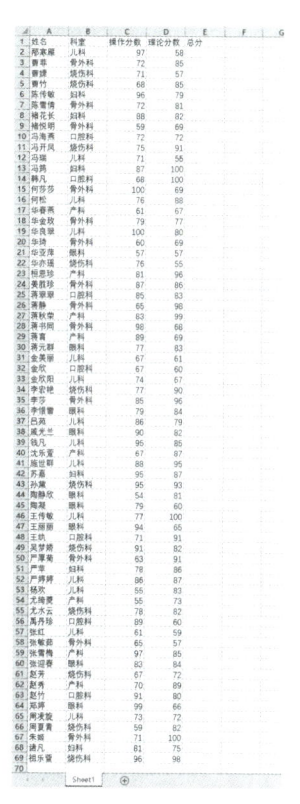

图 5-3 输入数据

练习资源

护理部考核
成绩表 1

分数一般使用斜杠分隔分子和分母,如 1/4。然而,Excel 会智能判断数据内容,默认情况下可能将分数误判为日期格式。为避免这种情况发生,可以采取以下方法:方法一,是在输入数据之前,设置数据类型,如图 5-4 所示,即先将单元格格式设置为"分数";方法二是输入带整数的分数,如"0 1/4"来表示 1/4,这样可确保 Excel 正确识别分数格式。

日期和时间的输入也很直观,按常用格式直接输入即可,如 2023/6/28 或 14:30,Excel 会自动识别。对于有规律的数据输入,如日期序列或等差数列,可利用"自动填充"功能进行输入。只需输入序列起始值并拖动填充柄,Excel 就会自动识别并延续数据规律。长文本的输入有两种方式:可以直接输入并让 Excel 自动换行,也可以使用 Alt+Enter 组合键手动控制换行位置。对于需要重复输入的数据,Excel 提供了便捷方法。选中目标区域后,在第一个单元格输入数据并按 Ctrl+Enter 组合键,即可实现快速填充。

Excel 还提供了一些快捷操作来提高效率。使用 Ctrl+R 组合键可快速复制左侧单元格的内容。Excel 的表格功能可让连续数据输入变得更加便捷,通过 Tab 键可在列间快速移动并自动创建新行。

为确保数据的准确性和一致性,可以巧妙运用数据验证功能。它可以限制输入的数据类型和范围,从而有效防止错误数据的产生,如图 5-5 所示。

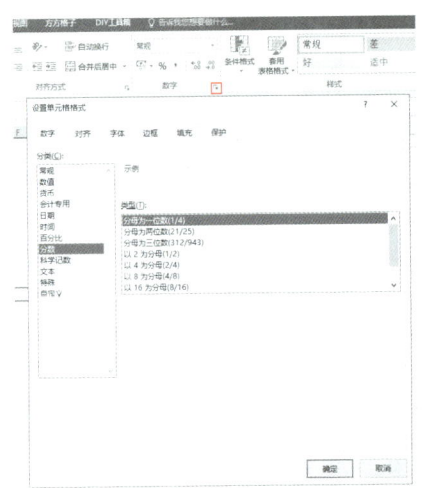
图 5-4 将单元格格式设置为分数

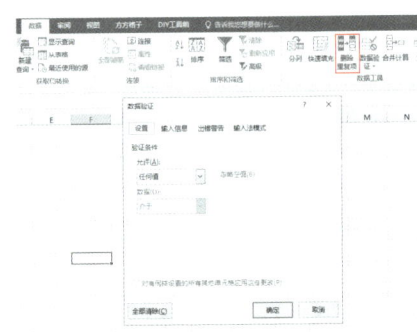
图 5-5 设置数据有效性

熟练掌握这些输入技巧,不仅能提高工作效率,还能确保数据的准确性。根据具体的数据类型和工作需求,灵活运用这些方法可以大大简化 Excel 中的数据录入过程,让用户能更专注于数据分析和处理。随着实践经验的积累,这些技巧将成为用户的得力助手,使数据处理工作更加得心应手。

(一) 工作表的操作

输入数据后,按以下步骤重命名并复制工作表。

1. 重命名工作表

(1) 双击"Sheet1"工作表标签。
(2) 将工作表重命名为"成绩表"。

2. 创建工作表副本

(1) 右击"成绩表"标签,如图 5-6 所示。

项目 5.1　创建和管理员工培训成绩表

（2）在弹出菜单中选择"移动或复制"。

（3）在对话框中勾选"建立副本"，如图 5-7 所示。

（4）单击"确定"。

完成上述操作后，在"成绩表"左侧将复制出一个名为"成绩表（2）"的新工作表副本，将该工作表重命名为"副本"。用这种方法可以快速创建数据备份，有助于保护重要信息并方便进行数据比较或修改。

图 5-6　复制工作表

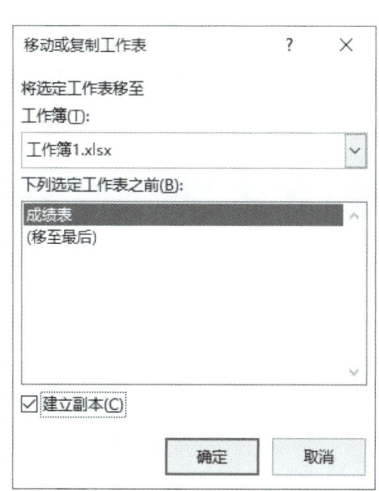

图 5-7　建立副本

（二）保护工作簿和工作表

在完成数据输入和工作表编辑后，保护工作簿和工作表的安全是至关重要的。Excel 2016 提供了丰富的安全功能，允许用户根据需要对工作簿或工作表进行保护。

保护工作簿结构可以防止工作簿中的工作表被删除、移动或重命名。要启用此功能，需要按照以下步骤操作。

1. 单击"审阅"选项卡。

2. 在"更改"功能组中，选择"保护工作簿"。

3. 在弹出的"保护工作簿"对话框中，勾选"结构"选项，并输入密码，如"xxzx520"。

4. 单击"确定"并再次输入密码确认。

这样，未经授权的用户将无法对工作簿结构进行任何更改。

此外，保护工作表可以防止工作表中的数据被随意修改。要启用此功能，需要按照以下步骤操作。

1. 单击"成绩表"工作表标签。

操作视频

保护工作簿和工作表

2. 单击"审阅"选项卡。

3. 在"更改"功能组中，选择"保护工作表"。

4. 在弹出的"保护工作表"对话框中，设置允许用户执行的操作（"选择锁定单元格"或"使用自动筛选"），并输入密码，如"xxax520"。

5. 单击"确定"并再次输入密码确认。

完成上述操作后，未经授权的用户将无法对"成绩表"工作表中的数据进行修改或增加。

三、格式化工作表

设置工作表格式

输入数据后，需要对工作表进行格式化，以提高其可读性和美观度。

（一）设置字体和字号

1. 在"副本"工作表中，选中从 A1 到 E69 的矩形区域。

2. 单击"开始"选项卡，在"字体"功能组中选择"宋体"，设置字号为"16 磅"。

（二）调整行高和列宽

1. 选中 A1 到 E69 的矩形区域。

2. 在"开始"选项卡的"单元格"功能组中，单击"格式"。

3. 选择"行高"，输入"26"；选择"列宽"，输入"12"。

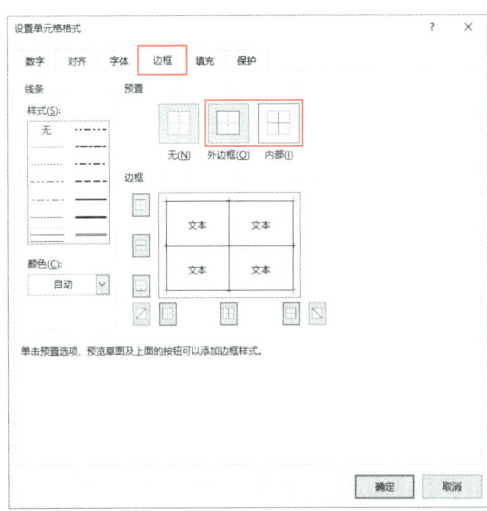

图 5-8 设置表格线

（三）设置表格线

1. 选中 A1 到 E69 的区域。

2. 在"开始"选项卡的"字体"功能组中，单击右下角的"启动"按钮。

3. 在"设置单元格格式"对话框中，选择"边框"选项。

4. 勾选"外边框"和"内部"，单击"确定"，如图 5-8 所示。

（四）添加并格式化标题

1. 在第一行前插入新行：右击第一行，选择"插入"→"整行"。

2. 在 A1 单元格内输入标题"2024 年 5 月护理部考核成绩"。

3. 合并 A1 到 E1 单元格：选中这些单元格，在"开始"选项卡中，单击"对齐方式"功能组中的"合并后居中"按钮。

4. 将标题字号设置为"20 磅"。

（五）设置单元格对齐方式

1. 选中 A1 到 E69 的区域。
2. 在"开始"选项卡中，单击"对齐方式"功能组右下角的启动器。
3. 在"设置单元格格式"对话框的"对齐"选项卡中，将"水平对齐"和"垂直对齐"都设置为"居中"，如图 5-9 所示。

图 5-9　设置对齐方式

四、工作表打印和页面设置

工作表设置完成，需要打印预览，查看排版效果。单击"文件"→"打印"或者 Ctrl＋P 组合键，打开打印预览界面，在预览界面上看到整个文档是由 3 页组成，整个页面都是靠左显示，右边空余很多，第 2 页和第 3 页内容最上面没有显示标题。为了改善打印效果，需要进行以下页面设置：

操作视频

打印工作表和页面设置

（一）设置页面重复标题行

1. 返回到工作表视图。

2. 单击"页面布局—打印标题"。

3. 在"页面设置"对话框中,选择"工作表"选项卡。

4. 在"顶端标题行"框中输入"＄1:＄2",如图 5-10 所示。

5. 单击"确定"。

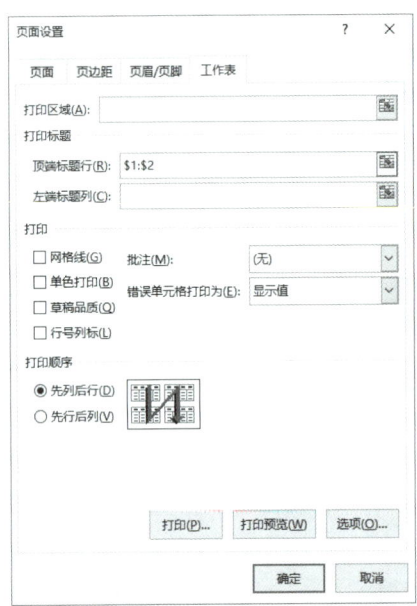

图 5-10　设置标题行

(二) 设置页面居中

1. 在"页面布局"选项卡中,单击"页面设置"功能组右下角的启动按钮。

2. 在"页面设置"对话框中,选择"页边距"选项卡。

3. 在"居中"部分,勾选"水平居中"。

4. 单击"确定"。

(三) 设置页面大小

1. 在"页面设置"对话框中,选择"纸张"选项卡。

2. 从"纸张大小"下拉列表中选择合适的纸张尺寸,例如"A4"。

3. 单击"确定"。

(四) 设置页边距

1. 在"页面设置"对话框中,选择"页边距"选项卡。

2. 调整上、下、左、右页边距的值为"1.6、1.6、1.5、1.5",确保内容不会太靠近纸张边缘，如图 5-11 所示。

3. 单击"确定"。

完成以上设置后，再次打开打印预览，检查效果是否满意。如果需要进一步调整，可以重复上述步骤，直到达到理想的打印效果为止。

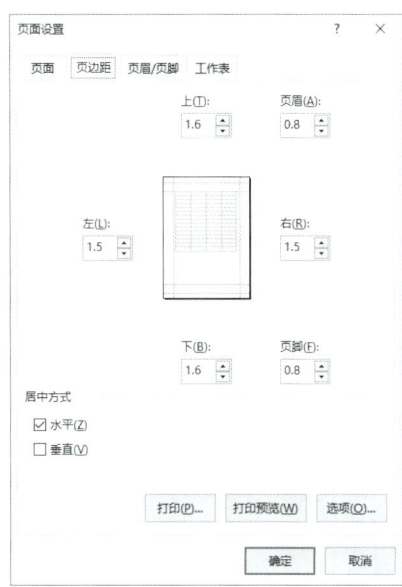

图 5-11　设置页边距

五、数据录入技巧

Excel 2016 提供了强大的数据处理功能，支持多种数据类型的输入。掌握以下技巧可以显著提高数据输入效率，如表 5-1 所示。

表 5-1　　　　　　　　　　数据录入技巧

输入类型	技巧	操作方法
长数据输入	单元格内换行	使用 Alt+Enter 组合键
	自动换行	"开始"选项卡→"对齐方式"功能组中的"自动换行"
分数输入	设置单元格格式	1. "开始"选项卡→"数字"功能组中的选择"分数" 2. 输入格式：0 分子/分母（如"0 1/2"）
	文本输入后转换	1. 在数字前加英文单引号(') 2. 输入分数 3. 更改单元格格式为分数
日期输入	直接输入	使用"/"或"-"分隔，如"2024/5/1"或"2024-5-1"

续 表

输入类型	技巧	操作方法
有规律数据输入	自动填充	拖动单元格右下角的填充柄
	等差数列	输入前两个值，选中后拖动填充柄
	复杂数列	"开始"选项卡→"编辑"功能组中"填充"→"系列"
快速输入重复数据	复制上方单元格	使用 Ctrl+D 组合键
	复制左侧单元格	使用 Ctrl+R 组合键
快速填充	智能识别填充	1. 输入示例数据 2. 选中单元格 3. 使用 Ctrl+E 组合键
大量数据输入	冻结窗格	"视图"选项卡→"冻结窗格"
	快速移动	Tab 键（同行移动），Enter 键（移动至下一行）
特殊符号输入	ASCII 码输入	使用 Alt+数字小键盘（如 Alt+0176 输入）
批量数据验证	设置数据验证	"数据"选项卡→"数据验证"
智能表格	转换为表格	选中数据区域，使用 Ctrl+T 组合键

拓展练习

操作题

练习资源

培训统计表

制作如图 5-12 所示的培训统计表。

培训统计表

学员编号	学员姓名	培训成绩	名次
HY01002	尤之山	85	7
HY01003	张德群	74	13
HY01004	金艺	79	11
HY01005	唐琼琼	85	7
HY01006	戚鑫月	69	16
HY01007	孙婕	88	3
HY01008	施姣	98	2
HY01009	曹美丽	84	10
HY01010	吴羽	71	15
HY01011	吕育彤	45	19
HY01012	吴欣阳	88	3
HY01013	吕桂兰	87	5
HY01014	奚成倩	59	17
HY01015	蒋名嫒	86	6
HY01016	施发弟	74	13
HY01017	洪政群	99	1
HY01018	上官芸	58	18
HY01019	计露	79	11
HY01020	赵开凤	85	7

图 5-12 培训统计表

(1) 页面设置

将工作表页面设置为"A4 纸张"(210×297 mm^2)。

设置上下页边距为"25 mm",左右页边距为"30 mm"。

(2) 工作簿和工作表保护

工作簿命名为"培训统计.xlsx",将整个工作簿保护。

复制工作表,命名为"副本"。

工作表保护,允许用户筛选。

(3) 字体和格式设置

标题文字要求:宋体,20 磅。

其他文字要求:宋体,18 磅。

行高:26 磅。

列宽:18 磅。

(4) 数据输入

第一列使用 Excel 的自动填充功能快速录入学员编号。

使用 Tab 键和 Enter 键在单元格间移动,提高数据录入效率。

项目 5.2 员工培训成绩计算

情境简介

张明在完成了医院员工培训成绩表的创建和基本管理后,院长要求他进一步分析培训数据,以评估培训效果并为未来的培训计划提供依据。张明需要计算每位员工的总分,对员工进行成绩排名,并对培训数据进行深入分析。他需要运用Excel的高级功能,如公式和函数等,来完成这项任务。此外,张明还需要学习常见函数的使用,以及如何利用人工智能网站辅助函数的设置,以提高工作效率和准确性。

学习目的

(1) 熟练运用Excel的各种函数和公式,特别是统计和数学函数,用于计算和分析复杂的数据;

(2) 掌握Excel中的排序功能,学会如何根据多个条件进行数据排序,以便更好地组织和分析数据;

(3) 深入理解并熟练使用Excel的分类汇总功能,学会如何对大量数据进行快速分组和计算;

(4) 学习如何利用人工智能辅助完成公式函数的设计,数据排序以及分类汇总,提高数据处理效率和准确性;

(5) 培养数据分析思维,学会从多角度解读数据,为管理决策提供支持。

一、公式和函数

(一) 公式的使用

Excel 2016 中的公式是对工作表中的数据进行计算的等式。公式以"＝"(等号)开始,后接表达式,包含常量、运算符和单元格地址引用,如图 5-13 所示。

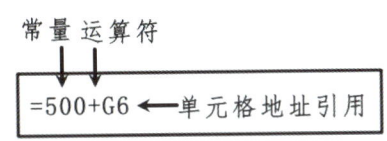

图 5-13　公式的组成

1. 公式的输入

在工作表中输入公式的方法与输入数据类似。只需将公式输入到相应的单元格中,即可计算出结果。具体步骤如下:选择要输入公式的单元格,在单元格或编辑框中输入"＝",接着输入公式内容,完成后按 Enter 键或公式栏旁边的"√"按钮。

2. 公式的编辑

选择含有公式的单元格,将光标定位到需修改的位置,按 Backspace 键删除多余或错误内容,输入正确的信息后按 Enter 键完成编辑。Excel 会自动重新计算新公式并得到结果。

3. 公式的复制

在 Excel 2016 中,复制公式是快速计算数据的有效方法之一。复制过程中,Excel 会自动调整引用单元格地址,以减少繁琐的手动输入,提高工作效率,复制公式的方法包括以下几种。

(1) 使用鼠标右键菜单的复制粘贴功能:右击包含公式的单元格,选择"复制",然后右击目标单元格,选择"粘贴"。

(2) 拖动填充柄进行复制:选择包含公式的单元格,鼠标移到单元格右下角的填充柄处,拖曳填充柄到目标单元格范围。

(3) 使用组合键进行复制粘贴:选中包含公式的单元格,按 Ctrl＋C 组合键进行复制,将光标移到目标单元格,按 Ctrl＋V 组合键进行粘贴。

这些方法大大提高了数据处理的效率,使 Excel 成为强大的电子表格工具。

（二）函数的使用

Excel 中的函数可以理解为预定好的某种算法的公式，它使用指定格式的参数来完成各种数据计算。函数同样以"＝"开始，后面包括函数名称与结构参数，如图 5-14 所示。Excel 2016 提供了多种函数，每个函数的功能、语法结构及参数的含义各不相同。常见函数如表 5-2 所示。

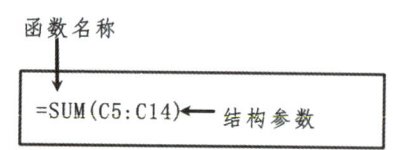

图 5-14　函数的组成

表 5-2　　　　　　　　　　　常见函数

函数名	函数语法	参数说明
SUM	＝SUM(A1:A10)	对范围 A1 到 A10 的单元格求和
AVERAGE	＝AVERAGE(A1:A10)	对范围 A1 到 A10 的单元格求平均值
MAX	＝MAX(A1:A10)	返回范围 A1 到 A10 单元格的最大值
MIN	＝MIN(A1:A10)	返回范围 A1 到 A10 单元格的最小值
COUNT	＝COUNT(A1:A10)	计算范围 A1 到 A10 中的非空单元格数量
COUNTIF	＝COUNTIF(A1:A10,">10")	计算范围 A1 到 A10 中值大于 10 的单元格数量
VLOOKUP	＝VLOOKUP(B1, A1:C10, 3, FALSE)	在 A1:C10 的单元格范围中查找 B1 的值，并返回对应的第三列的值
HLOOKUP	＝HLOOKUP(B1, A1:J2, 2, FALSE)	在 A1:J2 的单元格范围中查找 B1 的值，并返回对应的第二行的值
CONCATENATE（或 CONCAT）	＝CONCATENATE(A1, B1) 或＝CONCAT(A1, B1)	将 A1 和 B1 单元格的值连接起来
LEFT	＝LEFT(A1, 3)	返回 A1 单元格的前 3 个字符
RIGHT	＝RIGHT(A1, 3)	返回 A1 单元格的后 3 个字符

续 表

函数名	函数语法	参数说明
MID	=MID(A1,2,3)	返回 A1 单元格从第 2 个字符开始的 3 个字符
FIND	=FIND("apple",A1)	在 A1 单元格中查找"apple"的位置
LEN	=LEN(A1)	返回 A1 单元格中的字符数量
IF	=IF(A1>10,"Yes","No")	如果 A1 单元格的值大于 10,则返回"Yes",否则返回"No"
DATE	=DATE(2023,8,9)	创建一个日期,年=2023,月=8,日=9
NOW	=NOW()	返回当前的日期和时间
DAYS	=DAYS(A2,A1)	返回 A2 和 A1 之间的天数

(三) 地址引用

在公式和函数的使用中,都能看到单元格地址名称,这是单元格地址引用。例如,"=500+300+900",数据 500 位于 B4 单元格,其他数据依次位于 C4、D4 单元格中,通过引用单元格地址,选中 A4 单元格,在编辑框中输入"=B4+C4+D4",按 Enter 键之后,就可以得到 3 个数据计算的结果。

在公式和函数中引用单元格地址也能得到计算结果。通过复制或者移动公式来快速实现计算。地址引用有 3 种不同方式:相对地址、绝对地址、混合地址。

相对地址是指在电子表格中,单元格引用的是相对于包含该引用的公式所在单元格的位置。相对地址在公式复制或移动时,会基于新位置自动调整。相对地址的表示形式为直接使用单元格的名称,例如 A1。

绝对地址是指在电子表格中,无论公式被复制或移动到何处,单元格引用始终指向固定位置。绝对地址通过在列标和行标前加上美元符号"$"来表示,例如$A$1。

混合地址是指在电子表格中,单元格引用的一部分(列或行)被固定,而另一部分保持相对。当公式复制或移动时,固定部分保持不变,而相对部分根据新位置调整。混合地址的表示形式为$A1(固定列)或 A$1(固定行)。

在护理部考核成绩表中,需要计算操作分数和理论分数的总和。例如,如图 5-15 所示,在单元格 D3 中输入公式"=C3+B3",按 Enter 键后

操作视频

地址引用

会显示计算结果。对于其余单元格，同样需要计算操作分数和理论分数的总和。将光标移至 D3 单元格的右下角，当光标变成实心小十字时，按住鼠标向下拖曳。此时，单元格地址引用的行号会自动变化，两个相加单元格的行号也会相应变化，从而得到每个人的总分，这种方法使用了相对地址。

如图 5-16 所示，在计算某公司销售人员奖金金额时，如果使用相对地址引用，C2 单元格中输入“＝B2 * F2”并按 Enter 键之后能得到正确结果，如果填充单元格，单元格引用地址中的行号发生变化，下面的单元格都会得到错误结果“0”，因为 F2 单元格后面都是空单元格。若想在拖曳填充柄把其余奖金金额计算出来，且第二个乘数地址不能改变，那么需要用到绝对地址，使用填充柄填充数据，剩余单元格将得到正确结果。

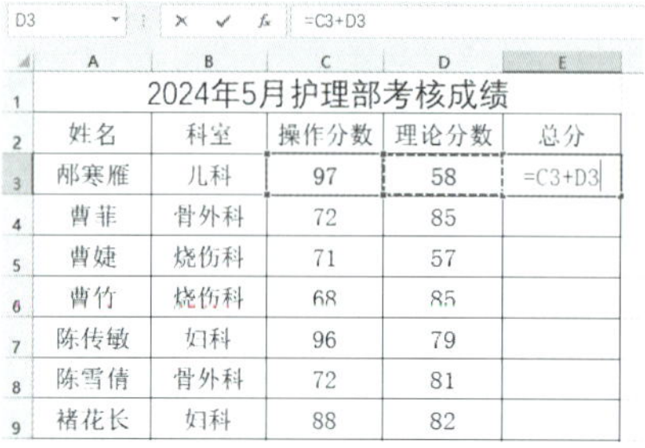

D3　=C3+D3

2024年5月护理部考核成绩				
姓名	科室	操作分数	理论分数	总分
邴寒雁	儿科	97	58	=C3+D3
曹菲	骨外科	72	85	
曹婕	烧伤科	71	57	
曹竹	烧伤科	68	85	
陈传敏	妇科	96	79	
陈雪倩	骨外科	72	81	
褚花长	妇科	88	82	

图 5-15　相对地址

员工姓名	销售额	奖金金额			佣金率
孔世群	10000	=B2*$F$2			10%
韩铠沣	15000				
蒋瑗	20000				
陈醉薇	12000				
蒋光琴	16000				
戚妍	18000				
范芳	19000				
孔彩霞	20000				
销售额总计					

员工的奖金金额=销售额×佣金率

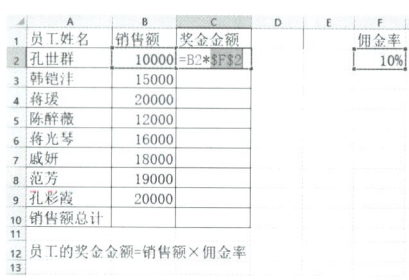

图 5-16　绝对地址引用

如图 5-17 所示，在 Excel 2016 中，使用混合地址引用可高效地生成乘法口诀表，以下是具体步骤。

首先，需要在工作表的顶行和首列处创建表头。在单元格 A1 输入乘号符号“×”，然后从单元格 B1 到单元格 J1 分别输入数字 1 到 9，代表乘法表的列头。同样，从单元格 A2 到单元格 A10 分别输入数字 1 到 9，代表乘法表的行头。

接下来，在单元格 B2 输入公式“＝$A2 * B$1”。此公式中的 $A2 是混合地址引用，固定了列 A，但允许行号随公式的复制而变化。同样，B$1 固定了行 1，但允许列号随公式的复制而变化。这种混合地址引用确保每个单元格都能正确引用其对应的行头和列头进行乘法运算。完成公式输入后，通过填充公式来生成整个乘法口诀表。具体步骤为：选中单元格 B2，将光标移至单元格的右下角，当光标变为实心小十字时，按住鼠标并向右拖曳至单元格 J2，完成第一行的填充。随后选中单元格 B2 到单元格 J2，再次将光标移至选区的右下角，按住鼠标并向下拖曳至第 10 行，即可完成所有单元格的填充。

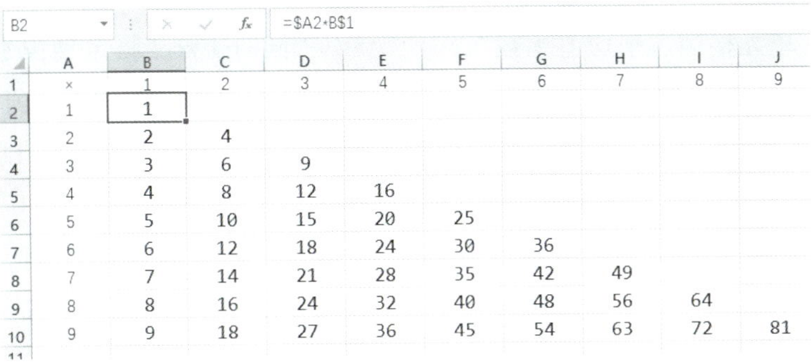

B2　=$A2*B$1

	A	B	C	D	E	F	G	H	I	J
1	×	1	2	3	4	5	6	7	8	9
2	1	1								
3	2	2	4							
4	3	3	6	9						
5	4	4	8	12	16					
6	5	5	10	15	20	25				
7	6	6	12	18	24	30	36			
8	7	7	14	21	28	35	42	49		
9	8	8	16	24	32	40	48	56	64	
10	9	9	18	27	36	45	54	63	72	81

图 5-17　乘法口诀表

二、使用 SUM 函数计算总分

前面已经介绍了函数以及地址引用，现在使用 SUM 函数计算总分，具体操作如下：

1. 打开“2024 年 5 月护理部考核成绩. xlsx”工作簿。

2. 在“成绩(2)”工作表，选择 E3 单元格，然后单击“开始”选项卡“编辑”功能组中“自动求和按钮 Σ”。此时，在 E3 单元格插入求和函数“SUM”，同时 Excel 将自动识别函数参数“C3：D3”，如图 5-18 所示。按 Enter 键之后，E3 单元格就会出现求和结果。

3. 将鼠标移动到 E3 单元格右下角，当其变成实心小十字形状，按住鼠标左键并向下拖曳至 E70 单元格，系统会自动填充其余单元格，如图 5-19 所示。

操作视频

常见函数

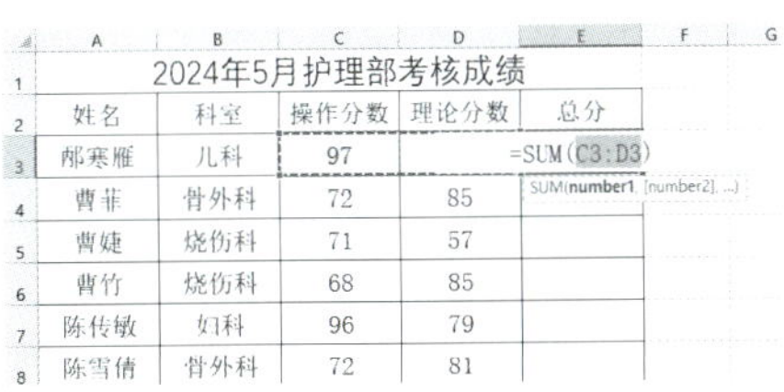

2024年5月护理部考核成绩

姓名	科室	操作分数	理论分数	总分
邴寒雁	儿科	97		=SUM(C3:D3)
曹菲	骨外科	72	85	
曹婕	烧伤科	71	57	
曹竹	烧伤科	68	85	
陈传敏	妇科	96	79	
陈雪倩	骨外科	72	81	

图 5-18　插入求和函数

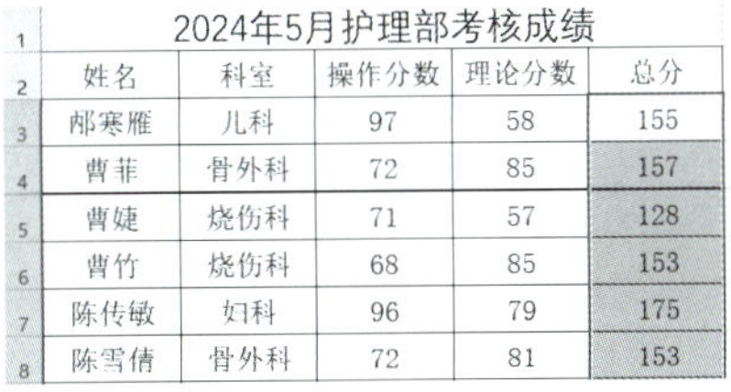

2024年5月护理部考核成绩

姓名	科室	操作分数	理论分数	总分
邴寒雁	儿科	97	58	155
曹菲	骨外科	72	85	157
曹婕	烧伤科	71	57	128
曹竹	烧伤科	68	85	153
陈传敏	妇科	96	79	175
陈雪倩	骨外科	72	81	153

图 5-19　利用函数计算总分

三、使用 AVERAGE 函数计算平均分

1. 在 F2 单元格中输入“平均分”。

2. 在“成绩(2)”工作表，选择 F3 单元格，然后单击“开始”选项卡“编辑”功能组中“自动求和按钮∑”，在下拉菜单中选择“平均值”选项。此时，在F3单元格插入平均值函数“AVERAGE”，同时Excel将自动识别函数参数“C3:E3”，如图5-20所示。若需要计算C3、D3单元格的平均值，那么需要修改函数参数（或者在编辑框中直接修改），将其修改为“C3:D3”，按Enter键之后，得到平均值计算结果。

3. 将鼠标移动到F3单元格右下角，当其变成实心小十字形状，按住鼠标左键并向下拖曳至F70单元格，系统会自动填充其余单元格，如图5-21所示。

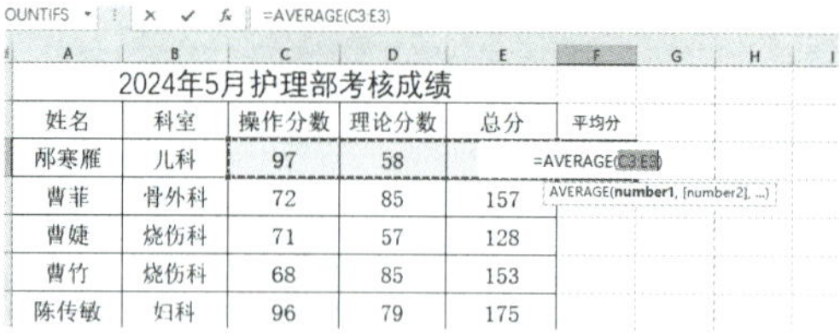
OUNTIFS　=AVERAGE(C3:E3)

	A	B	C	D	E	F
	2024年5月护理部考核成绩					
	姓名	科室	操作分数	理论分数	总分	平均分
	邴寒雁	儿科	97	58		=AVERAGE(C3:E3)
	曹菲	骨外科	72	85	157	AVERAGE(number1, [number2], ...)
	曹婕	烧伤科	71	57	128	
	曹竹	烧伤科	68	85	153	
	陈传敏	妇科	96	79	175	

图5-20　插入平均值函数

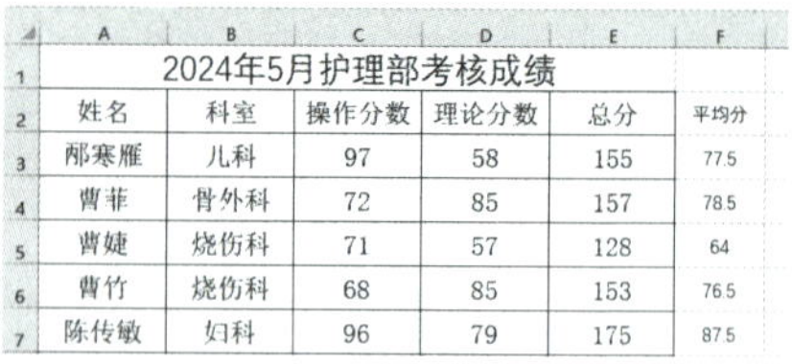

	A	B	C	D	E	F
1	2024年5月护理部考核成绩					
2	姓名	科室	操作分数	理论分数	总分	平均分
3	邴寒雁	儿科	97	58	155	77.5
4	曹菲	骨外科	72	85	157	78.5
5	曹婕	烧伤科	71	57	128	64
6	曹竹	烧伤科	68	85	153	76.5
7	陈传敏	妇科	96	79	175	87.5

图5-21　利用函数计算平均分

四、使用MAX和MIN函数查看分数的极值

1. 在A71、A72单元格中输入“操作考试最高分”“操作考试最低分”，选中B71单元格。

2. 单击“开始”选项卡“编辑”功能组中“自动求和按钮∑”，在下拉列表中选择“最大值”选项。此时，在B71单元格插入最大值“MAX”函数，如图5-22所示。

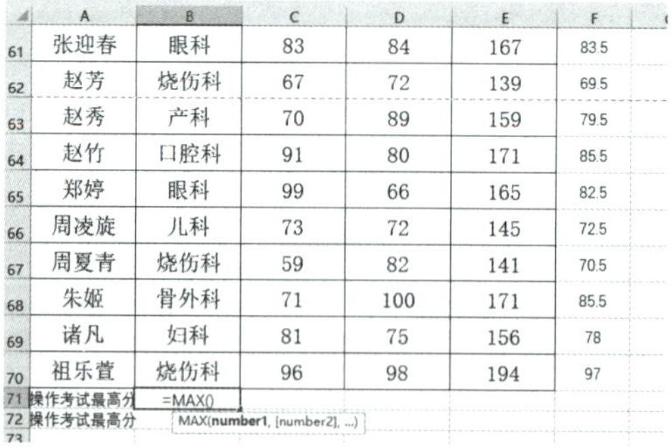

	A	B	C	D	E	F
61	张迎春	眼科	83	84	167	83.5
62	赵芳	烧伤科	67	72	139	69.5
63	赵秀	产科	70	89	159	79.5
64	赵竹	口腔科	91	80	171	85.5
65	郑婷	眼科	99	66	165	82.5
66	周凌旋	儿科	73	72	145	72.5
67	周夏青	烧伤科	59	82	141	70.5
68	朱姬	骨外科	71	100	171	85.5
69	诸凡	妇科	81	75	156	78
70	祖乐萱	烧伤科	96	98	194	97
71	操作考试最高分	=MAX()				
72	操作考试最高分	MAX(number1, [number2], ...)				
73						

图5-22　插入最大值函数

3. 在函数括号中手动输入参数“C3:C70”，或者通过拖曳鼠标选中操作分数区域“C3:C70”，按Enter键之后，计算出正确结果100。

4. 选中 B72 单元格。

5. 单击"开始"选项卡"编辑"功能组中"自动求和按钮∑",在下拉列表中选择"最小值"选项。此时,在 B72 单元格插入最小值"MIN"函数,如图 5-23 所示。

图 5-23 插入最小值函数

6. 在函数括号中手动输入参数"C3:C70",或者通过拖曳鼠标选中操作分数区域"C3:C70",按 Enter 键之后,计算出正确结果 54。

五、使用 RANK 函数统计分数高低

Excel 中的 RANK 函数是一个用于确定数值在一组数值中排名的统计函数。这个函数可以按照升序或降序对数值进行排序,并返回指定数值的排名。

RANK 函数的基本语法如下:

=RANK(number, ref, [order])

参数说明

number:代表要确定排名的数值。

ref:代表包含相关数值的数组或单元格区域。

order:代表一个可选参数,用于指定排序方式。如果省略或为 0,则按降序排列(最大值排名为 1);如果为非零值,则按升序排列(最小值排名为 1)。

使用 RANK 函数时需要注意以下几点:

1. 如果有相同的数值,它们会获得相同的排名,但会占用连续的排名位置。

2. RANK 函数不会改变实际数据的顺序,它只是返回指定数值的排名。

3. 如果要排名的数值不在指定的区域内,RANK 函数会返回"#N/

A"错误。

4. 在较新版本的 Excel 中，Microsoft 推荐使用 RANK.EQ 和 RANK.AVG 函数来替代 RANK 函数，因为它们提供了更多的功能和灵活度。

RANK 函数在数据分析、成绩排名、销售业绩评估等多个领域都有广泛应用，它能够快速为大量数据提供排名信息，提高数据处理和分析的效率。

1. 在 G2 单元格中输入"排名"。

2. 选中 G3 单元格，单击编辑框左边的插入函数按钮 ƒx，弹出"插入函数"对话框，在对话框上方的"搜索函数"文本框中输入"RANK"，按 Enter 键之后出现函数列表，如图 5-24 所示。选择"RANK"，然后单击"确定"按钮。

3. 打开"函数参数"对话框，在"Number"文本框书输入"E3"，单击"Ref"文本框右侧的"搜索按钮"。

4. 此时对话框呈收缩状态，拖曳鼠标选择要计算的 E3:E70 单元格区域，单击右侧的展开按钮。

5. 弹出"函数参数"对话框，按 F4 键将"Ref"文本框中的单元格的引用地址转化成绝对地址，单击确定按钮，如图 5-25 所示。

图 5-24　选择 RANK 函数　　　　图 5-25　设置 RANK 函数参数

6. 返回操作界面，可以看到排名情况。选择 G3 单元格，将鼠标指针移动到 G3 单元格右下角，当其变成实心小十字形状的时候，按住鼠标左键向下拖曳鼠标，拖到 G70，释放鼠标左键即可显示每个单元格的计算结果。

六、使用 COUNTIF 函数统计未通过的人数

1. 在 B73 单元格输入"操作未通过人数"。鼠标放到列标 B、C 之间变成 ┼ 形状，拖曳鼠标适当调整列宽，使 B73 单元格内容能正常显示。

2. 选中 C73 单元格,单击编辑框左边的插入函数按钮 fx,弹出"插入函数"对话框,在对话框上方的"搜索函数"文本框中输入"COUNTIF",按 Enter 键之后出现函数列表,如图 5-26 所示。选择"COUNTIF",然后单击"确定"按钮。

3. 打开"函数参数"对话框,单击"Range"文本框右边有的"搜索按钮",此时对话框呈收缩状态,拖曳鼠标选择要计算的 C3:C70 单元格区域,单击右侧的展开按钮。

4. 弹出"函数参数"对话框,在"Criteria"文本框中输入不及格条件"<60",如图 5-27 所示,单击"确定"后即可获得计算结果。

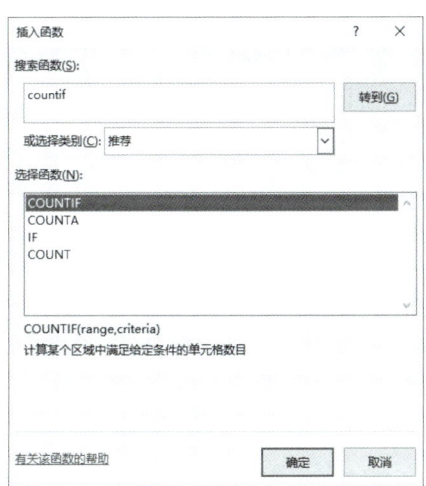

图 5-26　插入 COUNTIF 函数

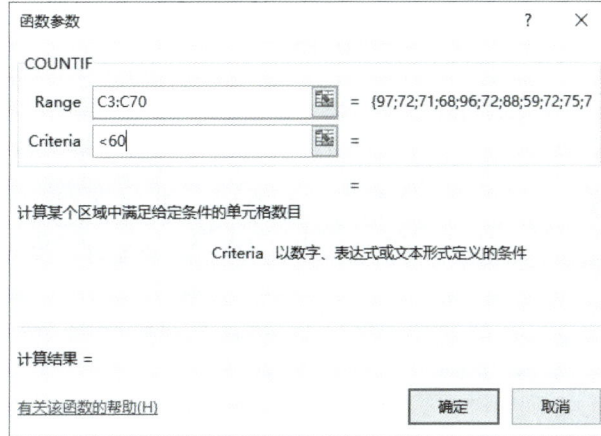

图 5-27　设置 COUNTIF 函数参数

七、使用 IF 函数判断是否通过

Excel 中的 IF 函数是一个强大的逻辑函数,用于根据特定条件执行判断并返回不同的结果。

IF 函数的基本语法如下:

=IF(logical_test, value_if_true, value_if_false)

参数说明

logical_test:要检测的条件,结果为 TRUE 或 FALSE。

value_if_true:如果条件为 TRUE 时返回的值。

value_if_false:如果条件为 FALSE 时返回的值。

IF 函数的主要特点和用法

条件判断:可以使用比较运算符(如=,>,<,>=,<=,<>)构建条件。

嵌套使用：可以在 IF 函数中嵌套其他 IF 函数，实现多重条件判断。

与其他函数结合：可以与其他 Excel 函数结合使用，如 SUM、AVERAGE 等。

返回值类型：可以返回数值、文本、日期，甚至是其他函数。

错误处理：可以用于处理和避免错误，例如避免除以 0 的情况。

IF 函数在数据分析、财务模型、成绩评定等多个领域有广泛应用，能够根据不同条件自动化决策过程，提高工作效率。

1. 在 H2 单元格输入"操作是否通过"，适当调整 H 列列宽，让 H2 单元格的文字内容更好呈现。

2. 选中 H3 单元格，单击编辑框左边的插入函数按钮 fx，弹出"插入函数"对话框，在下拉"或选择类别"列表中选择"逻辑"，函数列表选择"IF"，如图 5-28 所示，单击"确定"按钮。

3. 在函数参数对话框"Logical_test"文本框中输入"C3>=60"，在"Value_if_true"文本框中输入"是"，在"Value_if_false"文本框中输入"否"。单击"确认"按钮，如图 5-29 所示，得到结果。

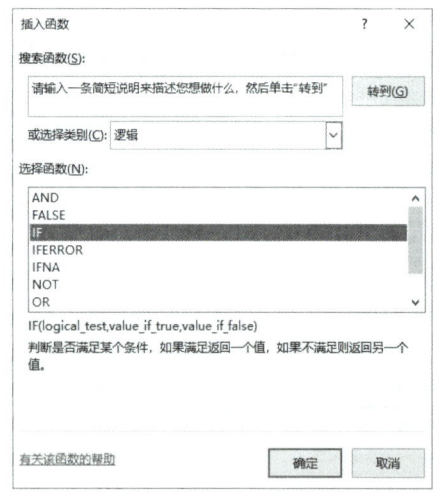

图 5-28　插入 IF 函数

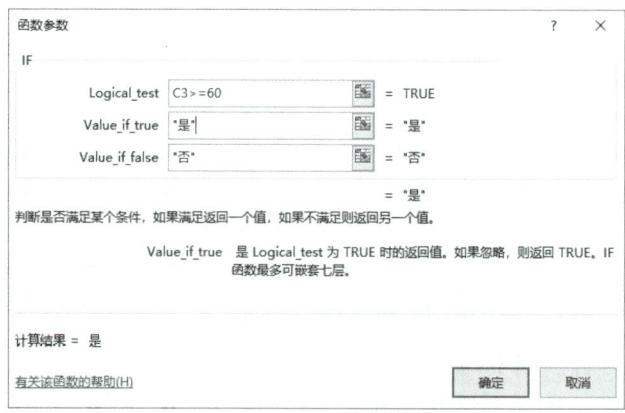

图 5-29　设置 IF 函数参数

4. 将鼠标移动到 H3 单元格右下角，当其变成实心小十字形状，按住鼠标左键并往下拖曳至 H70 单元格，系统自动填充其余单元格。

八、函数嵌套

当某个函数作为另一个函数的参数使用时，该函数就成为嵌套函数。

嵌套函数同样可以通过直接输入的方式使用。但如果遇到函数结构复杂或是不熟悉的情况时，则可通过插入的方式使用。

（一）使用 IF 函数给操作分数评等级

操作分数 90 分以上，评为"优"；操作分数在 80 到 90 之间，评为"良"；操作分数在 60 到 80 之间评为"合格"，操作分数在 60 以下，评为"不合格"。

1. 在 I2 单元格输入"操作分数等级"，适当调整 I 列列宽，使 I3 单元格内容显示完整。

2. 选中 I3 单元格，单击编辑框左边的插入函数按钮，弹出"插入函数"对话框，在对话框上方的"搜索函数"文本框中输入 IF，按 Enter 键之后出现函数列表，选择"IF"，然后单击"确定"按钮。

3. 打开"函数参数"对话框，在"Logical_test"文本框中输入"C3>=90"。

4. 在"Value_if_true"文本框中输入"优"。

5. 在"Value_if_false"文本框中，再次插入 IF 函数，如图 5-30 所示。光标移动到编辑框中嵌套的 IF 函数括号中，如图 5-31 所示，再次打开 IF 函数参数对话框，按照逻辑设置"Value_if_true""Value_if_false"。最后完成优、良、合格、不合格评定。

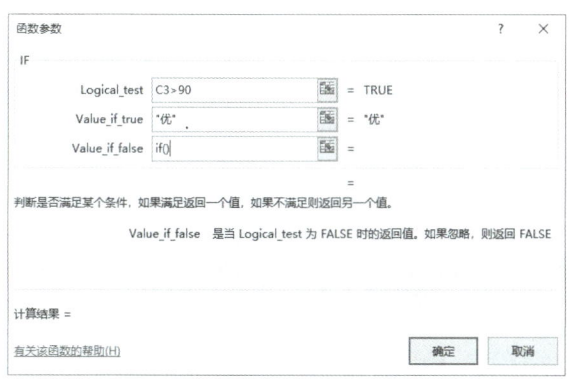

图 5-30　嵌套 IF 函数参数设置　　图 5-31　嵌套参数设置

6. 完整的嵌套 IF 函数应如下所示：
=IF(C3>=90,"优",IF(C3>=80,"良",IF(C3>=60,"合格","不合格")))

7. 单击"确定"按钮，返回操作界面。

8. 选择 I3 单元格，将鼠标指针移动到 I3 单元格右下角，当其变成实心小十字形状时，按住鼠标左键向下拖曳鼠标，拖动到最后一个有成绩的单元格，释放鼠标左键即可显示每个单元格的计算结果。

9. 至此根据每个学生的操作分数，Excel 已自动评定了相应的等级。

（二）使用 IF 函数给两门考核同时及格人员发放证书

为了确保只有操作分数和理论分数都在 60 分及以上的人员才能获得合格证书，我们可以使用 IF 函数嵌套 AND 函数来实现这个逻辑。

1. 在 J2 单元格输入"成绩状态"。
2. 选择 J3 单元格，单击编辑框左边的插入函数按钮。
3. 在弹出的"插入函数"对话框中，选择 IF 函数，然后单击"确定"按钮。
4. 在"函数参数"对话框中，"Logical_test"文本框中输入 AND 函数，用于同时检查操作分数和理论分数是否都在 60 分及以上。例如，如果操作分数在 C3 单元格，理论分数在 D3 单元格，则输入"AND(C3>=60, D3>=60)"。
5. 在"Value_if_true"文本框中输入"通过"。
6. 在"Value_if_false"文本框中输入"未通过"，如图 5-32 所示。
7. 完整的 IF 函数嵌套 AND 函数公式如下：
   =IF(AND(C3>=60, D3>=60),"通过","未通过")
8. 单击"确定"按钮，返回操作界面。
9. 选择 J3 单元格，将鼠标指针移动到 J3 单元格右下角，当其变成实心小十字形状时，按住鼠标左键向下拖曳，拖动到最后一个需要判断的单元格，释放鼠标左键即可显示每个单元格的计算结果。

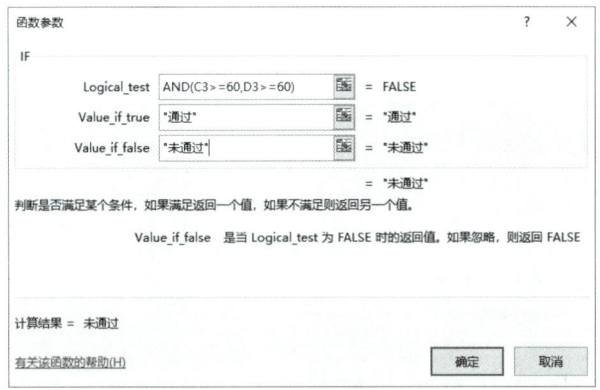

图 5-32 函数设置

九、人工智能工具辅助 Excel 中公式函数的生成

在实际应用中，面对众多函数，有些函数可能不常用或不熟悉，不知道使用哪个函数来解决实际需求。这时，可以借助人工智能工具来辅助解决

项目5.2 员工培训成绩计算

问题。例如 chatexcel、formulabot 和智谱清言等人工智能工具都可以作为公式函数助手，辅助高效完成任务。

（一）使用 ChatExcel 完成总分计算

ChatExcel（中文名：酷表）是由北京大学的团队开发、专为 Excel 设计的人工智能辅助工具，可以帮助用户通过聊天方式处理 Excel 表格。

操作视频

酷表

1. 打开网站首页，单击"现在开始"，如图 5-33 所示。

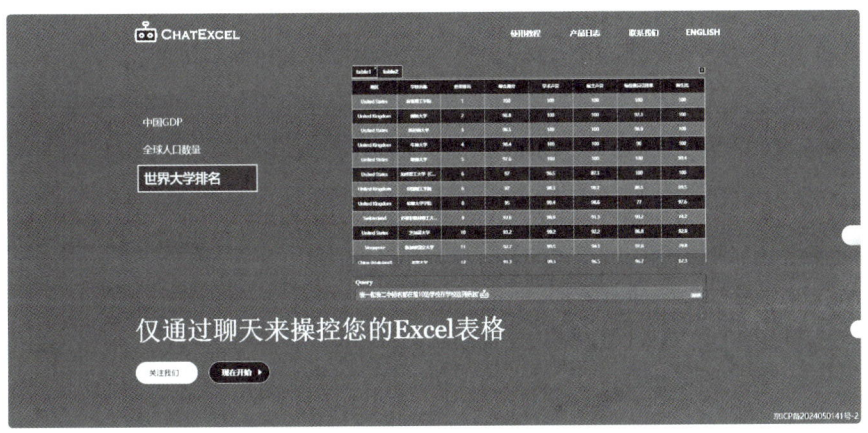

图 5-33　ChatExcel 首页

2. 单击页面右上角"上传文件"按钮，上传"2024 年护理部考核成绩.xlsx"文件。

3. 在页面底部输入"生成总分"，单击右边执行按钮，如图 5-34 所示。

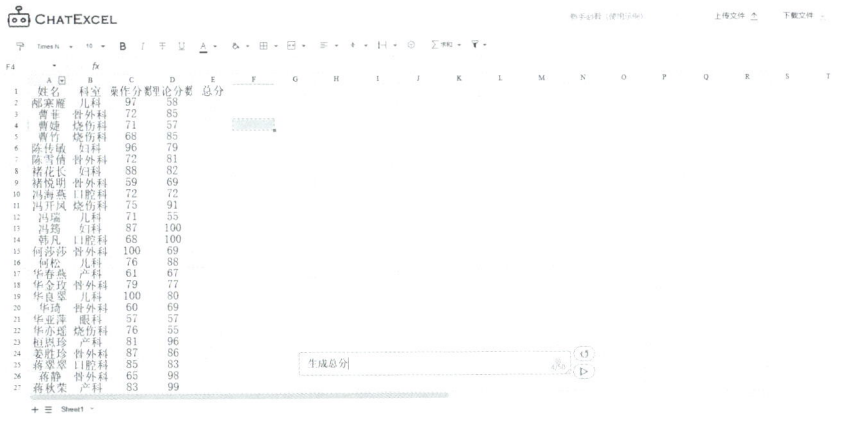

图 5-34　生成总分指令

使用 ChatExcel，用户无须记住复杂的函数名称和参数设置，只需要通过简单的自然语言描述需求，就能自动生成相应的 Excel 公式或者执行相

233

应的操作。这大大提高了工作效率,降低了学习成本,使得更多人能够轻松使用 Excel 处理数据。

(二) 使用 Formulabot 完成员工奖金计算

Formulabot 是一个 AI 驱动 Excel 公式生成工具,除了生成公式外,Formulabot 还能解释复杂的 Excel 函数,帮助用户理解公式的作用。由于复杂的函数嵌套结构常令人困惑,甚至一个标点符号错误都可能导致问题,使用 Formulabot 工具能够事半功倍。

Formulabot 合并

如图 5-35 所示,个人加权分数以及评定等级已经计算完成。个人加权分数是操作分数占 60%,理论分数占 40%,评定等级是根据 F 列的加权分数,90 分以上为"优秀",80—90 分为"良好",70—80 分为"合格",低于 70 分为"不合格",现在需要计算"部门平均分",以及进行"奖金评定"。

图 5-35 使用函数计算之前数据

1. 登录 Formulabot 网站,单击首页生成器下的 Formulas,进入公式链接网页。

2. 在网页"This is for..."选项勾选"Excel","I want a formula be..."勾选"Generated"。在文本框中输入描述性文字:"表格 A 列是姓名,B 列是科室,科室有不同的科室,科室都是打乱的。C 列是操作分数,D 列是理论分数,E 列是总分,总分是操作分数与理论分数总和,F 列加权分数,加权分数是操作分数乘以 0.6 加上理论分数的 0.4。G 列是评定等级,根据 F 列的加权分数,90 分以上为'优秀',80—90 分为'良好',70—80 分为'合格',低于 70 分为'不合格'。H 列是部门平均分,I 列是奖金评定。使用函数在 H 列计算出部门的平均分。"如图 5-36 所示,单击"Submit"按钮。

3. "Output"生成函数,单击"Copy"复制生成的函数,回到 Excel 工作

项目 5.2　员工培训成绩计算

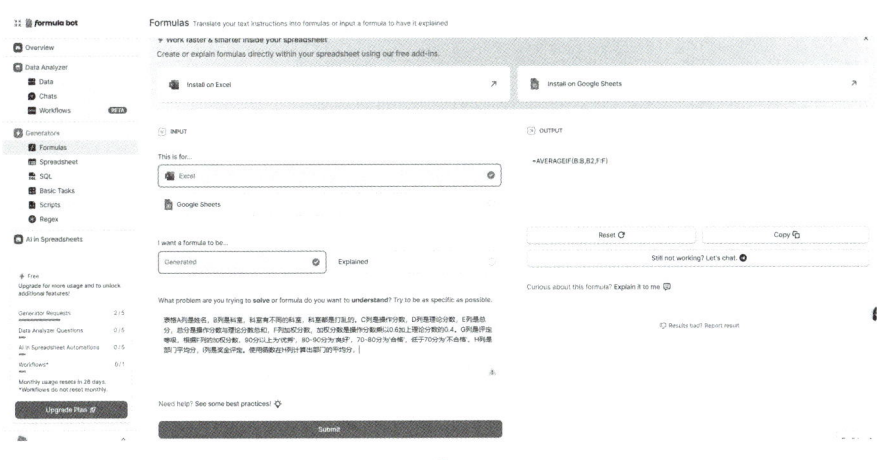

图 5-36　计算部门平均分

表,在 H2 粘贴之后,计算出单元格数据。

4. 光标移动到 H2 单元格右下角,光标变成实心小十字,按住鼠标左键拖曳鼠标到 H69,所有单元格计算出结果。

5. 接着再修改网站上的面属性文字"表格 A 列是姓名,B 列是科室,科室有不同的科室,科室都是打乱的。C 列是操作分数,D 列是理论分数,E 列是总分,总分是操作分数与理论分数总和,F 列加权分数,加权分数是操作分数乘以 0.6 加上理论分数的 0.4。G 列是评定等级,根据 F 列的加权分数,90 分以上为'优秀',80—90 分为'良好',70—80 分为'合格',低于 70 分为'不合格'。H 列是部门平均分,I 列是奖金评定。根据前面条件给出奖金评定条件。奖金评定条件如下:1. 个人加权分数高于部门平均分。2. 操作分数和理论分数都及格(>=60) 3. 奖金金额:优秀 5 000,良好 3 000,合格 1 000。"如图 5-37 所示,单击"Submit"按钮。

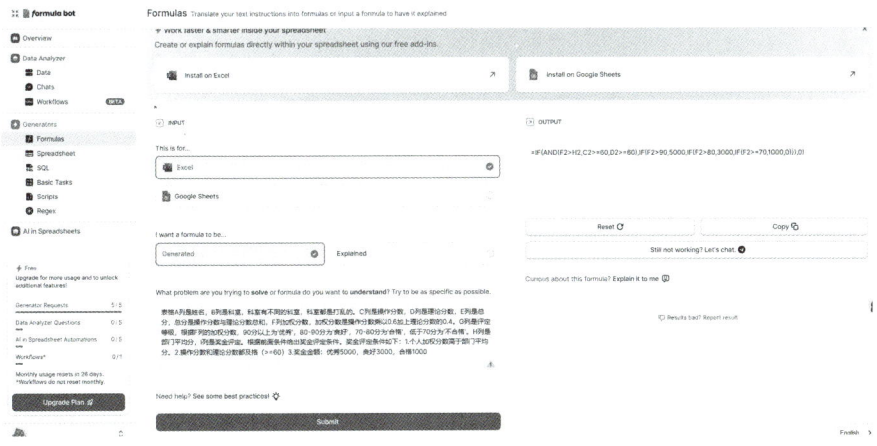

图 5-37　计算评定奖金

6. "Output"生成函数,如所示。单击"Copy"复制生成的函数,回到Excel工作表,在I2粘贴之后,计算出单元格数据。

7. 光标移动到I2单元格右下角,光标变成实心小十字,按住鼠标左键拖曳鼠标到I69,所有单元格计算出结果。

操作视频

Kimi

(三)使用Kimi完成员工奖金评定

中国Moonshot AI(月之暗面)公司开发的智能助手Kimi,针对Excel公式、函数的辅助功能很强大,可以得到更详细的答案。

1. 登录Moonshot AI网站。

2. 网页中输入对Excel操作的提示词,会得到详细的回复,如图5-38所示。

人工智能平台层出不穷,在Excel公式和函数的实际应用中尤为重要,值得广泛探索。除了Kimi,国内还有智谱清言、豆包、通义千问等优秀的大语言模型可供选择,每个平台都有其独特之处,用户可以逐一尝试以找到最适合自己需求的工具。

十、按照部门进行排序

Excel的排序功能是一项高效的数据管理工具,旨在协助用户迅速整理和分析数据。单列排序可通过选定需排序的列,单击"开始"选项卡中的"排序和筛选"按钮,然后根据需求选择"升序"或"降序"来完成。

多列排序则需选定包含多列的数据区域,在"数据"选项卡单击"排序"按钮,在弹出的对话框中,用户可设置多个排序条件以满足复杂的排序需求。

Excel还提供自定义排序功能,用户可根据特定需求,如颜色、图标或

图5-38 Kimi辅助生成公式函数

自定义列表进行排序。在"排序"对话框中选择"自定义排序"即可实现这一功能。

在进行排序时,需注意几个关键点:为确保数据的准确性,排序前请务必选择完整的数据范围;若数据包含标题行,请在排序时勾选"我的数据有标题"选项,避免标题被错误地纳入排序范围。

为提高操作效率,用户可使用依次按下 Alt、A、S、S 键迅速打开排序对话框。此外,右击列标题,可直接选择"升序"或"降序"进行快速排序,进一步简化操作流程。

通过熟练运用这些排序功能和技巧,用户可以更有效地组织和分析数据,显著提升工作效率。

在本项目中,为了比较各科室内部的员工表现,使用多列排序,操作如下:

1. 对表格标题"2024 年 5 月护理部考核成绩"进行 A 列到 J 列合并居中,将所有工作表数据设置表格线。再次选择整个工作表从 A3 到 J70 的矩形区域单元格。注意,因为有表格标题以及表格标题行,不要选择整个工作表,只需要选择需要排序的数据区域。

2. 单击"数据"选项卡"排序和筛选"功能组中的"排序"按钮。

3. 在弹出的"排序"对话框中,添加多个排序条件,在"主要关键字"中选择"列 B",在"次要关键字"中选择"列 E","排序依据"都选择默认的"数据"类型,次序分别选择"升序"和"降序",如图 5-39 所示。

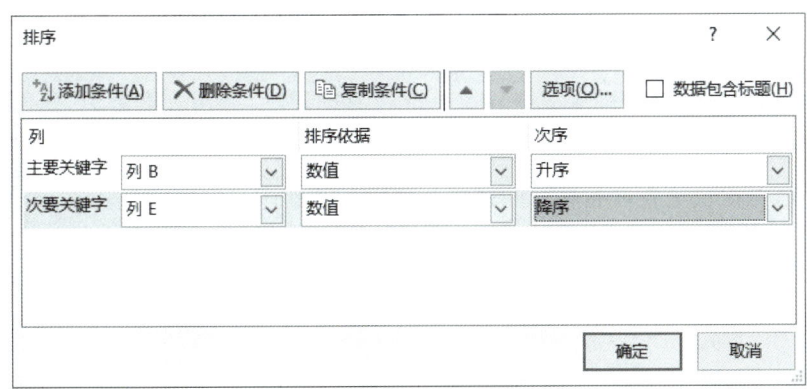

图 5-39　设置排序条件

4. 单击"确认"按钮。整个工作表就会按照"科室"进行升序排序,产科在前,眼科排最后。若科室相同的,则按照"总分"进行降序排序。

十一、分类汇总

Excel中的分类汇总功能是一种强大的数据分析工具,可以快速对大量数据进行分组和计算。分类汇总允许用户在不改变原始数据的条件下,按照指定的分类字段对数据进行分组,并对每组数据执行特定的计算(如求和、平均值、计数等)。

使用分类汇总的第一步是数据准备,确保数据已按照要分类的列进行排序。接着选择包含要汇总的数据范围,然后在"数据"选项卡中单击"分类汇总"按钮。在弹出的对话框中,选择"每次改变时"的列、"使用函数"(如SUM、AVERAGE、COUNT等),以及"添加汇总到"的列,完成设置后单击"确定",Excel会自动添加小计和总计行。

分类汇总具有多项特点:可以创建多达三级的汇总;提供灵活的汇总函数选择,如求和、平均值、计数、最大值、最小值等;可以通过使用大纲符号来折叠或展开不同级别的汇总数据;且原始数据不改变,可以随时删除汇总。这一功能适用于多种场景,如按产品类别或地区汇总销售额的销售报表,按部门汇总员工数量或薪资总额的人力资源分析,以及按供应商或产品类型汇总库存数量的库存管理等。

使用分类汇总时需注意:应用前确保数据已按照要汇总的列进行排序;如需多级汇总,应从最低级别开始,逐步添加更高级别的汇总;删除汇总后,原始数据不会受到影响。

在本项目中要找出每个科室总分最高的人员信息,可以巧妙运用分类汇总功能。首先按科室和总分降序排列数据,然后应用分类汇总,每个科室的第一行数据就会对应该科室总分最高的人员。通过展开或折叠汇总结果,可以快速查看各科室的最高分获得者及其详细信息。

1. 选择已经排序的A3单元格到J70单元格矩形数据区域。
2. 单击"数据"选项卡中的"分级显示"功能组的"分类汇总"按钮。
3. 在弹出"分类汇总"对话框中,"分类字段"选择"科室","汇总方式"选择"最大值","选定汇总项"勾选"总分",勾选下方的"替换当前分类汇总"和"汇总结果显示在数据下方",单击"确定"按钮,如图5-40所示。
4. 分类汇总后的结果默认情况下是显示到第三级,如图5-41所示。可以单击左边的数字切换到第一级或第二级显示,如图5-42所示为第二级显示效果,图5-43所示为第一级显示效果。

项目 5.2　员工培训成绩计算

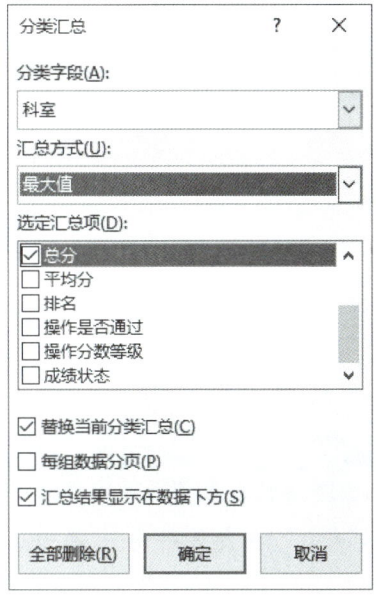

图 5-40　设置分类汇总

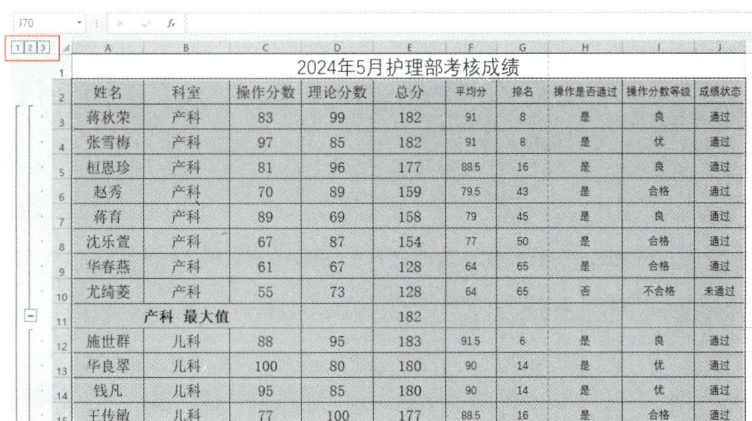

图 5-41　分类汇总第三级显示

图 5-42　分类汇总第二级显示

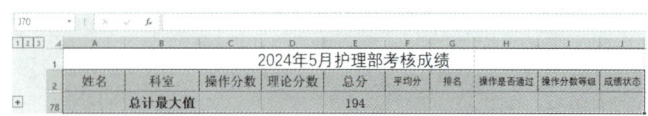

图 5-43 分类汇总第一级显示

操作题

1. 打开素材"项目 5.2 拓展练习.xlsx","信息表"中缺少性别信息,请使用人工智能工具辅助完成性别的填写。(提示:身份证第 17 位数字如果是奇数表示是男性,如果是偶数表示是女性)。

2. 打开工作表"成绩表",请计算平均分、总分、排名以及进行英语成绩评定,请在工作表下方计算最高分、最低分和正常考试人数。[英语成绩评定条件:英语分数在 90 分及以上为"优";80—90 分(包含 80 分,不包含 90 分)为"良";60—80 分之间为"合格";而分数小于 60 分则评定为"不合格"。]

3. 对"成绩表"进行排序。主要关键字按照"总分"降序排序,若总分一样,则按照"语文"成绩降序排序。

练习资源

护理部考核成绩表 2

项目 5.3　员工培训数据分析与可视化

 情境简介

张明完成医院员工培训成绩表的基本管理和初步计算分析后,面临着新的挑战,他需要对数据进行更深入的分析和可视化,以便管理层能够直观地了解培训效果。为此,张明将学习并运用 Excel 的高级数据处理和可视化功能,完成如筛选、高级筛选、数据透视表和图表创建等操作。这些操作将把复杂的培训数据转化为易于理解的信息,为医院的培训决策提供有力支持。

 学习目的

(1) 掌握 Excel 中的筛选和高级筛选功能,能够快速从大量数据中提取所需信息;

(2) 学习创建和使用数据透视表,汇总并分析多维度的培训数据;

(3) 熟悉 Excel 中各种图表类型及其创建方法,能够选择合适的图表类型可视化培训数据;

(4) 培养数据分析思维,能够将原始数据转化为有价值的信息;

(5) 培养将数据可视化的能力,学会将复杂数据转换为直观、易懂的信息;

(6) 了解如何结合使用 Excel 的各项高级功能,全面分析和展示员工培训成果;

(7) 培养实际应用能力,能够运用所学技能解决实际工作中的数据分析问题。

一、数据筛选

数据筛选是 Excel 中一项强大而实用的功能,它能够帮助用户从大量数据中快速找到所需的信息。在处理员工培训数据时,筛选功能尤为重要。通过使用筛选,我们可以轻松地查看特定部门的培训成绩,或者找出成绩优异的员工。Excel 提供了自动筛选和高级筛选两种方式。自动筛选适用于简单的条件筛选,例如查找某个特定培训课程的所有参与者。高级筛选则允许用户设置更复杂的条件,比如同时满足多个标准的数据。掌握这两种筛选方法,能够大大提高数据分析的效率,能够更快速、准确地从复杂的培训数据中提取有价值的信息,为管理层的决策提供有力支持。

(一) 自动筛选

自动筛选功能可以在工作表中快速显示指定字段记录并隐藏其他记录。下面在"护理部考核成绩表.xlsx"工作簿中,筛选出科室为"眼科"的相关信息。

1. 选择工作表中任意单元格,单击"数据"选项卡中的"排序和筛选"功能组中的"筛选"按钮 ,进入筛选状态,列标题中的各单元格右侧显示出"筛选"下拉按钮 。

2. 在 B2 单元格中单击"科室"下拉按钮 ,在打开的下拉列表中,仅选择"眼科",单击"确定"按钮,如图 5-44 所示(注意:下拉列表框中的选项可选择多个)。

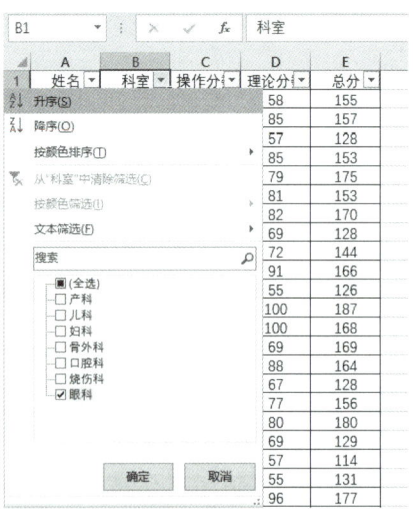

图 5-44 选择要筛选的字段

3. 此时将在工作表中仅显示科室为“眼科”数据信息，而其他部门信息被隐藏，结果如图 5-45 所示。

B1　科室

	A	B	C	D	E
1	姓名	科室	操作分	理论分	总分
21	华亚萍	眼科	57	57	114
30	蒋元群	眼科	77	83	160
36	李惜雪	眼科	79	84	163
38	戚光兰	眼科	90	82	172
44	陶静欣	眼科	54	81	135
45	陶凝	眼科	79	60	139
47	王丽丽	眼科	94	65	159
60	张迎春	眼科	83	84	167
64	郑婷	眼科	99	66	165

图 5-45　查看筛选结果

(二) 自定义筛选

自定义筛选多用于筛选数值数据，设定筛选条件可以将满足特定条件的数据筛选出来，而隐藏其他数据。以筛选出“操作分数”大于等于 90 的员工信息为例，具体操作：

1. 在“数据”选项卡下的“排序和筛选”功能组中单击“清除”按钮，清除工作表所有筛选条件。

2. 单击“操作分数”单元格右侧的“筛选”下拉按钮，在打开的下拉列表框中选择“数字筛选—大于”选项。

3. 打开“自定义筛选方式”对话框，在“操作分数”栏的“大于或等于”下拉框右侧的输入“90”，然后单击“确定”按钮，如图 5-46 所示，筛选后的工作表如图 5-47 所示。

图 5-46　设置自定义筛选条件

	A	B	C	D	E
1	姓名	科室	操作分	理论分	总分
2	邴寒雁	儿科	97	58	155
6	陈传敏	妇科	96	79	175
15	何莎莎	骨外科	100	69	169
19	华良翠	儿科	100	80	180
28	蒋书同	骨外科	98	68	166
38	戚光兰	眼科	90	82	172
39	钱凡	儿科	95	85	180
42	苏嘉	妇科	95	87	182
43	孙黛	烧伤科	95	93	188
47	王丽丽	眼科	94	65	159
49	吴梦娇	烧伤科	91	82	173
59	张雪梅	产科	97	85	182
63	赵竹	口腔科	91	80	171
64	郑婷	眼科	99	66	165
69	祖乐萱	烧伤科	96	98	194

图 5-47　自定义筛选后的结果

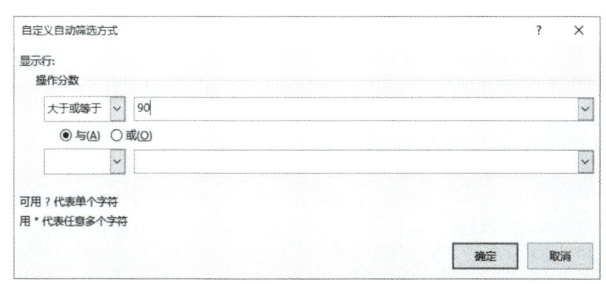

(三) 高级筛选

用户通过高级筛选功能,可以自定义筛选条件,在不影响当前工作表的情况下显示筛选后的结果,对于较复杂的筛选,可以使用高级筛选功能。在"2024年5月护理部考核成绩2.xlsx"工作簿中,筛选"操作分数"和"理论分数"都不及格员工的信息。高级筛选可以处理"与"和"或"的关系。在设置条件时,同一行的条件表示"与"的关系。如果需要筛选出"操作分数"和"理论分数"都不及格的员工信息,可以在条件区域的一行中分别设置两个条件,那么只有同时满足这两个条件的数据才会被筛选出来。

1. 在"数据"选项卡"排序和筛选"功能组中单击"筛选"按钮▼,退出工作表的筛选状态。

2. 双击 G1 单元格,输入"操作分数",双击 H1 单元格,输入"理论分数"。同理分别在 G2 单元格以及 H2 单元格输入条件"＜60",如图 5-48 所示。

	A	B	C	D	E	F	G	H
1	姓名	科室	操作分数	理论分数	总分		操作分数	理论分数
2	郝寒雁	儿科	97	58	155		<60	<60
3	曹菲	骨外科	72	85	157			
4	曹婕	烧伤科	71	57	128			
5	曹竹	烧伤科	68	85	153			
6	陈传敏	妇科	96	79	175			
7	陈雪倩	骨外科	72	81	153			
8	褚花长	妇科	88	82	170			
9	褚悦明	骨外科	59	69	128			
10	冯海燕	口腔科	72	72	144			
11	冯开凤	烧伤科	75	91	166			

图 5-48 插入高级筛选条件

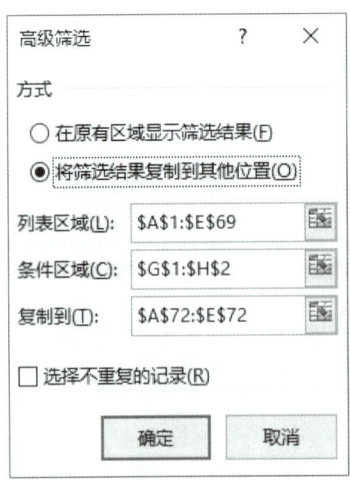

图 5-49 设置高级筛选方式

3. 选择包含数据的任意单元格,然后在"数据"选项卡"排序和筛选"功能组中,单击"高级"按钮。

4. 打开"高级筛选"对话框,单击选中"将筛选结果复制到其他位置"的选项,在"列表区域"文本框中输入"＄A＄1:＄E＄69",在"条件区域"文本框中输入"＄A＄1:＄E＄69",在"复制到"文本框中输入"Sheet1!＄A＄72",单击"确定"按钮,如图 5-49 所示。

5. 返回操作界面,即可在原工作表中

显示筛选结果。

> **提示：**
>
> 高级筛选能够处理复杂的逻辑条件，使得筛选数据变得更加灵活。在设置条件时，不同行的条件表示"或"的关系。如果需要筛选出操作分数和理论分数至少一门不及格的员工信息，可以在条件区域的不同行分别设置这两个条件。具体来说可以在一行中设置操作分数不及格的条件，然后在另一行中设置理论分数不及格的条件。这样 Excel 会筛选出满足任一条件的员工信息，即操作分数或理论分数只要有一门不及格都会被筛选出来。通过这种方式可以快速定位到需要关注和改进的员工，为后续的培训计划提供依据。

二、数据透视表的创建与使用

数据透视表是 Excel 中一项强大且灵活的分析工具，能够帮助用户快速汇总和分析大量复杂的数据。它允许用户以交互方式重新组织和呈现数据，展示潜在的趋势和关系。通过拖放字段到不同的区域，用户可以轻松地创建各种视图。例如在"2024 年 5 月护理部考核成绩 2.xlsx"工作簿中创建数据透视表，进行各个科室平均分数的分析。

操作视频

透视表

1. 复制"Sheet1"工作表中 A1 到 E69 区域的数据到"Sheet2"工作表中。

2. 选择"Sheet2"工作表中的 A1:E69 单元格区域，在"插入"选项卡"表格"功能分组中单击"数据透视表"按钮，打开"创建数据透视表"对话框。

3. 由于已经选定数据区域，因此只要设置放置数据透视表的位置，单击选中"新工作表"选项，然后单击"确定"按钮，如图 5-50 所示。

4. 此时系统会新建一张新工作表，并在其中显示空白的数据透视表，在其右侧显示"数据透视表字段"窗格。在窗格中将"科室"字段拖动到"行标签"下拉列表中，将"操作分数"和"理论分数"两个字段拖动到"∑值"，如图 5-51 所示。

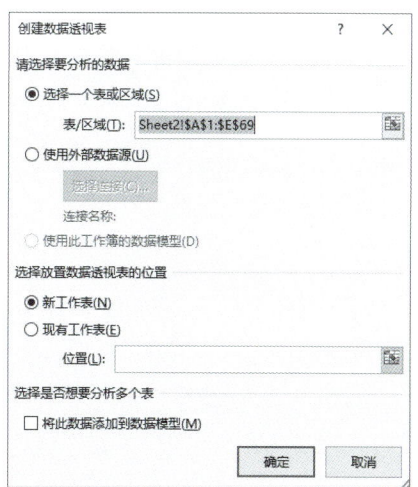

图 5-50 选择放置数据透视表的位置

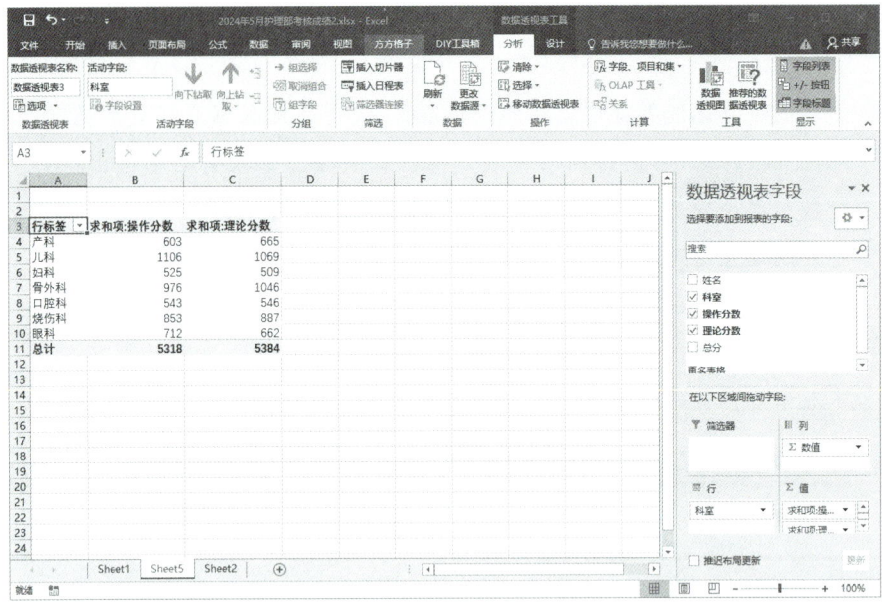

图 5-51　拖动字段到指定位置

5. 透视表中的"操作分数"和"理论分数"都是求和项，需要被修改成平均值。在"数据透视表字段"窗格中，在"∑值"下拉列表中选择"求和项：操作分数"，在弹出的菜单中选择"值字段设置"命令，如图 5-52 所示，在弹出的"值字段设置"窗口"计算类型"选择"平均值"，透视表如图 5-53 所示。

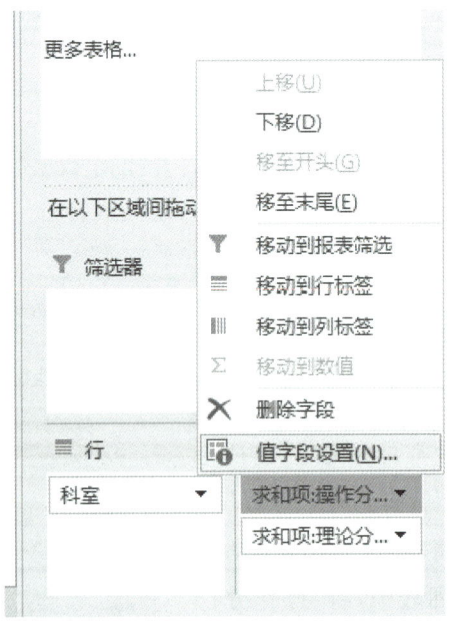

图 5-52　修改值字段

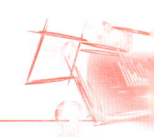

项目 5.3　员工培训数据分析与可视化

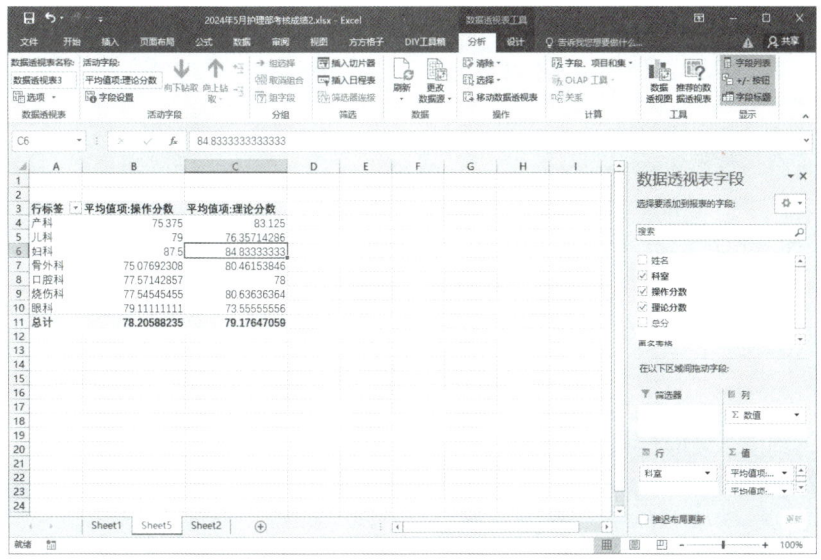

图 5-53　透视表效果图

三、图表可视化

Excel 的图表可视化是一种将数据转化为直观、易懂图形的有效方法，能够帮助用户快速理解数据背后的趋势、模式和关系，使得复杂的数据更易于解读和分析。通过选择合适的图表类型，如柱形图、折线图、饼图等，可以突出显示数据中的关键信息。

（一）柱形图分析

以分类汇总数据为基础创建柱形图是一种常见且有效的可视化方式。例如可以使用之前创建的"科室平均分数透视表数据"生成一个柱形图，首先选中分类汇总数据范围，然后在"插入"选项卡中选择"柱形图"，这样就能生成一个展示各科室在操作分数和理论分数平均值的图表。

在这个柱形图中，X 轴表示不同的科室，Y 轴表示分数，而不同颜色的柱子则分别代表操作分数和理论分数平均值。通过这种可视化方式，我们可以一目了然地看到各科室的整体表现，比较不同科室之间的差异，同时识别出在操作或理论方面表现突出或需要改进的科室。

1. 在分类汇总数据表按住 Ctrl 键，选择 B2∶D2、B11∶D11、B26∶D56、B47∶D47、B55∶D55、B67∶D67、B77∶D77 共 7 个不连续区域单元格。

2. 单击"插入"选项卡中的"图表"功能组的"插入柱形图或条形图"按钮，在弹出的下拉列表中选择"二维柱形图"或"簇状柱形图"，如图 5-54 所示。

操作视频

图表可视化

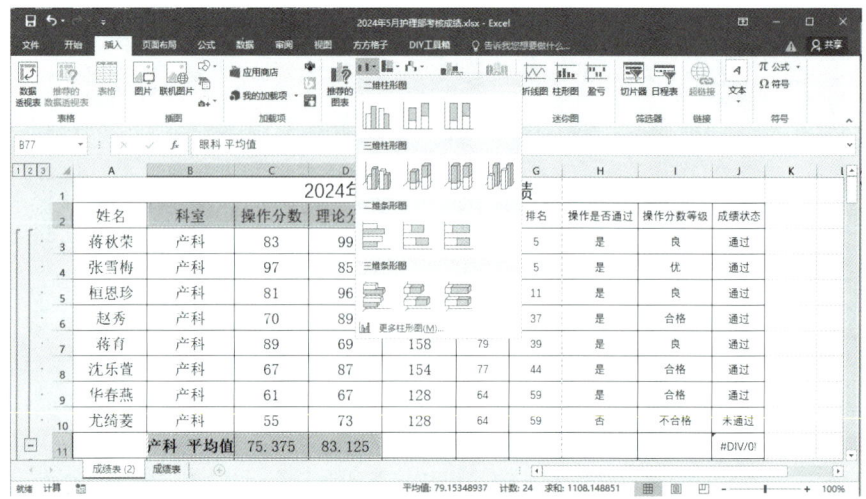

图 5-54 选择"簇状柱形图"选项

3. 此时即可在当前工作表创建一个柱形图,显示各科室操作分数以及理论分数平均值情况,不同颜色柱形反映平均分高低,如图 5-55 所示。

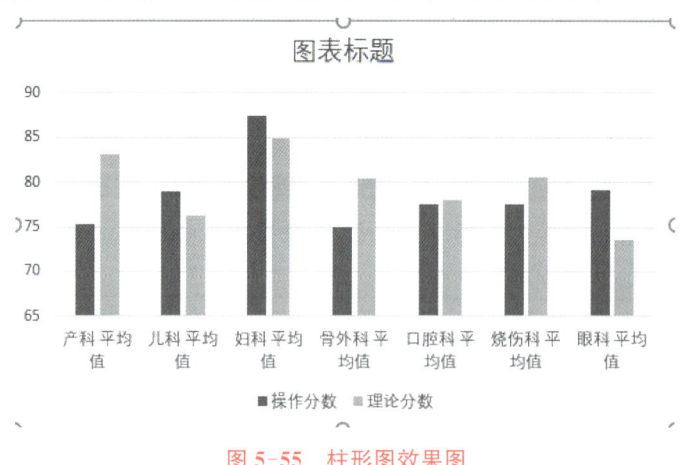

图 5-55 柱形图效果图

4. 在图表上方双击"图标标题",进入对标题的编辑状态,将其修改成"各科室分数平均分对比图"。

5. 在图表框上拖曳鼠标,适当调整图表大小,让柱形图的横坐标都能在一行显示各科室名称。

(二) 散点图分析

散点图是一种强大的可视化工具,主要用于展示两个数值变量之间的关系。它能有效揭示变量间的相关性,识别数据模式和变化趋势,发现异常值,并比较不同群组的分布情况。当需要深入研究两个连续变量之间的相互作用时,散点图通常是最佳选择。

在本项目中,散点图极具应用价值,能清晰呈现操作分数与理论分数之间的关系,辅助迅速判断这两个变量是否满足正相关、负相关或无相关性的条件。同时,散点图全面展示了样本群体在这两个维度上的整体分布情况,每个数据点代表一个个体,直观呈现了样本的全貌。

1. 在原始数据工作表中,选择"操作分数"和"理论分数"两列数据,单元格矩形区域为 C1:D69。

2. 单击"插入"选项卡"图表"功能分组中的"散点图"按钮,选择"散点图",生成散点图,如图 5-56 所示。

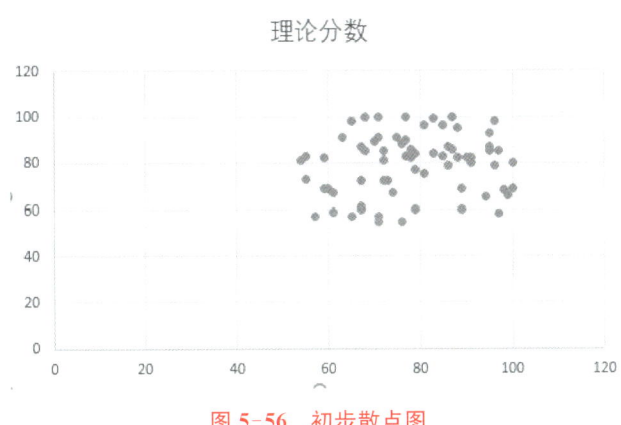

图 5-56　初步散点图

3. 双击散点图,进入标题的编辑状态,输入图表标题"操作分数 VS 理论分数散点图"。

4. 选择散点图,单击右侧的"图表筛选器",在弹出窗格右下角单击"选择数据"。

5. 在弹出"选择数据源"窗口,单击"编辑"按钮。

6. 在弹出的"编辑数据系列"窗口中,"Y 轴系列值(Y):"的文本框中输入"＝Sheet1!$D$2:$D$69",单击"确定"按钮,返回到"选择数据源"窗口,在该窗口中单击"确认"按钮。

7. 返回编辑状态,双击图表中的 Y 轴,右侧弹出"设置坐标轴格式"窗格,修改"边界"的"最大值"为"100",如图 5-57 所示。

8. 用同样的方法设置 X 轴的"边界"最大值为"100"。

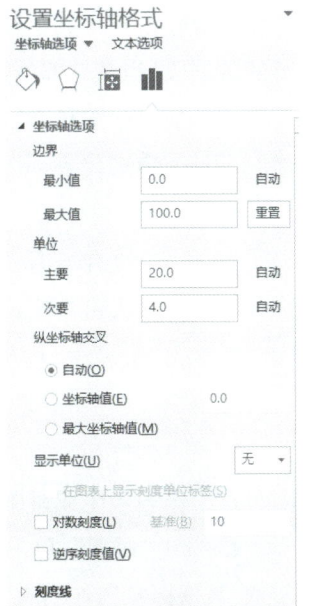

图 5-57　设置坐标轴格式

9. 选中图表，单击"添加元素"按钮，在弹出窗格中选择"坐标轴标题"，X 轴和 Y 轴会出现标题，双击坐标轴标题，将 X 轴和 Y 轴标题分别修改成"操作分数"和"理论分数"，如图 5-58 所示。

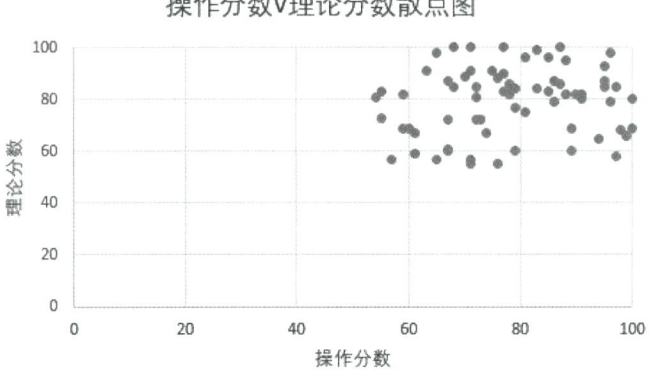

图 5-58 散点图最终效果

(三) 饼图分析

饼图是统计学中广泛使用的图表类型，其独特的圆形设计能够生动直观地展示数据中各部分与整体的关系。这种图表的核心优势在于其清晰的比例展示能力，通过大小各异、色彩多样的扇形，使读者能够迅速把握数据的整体构成。

饼图的圆形结构天然具有直观易懂的特性，即便是数据分析领域的门外汉也能轻松理解其中蕴含的信息。在展示数据时，饼图尤其擅长凸显重要的数据段，当某一部分占比显著时，这一优势更为突出。

在本项目中按科室统计人数时，饼图能够完美展示各科室的人员分布情况。每个扇形代表一个科室，其大小直观反映了该科室人数在总人数中的占比。

1. 在"2024 年 5 月护理部考核成绩 2.xlsx"工作簿的原始工作表中，统计每个科室人员占比，如图 5-59 所示。

2. 在工作表中，按住 Ctrl 键拖曳鼠标，选择 G2:G9 以及 I2:I9 两个区域。

3. 单击"插入"选项卡下"图表"功能组中的"饼图"选项中的"三维饼图"，在工作表中生成饼图，如图 5-60 所示。

4. 选中"饼图"，单击图形右上角的"图表元素"按钮 +，在弹出列表中勾选"数据标签"，在图表上显示了百分比，每个色块代表一个科室。

5. 再次选中"饼图"，单击图形右上角"图表元素"按钮 +，在弹出列表

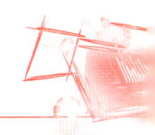

项目 5.3 员工培训数据分析与可视化

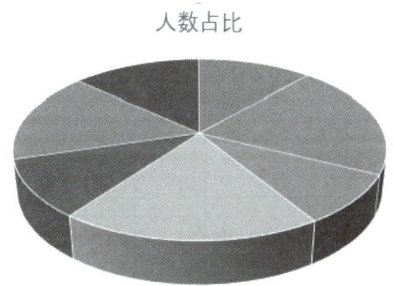

图 5-59　科室人员占比

图 5-60　初步饼图

中选择"数据标签",单击其右侧三角形,弹出下级列表,选择"最佳位置"以及"数据标注"两个选项,如图 5-61 所示。

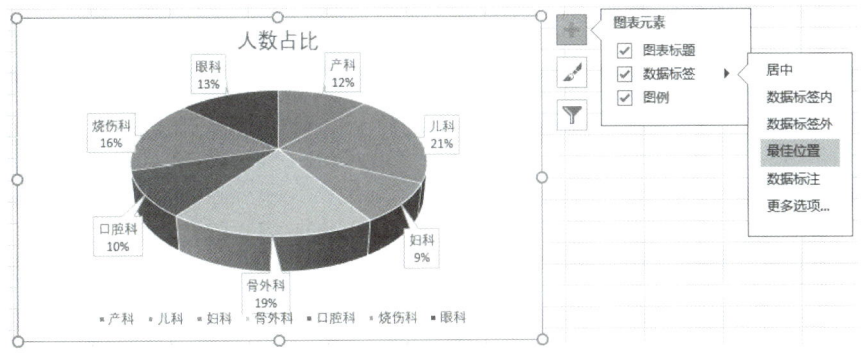

图 5-61　加上数据标注

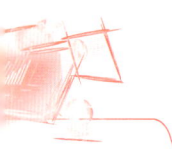

拓展练习

练习资源

护理部考核成绩数据

操作题

利用侧边二维码中的文件完成下列操作。

员工ID	姓名	科室	年龄	性别	工龄	操作分数	理论分数	总分	等级	出勤率	患者满意度
N001	何开凤	产科	28	女	3	83	99	182	优	95%	4.7
N002	秦小珍	产科	35	男	8	97	85	182	优	98%	4.5
N003	戚羊雪	产科	31	女	5	81	96	177	良	92%	4.8
N004	尤丹	产科	26	男	2	70	89	159	合格	97%	4.2
N005	李心媛	产科	33	女	6	89	69	158	合格	94%	4.6
N006	魏秋荣	产科	29	男	4	67	87	154	合格	96%	4.3
N007	吕敏	产科	37	女	10	61	67	128	不合格	91%	4
N008	施璧	儿科	32	男	7	88	95	183	优	99%	4.9
N009	拓跋秀英	儿科	30	女	5	100	80	180	优	97%	4.7
N010	吴粤	儿科	34	女	8	95	85	180	优	96%	4.8
N011	邬文秀	儿科	27	男	3	77	100	177	良	98%	4.4
N012	蒋梦	儿科	36	女	9	86	87	173	良	95%	4.6
N013	陶光琴	儿科	31	女	6	86	79	165	良	93%	4.5
N014	周淇	儿科	29	女	4	76	88	164	合格	97%	4.2
N015	怀光兰	妇科	33	女	7	87	100	187	优	98%	4.8
N016	杨燕	妇科	38	男	11	95	87	182	优	96%	4.7
N017	戚红萍	妇科	32	女	6	96	79	175	良	94%	4.6
N018	韩凝	妇科	30	女	5	88	82	170	良	97%	4.5
N019	孔绮菱	妇科	35	男	9	78	86	164	合格	95%	4.3
N020	陶菲	妇科	28	女	3	81	75	156	合格	93%	4.1
N021	冯小蝶	骨外科	36	男	10	85	96	181	优	99%	4.8
N022	闫静	骨外科	31	女	6	87	86	173	良	97%	4.6
N023	尤淇	骨外科	29	女	4	71	100	171	良	95%	4.7
N024	华光桃	骨外科	34	男	8	100	69	169	良	96%	4.5
N025	何锦	骨外科	32	男	7	98	68	166	良	98%	4.4
N026	张婷婷	骨外科	27	女	3	65	98	163	合格	94%	4.2
N027	何琼琼	骨外科	37	男	11	72	85	157	合格	92%	4.3
N028	褚昌玉	口腔科	33	女	7	91	80	171	良	97%	4.7
N029	金德群	口腔科	30	男	5	68	100	168	良	96%	4.5
N030	韩翠翠	口腔科	35	女	9	85	83	168	良	98%	4.6

图 5-62 拓展练习素材

(1) 创建一个数据透视表,显示各科室的人数、平均总分、合格人数和合格率。

(2) 使用数据透视表计算每个等级(优、良、合格、不合格)的人数和占比。

(3) 创建一个数据透视表,对比各科室的操作分数和理论分数的平均值。

模块六

新一代信息技术概论

项目 6.1 新一代信息技术

 情境简介

随着信息技术的迅猛发展,新一代信息技术在医疗卫生领域的应用越来越广泛,为医疗卫生服务带来了革命性的变革。对于医药卫生类专业学生而言,掌握新一代信息技术不仅是适应未来职业发展的需要,也是提高医疗卫生服务质量和效率的关键。新一代信息技术,包括大数据、物联网、人工智能、云计算等,正逐步改变着医疗卫生领域的传统模式。云计算提供了强大的数据处理和存储能力,大数据为医疗数据的挖掘和分析提供了可能,人工智能助力医疗诊断的精准性和智能化,物联网使得医疗设备与患者之间的连接更加紧密。这些技术的发展为医疗卫生领域带来了前所未有的机遇。

 学习目的

(1) 了解新一代信息技术的基本概念和发展情况;
(2) 提升创新思维;
(3) 拓宽行业视野;
(4) 强化实践能力;
(5) 培养终身学习意识。

新一代信息技术，是七大战略性新兴产业之一，它以物联网、云计算、大数据、人工智能等为代表，是当今世界创新最活跃、渗透最强、影响最广的领域。新一代信息技术已经渗透到了人们生活和工作的各个领域，带来了前所未有的便利和变革。在产业领域，新一代信息技术促进了传统产业的数字化和智能化升级，提高了生产效率和产品质量；在智慧城市建设中，新一代信息技术实现了城市管理、交通、医疗、教育等领域的智能化应用，提高了城市治理水平和居民生活质量；在金融科技领域，新一代信息技术推动了支付、征信、保险等业务的创新和发展，提高了金融服务的效率和安全性。新一代信息技术是国家经济发展的重要驱动力之一，对于促进经济增长、提升国际竞争力具有重要意义。国家出台了一系列政策扶持新一代信息技术产业的发展，如《国务院关于加快培育和发展战略性新兴产业的决定》等文件，明确了新一代信息技术产业的战略地位和发展方向。同时，新一代信息技术也是推动社会进步和发展的重要力量，它改变了人们的生活方式和工作模式，提高了社会的整体效率和福利水平。

一、认识主要的新一代信息技术

1. 大数据

大数据是指无法在合理时间内用常规软件工具进行捕捉、管理和处理的庞大而复杂的数据集合。大数据具有数据量巨大、数据类型繁多、数据生成速度快、数据价值密度低等特点。大数据技术的应用范围广泛，包括数据分析、数据挖掘、数据可视化等，可以帮助企业从海量数据中提取有价值的信息，为决策提供有力支持。

2. 物联网

物联网（Internet of Things，IoT）是指通过信息传感设备，按照约定的协议，对任何物品进行信息交换和通信，以实现智能化识别、定位、跟踪、监控和管理的一种网络，如图 6-1 所示。它通过网络将各种设备连接起来，实现设备之间的数据交换和信息共享，从而实现智能化控制和管理。物联网技术的应用范围非常广泛，包括智能家居、智能交通、工业自动化、远程医疗等领域。

3. 人工智能

人工智能（Artificial Intelligence，AI）是研究和开发用于模拟、延伸和扩展人类智能的理论、方法、技术及应用系统的一门新技术科学。人工智能技术涉及机器学习、深度学习、自然语言处理、计算机视觉等多种知识。

图 6-1　物联网

人工智能的应用范围广泛,包括自动驾驶、智能客服、智能推荐、智能制造、智能医疗等领域,为人类生活和工作带来了极大的便利。

4. 工业互联网

工业互联网,作为全球工业系统与高级计算、分析、传感技术及互联网连接融合的结果,是一个开放、全球化的网络,并将人类、数据和机器紧密连接起来。工业互联网属于泛互联网的目录分类,核心在于通过工业互联网平台实现设备、生产线、工厂、供应商、产品和客户之间的紧密连接与融合,如图 6-2 所示。

图 6-2　工业互联网

5. 高性能集成电路

高性能集成电路(High-Performance Integrated Circuit,HPIC)是指

在特定的性能标准下,能够提供超出一般水平的计算能力、数据处理速度、低能耗及高热稳定性等特点的微型化电子元件或组件。它们通过将大量的晶体管、电阻、电容等电子元件集成在单一芯片上,实现复杂电路的功能,是现代电子设备和系统不可或缺的核心部分,如图 6-3 所示。

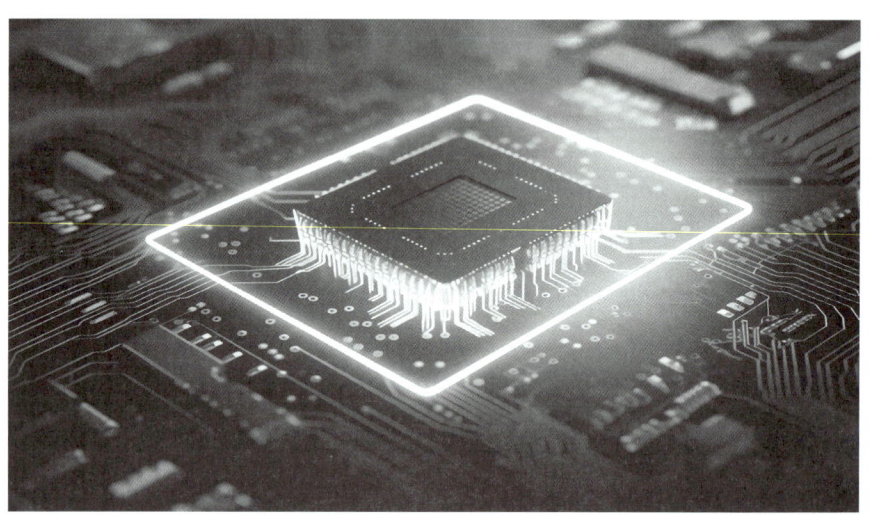

图 6-3　高性能集成电路

6. 云计算

云计算是指通过网络将计算资源(包括计算能力、存储空间、软件等)以按需、可扩展的方式提供给用户的服务模式。云计算可以分为三种服务类型:基础设施即服务(IaaS)、平台即服务(PaaS)和软件即服务(SaaS)。云计算通过虚拟化技术将大量计算资源集中起来,以高效、灵活、安全的方式为用户提供服务,实现了计算资源的共享和利用最大化。

7. 区块链

区块链(Blockchain)是一种块链式存储、不可篡改、安全可信的去中心化分布式账本。它结合了分布式存储、点对点传输、共识机制、密码学等技术,通过不断增长的区块记录交易和信息,确保数据的安全性和透明性。

8. 5G 通信

5G 通信是第五代移动通信技术的简称,作为新一代通信技术,它提供了高速、低延迟、广连接的通信服务。相比之前的 4G 技术,5G 在传输速度、网络容量、延迟时间等方面都有了显著的提升。5G 技术的应用将极大地推动物联网、云计算、大数据、人工智能等新一代信息技术的发展,为智能城市、智慧交通、远程教育等领域提供强大的技术支撑。

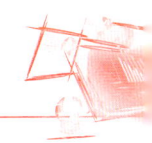

二、新一代信息技术产生的主要原因

1. 国际产业竞争的需要

在国际新一轮产业竞争的背景下,各国纷纷制定新兴产业发展战略,以抢占经济和科技的制高点。新一代信息技术的快速发展和应用,成为各国提升综合国力、实现产业升级和转型的重要手段。

2. 战略性新兴产业政策的推动

包括我国在内的各国政府,均大力推进战略性新兴产业政策的出台,以推动和扶持新兴产业的崛起。新一代信息技术作为其中的关键领域,得到了政府的大力支持和经济投入,为其发展提供了重要保障。

3. 产业升级和融合的需求

随着经济的发展和社会的进步,传统产业面临转型升级的压力,而新一代信息技术的发展为其提供了重要的支撑和动力。同时,新一代信息技术本身也呈现出不同技术之间深度融合的趋势,如物联网、云计算、大数据、人工智能等技术的相互融合,推动了新应用、新业态、新模式的不断涌现。

4. 经济社会发展的需求

随着社会的发展和人类需求的不断提升,对信息技术的要求也越来越高。新一代信息技术以其高效、便捷、智能等特点,满足了经济社会发展的需求,为人们的生活和工作带来了极大的便利。

5. 技术进步和创新的推动

新一代信息技术的产生和发展,离不开技术的进步和创新。从第一台计算机的问世到互联网的普及,再到物联网、云计算、大数据、人工智能等技术的快速发展,都离不开科研人员的不断探索和创新。这些技术的进步和创新,为新一代信息技术的发展提供了重要的技术支撑和动力。

综上所述,新一代信息技术产生的原因是多方面的,包括国际产业竞争的需要、战略性新兴产业政策的推动、产业升级和融合的需求、经济社会发展的需求以及技术进步和创新的推动等。这些因素共同推动了新一代信息技术的形成和发展,使其成为推动经济社会发展的重要力量。

三、新一代信息技术的发展

新一代信息技术的发展呈现出蓬勃的态势,其快速发展不仅推动了经济的数字化转型，还深刻地改变了人们的生产、生活和交流方式。

云计算允许用户通过互联网访问计算资源，无须拥有和维护自己的硬件和软件。这种模式在各个行业都得到了广泛应用，为企业提供了更高的灵活性和成本效益。根据工信部数据，信息技术服务领域的收入稳步增长，其中云计算服务是重要增长点之一。例如，云计算使得大数据的处理成为可能，为企业提供了更准确的数据分析和决策支持手段。

大数据技术的发展使大规模数据的存储、处理和分析变得更为便捷和高效。企业通过大数据技术可以深入了解用户行为、市场趋势等，从而做出更明智的决策。在 IT 行业的细分领域分析中，大数据服务表现抢眼，收入持续增长，为企业提供了重要的竞争优势。

AI 技术也在迅速发展，包括机器学习、深度学习和自然语言处理等。AI 技术已经广泛应用于各个领域，如图像识别、语音识别、智能驾驶等。AI 技术的发展不仅提高了自动化水平，还推动了产品和服务的创新。例如，AI 技术在智能制造、智慧城市、智能医疗等领域的应用，正引领着行业的变革。

物联网通过无线传感器和互联网连接各种设备，实现设备之间的互联、数据传输和智能控制，推动了智能家居、智慧城市等应用的快速发展。物联网技术正在逐步普及，据预测未来将有更多的设备和物品接入物联网，实现更广泛的互联互通。

5G 作为新一代通信技术，提供了高速、低延迟、广连接的通信服务，满足了现代社会对数据传输速度和质量的高要求，推动了物联网、云计算等技术的广泛应用。随着 5G 网络的逐步部署和商业应用，它在自动驾驶、智慧医疗、虚拟现实等领域的潜力将得到进一步释放。

 拓展练习

简答题

请谈一谈新一代信息技术给日常生活带来的变化。

项目 6.2　新一代信息技术的特点与典型应用

情境简介

随着新一代信息技术的飞速发展,医疗行业正迎来前所未有的变革。从远程医疗技术到智能医疗设备,从人工智能应用到区块链技术,再到云计算与云存储以及电子病历系统和医学影像技术的革新,新一代信息技术正在为医疗行业带来更高效、更安全、更个性化的服务。

学习目的

(1) 了解新一代信息技术的特点;
(2) 掌握新一代信息技术在医疗行业的典型应用。

一、大数据

(一) 技术特点

大数据技术的崛起标志着信息技术进入了一个新的时代,其独特的技术特点为处理海量数据提供了强大的支持。以下是大数据的主要技术特点。

1. 数据体量大(Volume)

大数据的首要特点就是数据体量巨大。传统数据处理技术难以应对的数据集在大数据技术的应用下变得易于管理。这种海量的数据包括结构化数据、半结构化数据以及非结构化数据,如社交媒体内容、视频、图片等。

2. 数据种类多(Variety)

大数据技术能够处理的数据类型极为丰富。除了传统的结构化数据外,它还能处理包括文本、图片、音频、视频等在内的多种非结构化数据。具备多样化的数据处理能力使得大数据在多个领域被广泛应用。

3. 处理速度快(Velocity)

大数据的另一个显著特点是处理速度快,它能够快速捕获、分析和处理实时数据流,为实时决策提供支持。在高速变化的市场环境中,这种快速处理能力对于企业保持竞争优势至关重要。

4. 价值密度低(Value)

大数据的价值密度相对较低,即数据的价值与其数量不成正比。这意味着在大量的数据中,只有少部分数据具有实际应用价值。因此,如何从海量数据中提取有价值的信息成为大数据技术的重要挑战。

5. 真实性强(Veracity)

大数据的价值在于其真实性。由于大数据来源广泛,包括了用户行为、社交网络、地理位置等多种信息,这些数据能够真实反映社会现象和用户需求。因此,大数据在市场研究、舆情分析等领域具有广泛的应用前景。

(二) 典型应用

随着大数据技术的不断发展,其应用领域也在不断扩大。以下是大数据的典型应用案例。

1. 电子商务

电子商务是大数据应用最为广泛的领域之一。通过对用户行为数据的分析,电商平台能够更准确地预测用户需求,提供个性化的商品推荐和优惠活动。同时,大数据还能帮助电商平台优化库存管理、提高物流效率等。

2. 智慧城市

在智慧城市建设中,大数据技术发挥了重要作用。通过收集和分析城市运行数据,如交通流量、空气质量、能源消耗等,能够优化城市资源配置、提高城市运行效率。此外,大数据还能用于城市安全监控、公共服务优化等方面。

3. 医疗健康

在医疗健康领域,大数据技术为疾病诊断、治疗方案制定等提供了有力支持。通过对大量病例数据的分析,医生能够更准确地诊断疾病、制定个性化治疗方案。同时,大数据还能用于疾病预测、流行病监控等方面,为公共卫生安全提供保障,如图6-4所示。

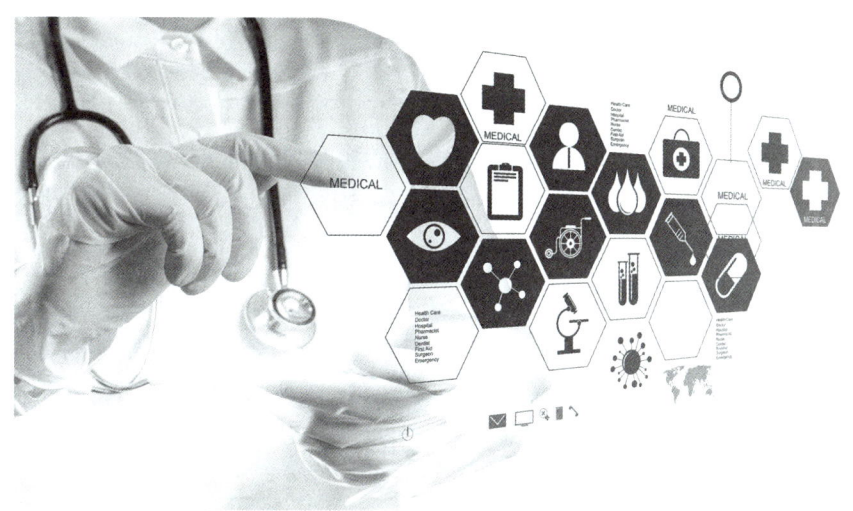

图6-4 智慧医疗

4. 金融服务

金融服务是大数据应用的重要领域之一。通过对用户信用数据、交易数据进行分析,金融机构能够更准确地评估风险、制定信贷政策。同时,大数据还能用于欺诈检测、风险评估等方面,保障金融安全。

5. 智能制造

在制造业领域,大数据技术为智能制造提供了有力支持。通过对生产设备、生产过程等数据的分析,企业能够优化生产流程、提高生产效率。同时,大数据技术还能用于产品质量监控、故障预测等方面,可以降低生产成本、提高产品质量。

二、物联网

(一) 技术特点

物联网(Internet of Things，IoT)是信息技术领域的一个重要分支，它通过信息传感设备，如射频识别、红外感应器、全球定位系统、激光扫描器等，按约定的协议，将任何物品与互联网连接起来，进行信息交换和通信，以实现智能化识别、定位、跟踪、监控和管理，以下是物联网信息技术的主要特点。

1. 感知性

物联网的核心在于信息的感知与获取。通过部署的大量传感器，物联网能够实时感知和获取环境中物体的状态、属性以及行为等信息，为后续的数据处理和应用提供基础。

2. 互联性

物联网实现了物与物、物与人之间的互联互通。任何物品都可以通过物联网技术与互联网进行连接，实现信息的实时共享和交换。这种互联性不仅提高了信息获取的效率和准确性，也为物联网的广泛应用提供了可能。

3. 智能性

物联网技术通过对感知数据的智能处理和分析，能够实现物体的智能化识别、定位、跟踪、监控和管理。这种智能性不仅提高了物体的自动化程度，也使得物体的管理和控制更加灵活和高效。

4. 融合性

物联网技术融合了多种信息技术，如传感器技术、嵌入式系统技术、无线通信技术、云计算技术等。这些技术的融合使得物联网能够提供更丰富、更高效的服务，同时也为物联网的发展提供了更广阔的空间。

5. 安全性

物联网技术涉及的信息和数据安全至关重要。物联网系统需要具备完善的安全保障措施，如数据加密、身份认证、访问控制等，以确保信息和数据的安全性和完整性。

(二) 典型应用

物联网技术在各个领域都有广泛的应用，以下是一些典型的应用案例：

1. 智能家居

智能家居是物联网技术在家庭领域的一个重要应用。通过物联网技术，可以实现家电设备的互联互通和智能控制，如智能照明、智能安防、智能环境等。这不仅提高了家庭生活的便捷性和舒适度，也节省了能源和资源。

2. 智慧农业

物联网技术在农业领域的应用也日益广泛。通过部署传感器和监测设备，可以实时监测农田环境参数（如温度、湿度、光照等）和作物的生长状态，为农业生产提供精准的数据支持。同时，物联网技术还可以实现智能灌溉、智能施肥等功能，提高农业生产的效率和质量。

3. 工业物联网

工业物联网（Industrial Internet of Things，IIoT）是物联网技术在工业领域的应用。通过物联网技术，可以实现对工业设备、生产线的实时监测和智能控制，提高生产效率和产品质量。同时，物联网技术还可以实现设备的预测性维护和故障预警等功能，降低设备的故障率和维修成本。

4. 智能物流

物联网技术在物流领域的应用也十分广泛。通过物联网技术，可以实现对物流过程的实时追踪和监控，提高物流效率和服务质量。同时，物联网技术还可以实现货物的智能分类、智能存储等功能，降低物流成本和提高物流效率。

5. 智慧城市

智慧城市是物联网技术在城市建设和管理中的应用。通过物联网技术，可以实现对城市基础设施、交通、环保等领域的实时监测和智能管理，提高城市运行效率和管理水平。同时，物联网技术还可以实现智慧安防、智慧医疗等功能，提高城市居民的生活质量和幸福感。

三、人工智能

（一）技术特点

人工智能（Artificial Intelligence，AI）是一门涵盖计算机科学、数学、心理学、语言学等多个领域的交叉学科，它研究、开发用于模拟、延伸和扩展人类智能的理论、方法、技术及应用系统。以下是人工智能的几个主要特点。

1. 学习能力

人工智能具有强大的学习能力,可以通过对大量数据的学习和分析,自主获取知识和技能。这种学习能力使人工智能能够适应各种复杂环境和任务,并不断提高自身性能。

2. 智能决策

人工智能可以根据输入的信息和数据,进行智能分析和决策。它能够处理复杂的问题,提供合理的解决方案,并在不确定的环境下做出正确的判断。

3. 自动化

人工智能系统可以自动执行各种任务,减少人力干预和错误率。它可以 24 小时不间断地工作,提高工作效率和可靠性。

4. 跨领域应用

人工智能技术可以应用于各个行业和领域,如医疗、金融、交通、教育等。它能够为不同领域提供智能化、个性化的解决方案,推动行业的创新和发展。

5. 创新性

人工智能技术的发展是一个不断创新的过程。随着算法、硬件和数据的不断进步,人工智能系统的性能和功能也在不断提升,为人类提供更多的便利和价值。

(二)典型应用

人工智能技术在各个领域都有广泛的应用,以下是一些典型的应用案例。

1. 智能家居

智能家居是人工智能技术在家庭领域的一个重要应用。通过智能语音助手、智能家电等设备,可以实现家居设备的互联互通和智能控制,提高家庭生活的便捷性和舒适度。

2. 智慧医疗

拓展阅读
智慧医疗

人工智能在医疗领域的应用也日益广泛。通过图像识别技术,人工智能可以辅助医生进行疾病诊断和治疗方案制定;通过自然语言处理技术,人工智能可以实现病历的自动分析和整理;通过深度学习技术,人工智能可以预测疾病的发病趋势和流行病传播路径。

3. 自动驾驶

自动驾驶是人工智能技术在交通领域的一个重要应用。通过感知、决策和执行等环节的智能控制,自动驾驶系统可以实现车辆的自主驾驶和交

通管理,提高交通效率和驾驶安全性。

4. 金融风控

人工智能在金融领域的应用也十分广泛。通过智能风控系统,可以实时监测和分析金融交易数据,识别潜在的风险和欺诈行为,保护客户资产和金融机构的利益。

5. 智慧教育

智慧教育是人工智能技术在教育领域的应用。通过智能教学系统和个性化学习平台,可以为学生提供精准的学习建议和个性化的学习资源,提高教学效果和学习效率。同时,人工智能还可以辅助教师进行作业批改、成绩评估等工作,减轻教师负担。

四、工业互联网

工业互联网是新一代信息技术与工业系统深度融合的产物,它通过连接性、大数据、物联网、云计算和人工智能等关键技术,推动工业领域的智能化、数字化和网络化转型,以下是工业互联网的特点及其典型应用。

(一)技术特点

1. 连接性

工业互联网的核心在于其广泛的连接性。通过将工业设备、生产线、传感器、控制系统等连接在一起,实现数据的实时采集、传输和共享。这种连接性不仅提高了生产效率,也降低了维护成本,使得远程监控和管理成为可能。

2. 大数据

工业互联网产生了海量的数据,包括设备状态、生产流程、产品质量等各个方面的信息。这些数据通过大数据技术进行存储、分析和挖掘,能够为企业提供有价值的信息,指导生产决策和优化。

3. 物联网

物联网技术是工业互联网的重要组成部分。通过将传感器、执行器等设备嵌入到工业设备和系统中,实现对设备的实时监测和控制。物联网技术提高了设备的智能化水平,降低了人为错误的风险,实现了对生产过程的精细化管理。

4. 云计算

云计算为工业互联网提供了强大的计算能力和存储资源。通过将数据和应用程序部署在云端,可以实现数据的集中管理和处理,提高了系统的灵活性和可扩展性。同时,云计算也降低了企业的 IT 成本,加速了应用的开发和部署。

5. 人工智能

人工智能技术在工业互联网中发挥着越来越重要的作用。通过机器学习、深度学习等技术,人工智能可以对大量数据进行分析和预测,为企业提供智能决策的支持。此外,人工智能还可以用于设备的智能维护和故障诊断,提高了设备的可靠性和运行效率。

(二) 典型应用

1. 智能制造

智能制造是工业互联网的典型应用之一。通过将先进的传感技术、自动化技术、人工智能技术和制造技术相结合,实现生产过程的智能化和自动化。智能制造提高了生产效率、降低了成本、提高了产品质量并缩短了产品的上市时间。

2. 能源管理

工业互联网在能源管理领域也有着广泛的应用。通过实时监测和控制能源设备的运行状态,优化能源分配和调度,提高能源利用效率。同时,工业互联网还可以实现对能源使用的数据分析,为节能减排和绿色制造提供支持。

3. 物流管理

工业互联网技术使得物流管理更加智能化和高效化。通过实时追踪货物的位置和状态,优化物流路径和配送计划,提高物流效率和客户满意度。此外,工业互联网还可以实现供应链的协同管理,降低库存成本和运营成本。

4. 交通运输

工业互联网在交通运输领域也有着广泛的应用。通过实时监测交通流量和路况信息,优化交通信号灯的控制策略,提高交通流畅度和安全性。同时,工业互联网还可以实现对交通基础设施的维护和管理,降低故障率和维修成本。

五、高性能集成电路

高性能集成电路(High-Performance Integrated Circuit,HPIC)是现

代电子技术的核心组成部分,它们具有较高的集成度、优异的性能和广泛的应用范围,以下是高性能集成电路的技术特点以及典型应用。

(一) 技术特点

1. 高度集成化

高性能集成电路采用先进的半导体工艺和封装技术,将大量的电子元件(如晶体管、电阻、电容等)集成在一个微小的芯片上,显著减小了系统的体积和重量,提高了系统的可靠性。

2. 高速处理能力

高性能集成电路具有极高的工作频率和数据处理能力,能够处理大量的数据和复杂的计算任务。这得益于先进的制造工艺和电路设计技术,如更小的晶体管尺寸、优化的电路布局和高速缓存等。

3. 低功耗设计

随着移动设备和物联网的普及,低功耗设计成为高性能集成电路的重要特点。通过采用先进的电源管理技术和低功耗的芯片架构,减少芯片在运行时的能量消耗,提高系统能效。

4. 高可靠性

高性能集成电路采用严格的质量控制和可靠性测试,确保芯片在各种环境条件下都能稳定工作。此外,它们还具备多种保护措施,如过温保护、过流保护等,进一步提高了系统的安全性。

5. 灵活的可编程性

许多高性能集成电路具备灵活的可编程性,可以根据实际需求配置芯片的功能和参数。这使得集成电路的适用性更加广泛,可以满足不同领域和应用的需求。

(二) 典型应用

1. 云计算和数据中心

高性能集成电路在云计算和数据中心领域有着广泛的应用。它们作为服务器和存储设备的核心组件,提供强大的计算能力和数据处理能力,支持大规模的数据分析和处理任务。

2. 通信设备

高性能集成电路在通信设备中扮演着关键性角色。它们被用于实现高速数据传输、信号处理、调制解调等功能,支持各种通信协议和标准,确保通信的可靠性和稳定性。

3. 汽车电子

随着汽车电子化程度的不断提高,高性能集成电路在汽车电子领域的应用也越来越广泛。它们被用于实现车载娱乐、导航、安全控制等系统的功能,提高汽车的性能和安全性。

4. 工业自动化

工业自动化系统中,高性能集成电路发挥着至关重要的作用。它们被用于实现运动控制、数据采集、过程监控等功能,提高生产效率和产品质量,降低生产成本。

5. 消费电子

高性能集成电路在消费电子领域也有着广泛的应用。它们被用于实现智能手机、平板电脑、游戏机等产品的各种功能和性能需求,提供流畅的操作体验和优秀的多媒体表现。

六、云计算

云计算作为一种新兴的计算模式,已经深刻改变了信息技术的面貌,提供了灵活、高效、可扩展的计算资源和服务。下面是云计算的技术特点及其在不同领域的典型应用。

(一)技术特点

1. 资源池化

云计算通过虚拟化技术将计算、存储、网络等资源池化,使得这些资源可以被动态分配和重新分配,以满足不同的工作负载需求。用户无须关心物理资源的位置和状态,只需按需使用云服务商提供的服务。

2. 高可扩展性

云计算具有高度的可扩展性,用户可以根据业务需求快速增加或减少计算资源。云服务商通常提供弹性的资源管理机制,允许用户在不中断服务的情况下动态调整资源规模。

3. 服务自助化

云计算提供了自助化的服务交付和管理方式。用户可以通过云服务门户或 API 自助申请、配置和管理所需的服务资源,实现快速部署和运维。

4. 网络接入

云计算服务通常通过互联网提供,用户可以通过任何具有网络连接的设备访问云服务商提供的服务。这种网络接入的灵活性使得云计算服务可以跨越地域和组织边界，实现全球范围内的资源共享和协作。

5. 按需服务

云计算服务采用按需付费的模式，用户只需支付所使用的资源和服务。这种按需服务的模式降低了用户的IT成本，提高了资源利用效率。

（二）典型应用

1. 企业信息化

云计算在企业信息化领域具有广泛的应用。企业可以利用云计算提供的IT基础设施、软件开发平台和数据存储服务，构建灵活、高效、安全的信息化系统。例如，通过云桌面、云办公等工具实现远程办公和协作；通过云服务器、云数据库等系统构建企业级应用；通过安全的云服务保护企业数据和信息安全。

2. 大数据处理

云计算为大数据处理提供了强大的计算能力和存储资源。通过云计算平台，用户可以轻松处理海量的数据，进行数据挖掘、分析和可视化等操作。例如，在电商领域，云计算可以帮助企业分析用户行为、优化营销策略；在金融领域，云计算可以用于风险控制和反欺诈分析。

3. 人工智能和机器学习

云计算为人工智能和机器学习提供了强大的计算和训练资源。通过云计算平台，用户可以轻松构建和训练深度学习模型、自然语言处理系统等。云计算还为人工智能和机器学习的应用提供了灵活、可扩展的部署方式，使得这些技术可以更快地落地并产生价值。

4. 物联网

物联网通过将各种传感器、设备连接到互联网实现数据的采集和交换。云计算为物联网提供了海量的存储和计算能力，使得物联网可以处理大量的实时数据并进行智能分析。例如，在智能家居领域，云计算可以实现设备之间的互联互通和智能控制；在智慧城市领域，云计算可以支持交通管理、环境监测等应用。

5. 在线教育

云计算为在线教育提供了灵活、高效的技术支持。通过云计算平台，教育机构可以构建在线教学平台、学习管理系统等，实现远程教学和协作学习。云计算还为学生提供了个性化的学习资源和互动方式，提高了学习效率并提升了学习体验。

七、区块链

区块链技术自诞生以来，凭借其独特的特性和优势，已在全球范围内引发了广泛关注。它不仅在数字货币领域产生了深远的影响，还在供应链管理、智能合约、身份验证等多个领域展现出巨大的应用潜力。以下将是区块链的技术特点及其在不同领域的典型应用。

(一) 技术特点

1. 去中心化

区块链技术的核心特点是去中心化。它采用分布式账本技术，使得所有参与者共同维护一个公开、透明的账本，无须中心化机构进行管理和控制。这种去中心化的特点使得区块链具有高度的安全性和抗篡改性，能够确保数据的真实性和完整性。

2. 不可篡改性

区块链中的数据以区块为单位进行存储，每个区块都包含了一定数量的交易记录，并通过密码学算法与前一个区块相连。一旦数据被写入区块链，就无法进行修改或删除，这种不可篡改的特性使得区块链在数据存储和传输过程中具有极高的安全性和可信度。

3. 透明性和可追溯性

区块链采用公开、透明的机制，所有参与者都可以查看链上的数据和信息。同时，由于每个区块都包含了前一个区块的哈希值，因此可以追溯到数据的起源和流转过程。这种透明性和可追溯性使得区块链在金融、供应链管理等领域具有广泛的应用前景。

4. 匿名性和隐私性

虽然区块链数据是公开的，但参与者的身份和交易信息却是匿名的。这种匿名性和隐私性保护了参与者的隐私和权益，同时也使得区块链在数字货币、金融交易等领域具有独特的优势。

(二) 典型应用

1. 数字货币

比特币是区块链技术的第一个成功应用，它是一种基于区块链技术的去中心化数字货币。比特币的出现引发了全球范围内的关注和热议，也带动了区块链技术的快速发展。此后，陆续出现了以太币、莱特币等多种数字货币，它们都在不同程度上应用了区块链技术。

2. 供应链管理

区块链技术可以提高供应链的透明性和可追溯性，使得商品的来源、流转和质量等信息能够被准确记录和追踪。这有助于降低欺诈风险、提高产品质量和安全性，以及优化库存管理，目前已有一些企业开始尝试将区块链技术应用于供应链管理领域。

3. 智能合约

智能合约是区块链技术的又一重要应用。通过编写智能合约，可以自动执行各种复杂的商业逻辑和规则，如自动支付、自动清算等。智能合约的自动化和去中心化特点可以降低交易成本、提高交易效率，并减少人为因素的干扰和错误。

4. 身份验证

区块链技术可以为身份验证提供安全、可靠的解决方案。通过将身份信息存储在区块链上，并使用加密技术保护数据的安全性和隐私性，可以实现去中心化的身份验证机制。这种身份验证方式不仅可以提高安全性，还可以降低验证成本和时间。

5. 版权保护

区块链技术可以为版权保护提供新的解决方案。通过将版权信息存储在区块链上，并使用加密算法保护数据的安全性和完整性，可以确保版权信息不被篡改或冒用。同时，通过智能合约等技术手段，还可以实现版权费用的自动分配和结算等功能。

八、5G 通信技术

（一）技术特点

1. 高速度

5G 通信技术提供了超高的数据传输速率。理论上，5G 网络的峰值传输速度可达每秒数十吉比特，相比 4G 网络的速度有了质的飞跃。这意味着用户可以更快地下载和上传大量数据，享受更流畅的在线视频、高清游戏等体验。

2. 低延迟

5G 网络极大地降低了通信延迟。低延迟是指网络对命令或请求的反应时间极短，几乎可以达到实时响应的效果。这一特点对于自动驾驶汽车、远程医疗、实时控制等应用场景至关重要，因为它们需要网络能够迅速

响应并处理各种情况。

3. 大容量

5G 网络可以支持更多的设备同时连接和通信。随着物联网技术的不断发展，越来越多的设备需要接入网络进行数据传输和交互。5G 网络的大容量特点可以满足这些需求，支持更广泛的物联网应用。

4. 可靠性高

5G 网络具有更高的网络可靠性和稳定性。通过采用先进的网络切片技术和网络自愈技术，5G 网络可以确保在各种复杂环境下都能提供稳定的通信服务，满足用户对网络可靠性的需求。

5. 灵活性强

5G 网络支持更多的频段和频谱分配方式，使其具有更强的灵活性。这意味着运营商可以根据实际需求，灵活地调整网络频段和频谱资源，以优化网络性能和覆盖范围。

(二) 典型应用

1. 自动驾驶汽车

5G 的低延迟和大容量特点使得自动驾驶汽车成为可能。通过 5G 网络，汽车可以实时获取周围环境的信息，并与其他车辆和基础设施进行通信，从而实现更加智能和安全的驾驶。

2. 远程医疗

5G 的高速度和低延迟特点使得远程医疗成为可能。医生可以通过 5G 网络远程诊断和治疗患者，实现远程手术、远程监护等功能。这将极大地提高医疗服务的效率和质量，降低医疗成本。

3. 工业互联网

5G 技术可以为工业互联网提供强有力的支持。通过 5G 网络，工业设备可以实时收集和传输数据，实现智能化管理和控制。这将促进工业自动化和智能化的发展，提高生产效率和产品质量。

4. 智慧城市

5G 技术可以应用于智慧城市的各个方面，如智能交通、智能安防、智能环保等。通过 5G 网络，城市可以更加高效地管理和运营各种设施和资源，提高城市治理水平和居民生活质量。

5. 虚拟现实和增强现实

5G 的高速度和大容量特点使得虚拟现实和增强现实技术得到更好的应用。通过 5G 网络，用户可以享受更加流畅和逼真的虚拟现实和增强现实体验,从而在游戏、教育、娱乐等领域获得更加逼真的体验。

 拓展练习

简答题

新一代信息技术未来对你所学专业将带来什么样的影响?

参考文献

［1］眭碧霞.信息技术基础［M］.2版.北京:高等教育出版社,2021.

［2］教育部考试中心.全国计算机等级考试二级教程:MS Office 高级应用与设计上机指导:2021年版［M］.北京:高等教育出版社,2020.

［3］曹鉴华,赵奇.数据荒岛求生:从 Excel 数据分析到 Python 数据分析［M］.北京:中国水利水电出版社,2021.

［4］刘于辉,罗喻.信息素养［M］.北京:北京理工大学出版社,2020.

［5］邓斌.华为成长之路［M］.北京:人民邮电出版社,2020.

［6］李德胜,田广琴,赵兵.高校信息素养实用教程［M］.大连:大连理工大学出版社,2019.

［7］吕廷杰,王元杰,迟永生,等.信息技术简史［M］.北京:电子工业出版社,2018.

［8］哈伯德.数据化决策［M］.邓洪涛,译.广州:广东人民出版社,2018.

［9］李焕春,万继平,王颖.计算机应用基础［M］.北京:清华大学出版社,2018.

［10］王颖,万继平,李焕春.计算机应用基础实训指导［M］.北京:清华大学出版社,2018.

［11］暨百南,石晓珍.计算机应用基础项目化教程［M］.北京:中国水利水电出版社,2017.

郑重声明

高等教育出版社依法对本书享有专有出版权。任何未经许可的复制、销售行为均违反《中华人民共和国著作权法》，其行为人将承担相应的民事责任和行政责任；构成犯罪的，将被依法追究刑事责任。为了维护市场秩序，保护读者的合法权益，避免读者误用盗版书造成不良后果，我社将配合行政执法部门和司法机关对违法犯罪的单位和个人进行严厉打击。社会各界人士如发现上述侵权行为，希望及时举报，我社将奖励举报有功人员。

反盗版举报电话　（010）58581999　58582371
反盗版举报邮箱　dd@hep.com.cn
通信地址　北京市西城区德外大街4号　高等教育出版社知识产权与法律事务部
邮政编码　100120